国家自然科学基金面上项目（52474100）
国家自然科学基金面上项目（52374124）
国家自然科学基金青年科学基金项目（52204136）

端帮充填开采煤柱稳定性研究

王猛　邰才王　著

中国矿业大学出版社
·徐州·

图书在版编目(CIP)数据

端帮充填开采煤柱稳定性研究 / 王猛，邰才王著.
徐州 ：中国矿业大学出版社，2025. 4. — ISBN 978-7
-5646-6750-4

Ⅰ. TD823.7

中国国家版本馆 CIP 数据核字第 2025KG4199 号

书　　名　端帮充填开采煤柱稳定性研究
著　　者　王　猛　邰才王
责任编辑　姜　翠
出版发行　中国矿业大学出版社有限责任公司
　　　　　　(江苏省徐州市解放南路　邮编 221008)
营销热线　(0516)83885370　83884103
出版服务　(0516)83995789　83884920
网　　址　http://www.cumtp.com　**E-mail**:cumtpvip@cumtp.com
印　　刷　苏州市古得堡数码印刷有限公司
开　　本　710 mm×1000 mm　1/16　**印张** 11　**字数** 181 千字
版次印次　2025 年 4 月第 1 版　2025 年 4 月第 1 次印刷
定　　价　48.00 元

前言/Preface

在全球能源结构中，煤炭作为重要的一次能源，其高效安全开采对保障能源安全具有重要意义。露天开采凭借其产量大、安全性高等优势，成为各国主要采煤方式，但端帮压煤问题日益突出。端帮充填开采技术通过采后充填，在提高资源回采率的同时，可有效控制煤柱稳定性，减少地表沉陷与地质灾害风险。现有研究多聚焦于数值模拟分析，缺乏系统性理论支撑，制约了该技术的优化与推广。

本书以端帮充填开采煤柱稳定性为核心，基于复变函数理论、板的稳定性理论及能量方法，系统地研究了端帮充填开采煤柱的力学行为与失稳机理，主要内容包括以下四个方面。一是推导了端帮充填开采条件下煤柱应力、位移的解析函数，建立了塑性破坏区分界线隐式方程，揭示了采硐形状与充填率对围岩力学响应的规律。二是提出基于能量法的煤柱临界荷载计算模型，明确了充填率、煤柱高度、开采深度等参数的敏感性，验证了黏性充填材料对煤柱稳定性的增强作用。三是通过多因素耦合分析，总结了煤柱留设的一般原则，提出了兼顾安全性与经济性的设计流程，为工程优化提供指导。四是结合安太堡露天矿实例，采用 MATLAB 软件与 $FLAC^{3D}$ 软件对比验证模型准确性，证明理论解与数值模拟结果高度吻合。

尽管本书在理论建模与验证方面取得一定进展，但仍存在以下三方面的局限性。其一，模型基于平面应变假设，未完全考虑三维地质构造与动态开采扰动的影响。其二，充填体与围岩的流变特性、非均匀性等复杂因素尚未纳入分析。其三，现场工程数据的覆盖面有限，模型普遍适用性需进一步验证。未来研究将结合多尺度试验与智能算法，深化复杂条件下煤柱稳定性的动态预测。

本书的出版得益于国家自然科学基金面上项目（52474100、52374124）和国家自然科学基金青年科学基金项目（52204136）的资助。本书的写作得益于同行专家的宝贵建议，同时也参考了较多的国内外文献资料，标注如有疏漏，作者特表歉意。在此向为本书写作提供帮助的所有人员及审稿专家表示衷心感谢！期望本书能为我国端帮充填技术的发展提供些许理论基石，助力煤炭资源绿色高效开发。

本书面向采矿工程、岩土工程领域的科研人员与技术人员，可作为高校研究生教材，也可为工程实践提供参考。本书内容兼顾理论深度与实用性，既适合从事充填开采理论研究的学者，也可为露天煤矿设计与施工人员提供技术支撑。

由于水平有限，尽管作者做了诸多努力，但难免有不尽如人意之处，恳请读者在阅读本书时加以批评指正。

著者

2025年1月

目录 Contents

1 绪论

1.1 研究背景及其意义

2024 年的《世界能源统计年鉴》统计数据表明，2023 年全球煤炭产量达到有史以来的最高水平（179 艾焦），刷新 2022 年创下的纪录。亚太地区占全球煤炭产量的近 80%，煤炭开采活动集中在澳大利亚、中国、印度和印度尼西亚等四国。全球煤炭消费量持续增长，在 2022 年基础上增长 1.6%，达到前 10 年平均增长率的 7 倍[1]。由此可见，目前煤炭在全球经济发展过程中，依然是一种重要的能源。目前，全球煤炭开采方式主要有露天开采和井工开采两种方式。由于露天开采较井工开采具有产量大、安全性高等优点，所以世界各主要产煤大国均以露天开采作为煤炭开采的主要方式[2-3]。统计数据显示，在过去的 40 年里，全球约 2/3 的煤炭产量来自露天开采[4]。其中，对于像印度尼西亚、印度和俄罗斯这样的煤炭生产大国，分别高达 99%、80% 和 75% 的煤炭产量是来自露天开采[5-7]。由此可知，露天开采在全球煤炭生产中占有相当大的比重[8]。然而，在露天开采过程中，会因维持边坡稳定性的需要、煤层倾角变化、开采边界问题以及露天开采所需的“铲斗-卡车”生产系统的布置，导致端帮压煤，即在开采结束时，端帮下会存在大量“呆滞煤”无法通过常规手段采出，且端帮下所压覆的煤炭将会随着内排的形成，被再次掩埋，最终导致资源的浪费[9-10]。

我国是一个“富煤、贫油、少气”的国家，受这一能源禀赋特点制约，煤炭一直以来是我国能源安全的基础保障[11]，且在我国的一次能源结构中占比高达 70%[12-13]。其中，在这巨大的煤炭产量中，有 20.8% 的煤炭是以露天开采方式开采出来的[14]。同样，因为露天开采具有安全、高产、高效和基建投资少等优点，所以该技术在我国得到了广泛的运用，且发展至今我国已拥有露天矿共计 400 余座[14-16]。随着煤炭生产的不断推进，现我国在露天开采方面，同样遇到了端帮压煤问题。据不完全统计，目前端帮压煤量已达到开采储量的 20%[15]。同时，随着我国露天矿产能的不断提升，每年端帮压煤量超过 2 000 万 t，并且随着内排的跟进，每年有长达 300 m 的端帮压煤被再次掩埋。一旦再次被掩埋，势必会使煤难以再次回收，并导致我国有限的煤炭资源遭受永久性浪费[17-18]。因此，亟须解决端帮压煤问题，并将其开采出来。若不采出，不仅会造成资源浪费，还可能会由于闭坑时处理不当，引发煤层自燃和环境污染等问题。我国山西、陕西和内蒙古等主产煤地区，露头边坡煤层众多且早期进行无计划开采，在闭坑未做掩埋处理，导致现在出现煤层自燃严重，并对矿坑周边环境造成严重污染的问题[19]。若将端帮下所压的资源安全高效地开采出来，不仅会达到节约资源的目的，还可以有效延长矿山服务年限，增加矿山企业收益和解决煤层自燃、污染环境等问题[20]。

目前，解决端帮压煤最安全、最高效的方法，是采用端帮开采技术对端帮压煤进行开采。端帮开采技术是在露天煤矿（简称露天矿）开采过程中，充分利用其采场空间的敞露条件，工作人员在端帮下的采硐前布置可以远程操控的连续端帮采煤机，即可实现在无须作业人员进入采硐的情况下，对超过经济剥采比极限部分的残煤进行开采的一种新采煤技术[21]。该技术介于井工开采与露天开采之间，是对露天、井工开采技术的重要补充。端帮采煤示意图见图 1-1。

图 1-1 端帮采煤示意图

目前端帮开采技术主要的工作形式共 3 种，分别是露天煤等高线开采

（即在露头煤剥离露头盖层后所形成的台阶上进行开采）、露天矿端帮资源回收（即在露头煤层周围进行端帮开采）和沟壑开采（即沿着煤层的走势进行沟壑开采）[22]。端帮开采技术源于 20 世纪 40 年代出现于美国的螺旋钻采煤法；20 世纪 70 年代，该技术成熟并形成现今的端帮开采技术；后续经过发展，该技术在 20 世纪 80 年代的美国得到广泛的商业运用；20 世纪 90 年代，澳大利亚率先从美国引进了该技术；到 21 世纪，由于该技术具有安全、高效、灵活等特点，中国[23]、印度[24]、印度尼西亚[25]、南非和澳大利亚[26]等主要煤炭生产国陆续从美国引进该项技术并成功应用于端帮压煤开采。发展至今，该项技术已成为各国端帮压煤开采的主要技术。仅连续采煤机式的端帮采煤系统，1990—2019 年让全球 1.2 亿 t 被积压于端帮下的煤炭资源得到解放。其中，较早引进该技术的澳大利亚至今已成功解放煤量超过 2 100 万 t[27]。此外，2004 年，该技术已被应用于 17 个煤矿，约 40 个工作面，回收煤炭量达 2 000 万 t[28]。

我国露天矿煤层赋存具有的两个特点导致端帮煤压煤尤为严重，这两个特点分别是煤层埋藏较深和煤层大多厚且平[29-30]。因此，我国亟须针对端帮采煤技术进行研究，并提出适宜我国露天矿特点的端帮开采技术和方案，以提高煤炭资源的回采率以及利用率，同时有效延长露天矿的服务年限。

端帮开采时，须在各采硐之间留设煤柱，以支撑煤层上覆岩层的稳定性，进而实现预防发生滑坡等自然灾害的目的。有研究表明，端帮开采过程中，一旦煤柱发生局部失稳，则会诱发“多米诺骨牌效应”式的煤柱失稳，导致边坡失稳产生滑坡，最终使整个露天矿生产系统遭受破坏以及人员伤亡[31]。例如，美国宾汉姆峡谷铜矿曾出现留设矿柱失稳导致端帮失稳，最终引发边坡大面积滑坡的事故（见图 1-2）[32]。因此，煤柱的稳定性对于露天矿边坡的稳定性和端帮开采的成功实施性起到关键性作用。留设的煤柱共有两类，一类是临时支撑煤柱，另一类是隔离煤柱。隔离煤柱宽度则通常为临时支撑煤柱的 3～4 倍[33]。也正是通过对这两类煤柱的合理留设，才能保证边坡的稳定性和端帮开采的成功。若在进行端帮开采的过程中，通过直接留设较宽的临时支撑煤柱和隔离煤柱以达到让端帮稳定的目的，则仍然会有大量的煤炭无法得到释放，资源无法得到最大化利用，经济效益无法达到最大化。此外，后续可能还因没有对采空的硐室进行很好的处理，导致煤层自燃和地表沉陷等灾害的发生。相反，若在端帮开采过程中采用充填开采，则不仅能够在端帮稳定的前提下，进一步回收煤炭资源，使经济效益最大化，而且还能够进一步提高煤柱的稳定性，解决煤层自燃、地表沉陷等问题。

图 1-2　美国宾汉姆峡谷铜矿端帮失稳[33]

综合上述分析与考虑，本书对端帮充填开采条件下煤柱的塑性破坏宽度、破坏形态以及影响煤柱稳定性的因素展开研究，以期为未来我国端帮充填开采设计及其工程实践奠定一定的理论基础，丰富我国未来的端帮开采技术，进而推动我国端帮充填开采的发展。

1.2　国内外研究现状

1.2.1　国内研究现状

为回收端帮下所压的煤，我国曾采用人工炮采或在端帮下布置井工生产工作面，对端帮压煤进行回采的方式，该方式效率低且安全难以得到有效保障[18,34-36]。随着端帮压煤问题的日益突出以及我国对国际端帮采煤技术的日益关注，2006 年，鄂尔多斯市乌兰煤炭（集团）有限责任公司特拉布拉煤矿和内蒙古自治区煤矿设计研究院的专家和学者组成了赴美考察团，考察 SHM 端帮采煤机是否也能够在我国运用。考察结果表明，SHM 端帮采煤机无论是适用条件还是生产效率，均具备解决我国端帮压煤问题的能力[37]。这是我国向现代机械化端帮开采迈出的第一步。同时，为现代机械化端帮开采在我国落地生根、萌芽发展奠定了坚实的基础。随着时间的推移，2008 年，中国神华能源股份有限公司（以下简称中国神华）和煤炭科学研究总院共同研发的国内首台 EML340 型连续采煤机，在中国神华大柳塔煤矿完成井下工业性试验[38]，这标志着现代机械化端帮采煤技术在我国广泛应用成为可能。

进行端帮开采时，维持端帮和边坡稳定性是安全开采的前提。探索影响端帮开采的因素，是预防端帮开采过程中可能会发生端帮失稳、避免诱发边坡滑坡等灾害的重要保证。因此，彭洪阁等[39]对影响端帮开采的关键因素进行了研究。结果表明，边坡角、岩层倾角及水位高度对端帮稳定性影响显著，采取相应措施可更好地维护端帮稳定，并对端帮开采产生积极影响。

随着我国对现代主流的 SHM 端帮采煤技术持续关注，董慧[40]以某露天矿端帮压煤为实际工程背景，通过数值模拟研究了 SHM 端帮开采对边坡稳定性的影响。研究结果表明，端帮开采会降低边坡稳定性系数。在开采条件一定的情况下，边坡稳定性系数随边坡角的增大、开采煤层层数的增多、煤柱高度的增大、煤柱宽度的减小、煤柱间距的增大而减小。在考虑地下水渗流情况下，剪应变分布于整个坡面，且最大值出现在坡脚处。这一点在张忠超[41]的研究中也得到了印证。此外可以看出，留设煤柱宽度、高度、间距和地下水渗流等对边坡稳定性具有显著性影响。

由于煤柱稳定性对端帮稳定性和端帮安全开采具有决定性的作用，所以我国的专家和学者从不同角度研究了端帮煤柱失稳机理。陈彦龙等[31]将尖点突变理论、端帮开采煤柱安全系数要求和支撑煤柱的承载模型相结合，得到了评估支撑煤柱稳定性的公式，实现了对煤柱稳定性的评估，该研究对端帮开采工艺的应用具有重要的指导意义。

此外,同样为研究煤柱的失稳机理,喻梅[42]以端帮开采过程会留设煤柱,将其视为一种特殊的条带开采,并基于此研究了煤柱失稳机理。在研究中,喻梅建立了端帮开采煤柱力学模型,并基于板的稳定性理论,建立了端帮压煤条带开采煤柱稳定性力学模型,同时推导出了端帮开采煤柱两侧塑性区宽度的计算公式和煤柱稳定性临界荷载计算公式。此外,喻梅还通过数学计算和数值模拟两方面,分析研究了煤柱高度、黏聚力、内摩擦角及煤柱极限应力等对煤柱两侧塑性区宽度的影响规律;开采深度、开采高度和煤柱宽度等对煤柱稳定性的影响规律;开采深度、煤柱留设参数、边坡角及边坡岩体赋存条件等对端帮坡体的变形和稳定性的影响规律。该研究为端帮压煤开采、煤柱和坡体稳定性控制提供了重要参考。

王瑞等[43]为研究端帮开采下煤柱破坏宽度及失稳机制,基于断裂力学Ⅰ-Ⅱ复合型裂纹模型,运用Hoek-Brown与Mohr-Coulomb破坏准则,分析了支撑煤柱边缘的应力分布规律,建立了支撑煤柱边缘破坏区的边界方程,得到了不同破坏准则下支撑煤柱破坏宽度的表达式。

王东等[44]以霍林河北露天矿西端帮为例,基于突变理论,推导了支撑煤柱发生突变失稳的必要条件。经过研究得知,煤柱发生突变失稳的必要条件为煤柱塑性区宽度大于煤柱总宽度的88%。为验证该结论的合理性和正确性,该研究还进行了现场实践验证。验证结果为,该结论符合实际情况。

上述研究均是建立在静载的基础之上的,而现实中,端帮开采需同时考虑动载和静载问题。为此,吴豪帅[45]将端帮开采中支撑煤柱的承载模型、端帮开采对煤柱安全系数的要求和尖点突变理论相结合,对端帮开采中卡车动载及边坡静载作用下的煤柱失稳机理进行了深入研究。经研究得出,煤柱稳定性由煤柱塑性区宽度、煤柱极限应力和煤柱在荷载作用下的压缩量三个因素决定,且随着煤柱宽度的增加,煤柱塑性区宽度近似呈线性减小趋势,动静荷载作用下煤柱总压缩量近似呈反函数减小的趋势。

从上述关于煤柱破坏机理的研究不难看出,在端帮开采过程中,留设煤柱的宽度和高度与端帮稳定性紧密相连,有必要对端帮开采过程中煤柱留设问题予以重点关注。因此,李文明[46]通过数值模拟和理论分析研究了近水平层露井连采的适用条件,分析了露井联采下边坡的变形破坏机理。经过研究得出,为确保边坡的稳定,留设煤柱宽度应为100 m。邵明利等[47]在研究露井联采中留设煤柱宽度问题时，以特拉布拉露天矿的地质条件为依托，将国内外常用的经验公式计算结果和工程实践比对，发现 Wilson 条带煤柱宽度设计公式，与现场施工的工艺参数较为接近，对端帮压煤开采留设煤柱宽度计算具有一定的适用性。通过该研究可看出，国外的经验公式在我国端帮开采上的应用有待考究，我国有必要研究适合本国开采情况的端帮开采煤柱留设计算公式。Wang 等[8]在研究端帮开采的过程中，分析了大变形对支撑煤柱的破坏影响，应用 Hoek-Brown 和 Mohr-Coulomb 破坏准则，建立了共线支撑煤柱破坏宽度的力学模型，揭示了端帮开采支撑煤柱失稳的机理和破坏过程。Huang 等[26]为研究端帮开采顺序对支撑煤柱稳定性的影响，采用数值模拟方法对其进行了研究。结果表明，不同的开采顺序会对边坡稳定性产生影响。此外，研究发现，与顺序开采相比，“跳采”更有利于煤柱和边坡的稳定。

在井工开采过程中，为维持顶板、两帮的稳定以及防止地表沉陷，使用充填开采是一种常规方法。因为端帮开采是介于井工开采和露天开采之间的一种特殊开采方式，所以在对端帮压煤进行开采时，会形成硐室和留下维持端帮稳定的支撑煤柱。姚恩德等[48]将膏体充填技术引入端帮开采中，并以义煤集团天新矿业有限公司露天矿地质条件为依托，利用 $FLAC^{3D}$ 软件对端帮充填开采边坡稳定性进行了研究。研究结果为，随着充填率的升高，边坡趋于更加稳定；采后立即充填对维持边坡稳定性作用明显。同样，为研究充填开采对边坡稳定性的影响，张飞等[49]利用 $FLAC^{3D}$ 软件研究端帮采煤，以废石为充填体，按照“三采一充”“三采二充”“全采全充”三种情况对端帮边坡稳定性进行了研究。研究结果表明，“全采全充”的位移量最小，“三采一充”的位移量最大，“三采二充”的位移较为适中。

上述研究表明，端帮开采在我国尚处于发展阶段。现有研究主要集中在非充填条件下的端帮开采理论与技术应用方面，关于端帮充填开采理论与技术的研究并不多，仅有很少一部分专家和学者尝试将充填开采引入端帮开采。研究发现，使用端帮充填开采能够有效解决地表沉陷并可达到提高煤柱稳定性的作用。但现有关于端帮充填开采的研究大多仍停留在数值模拟分析研究层面，缺乏系统研究。

1.2.2 国外研究现状

国外关于端帮采煤技术的研究已经相当成熟。20世纪40年代，美国已具备螺旋钻端帮采煤技术；20世纪80年代，连续采煤技术(CHM)在美国被广泛应用；20世纪90年代，端帮采煤技术被澳大利亚引进并不断推广，该项技术变得更加成熟，后陆续被中国、南非、印度、俄罗斯、哥伦比亚和新西兰等主要产煤大国相继引进[50-51]。国外一直没有停止过对端帮采煤技术的研究。因为端帮采煤技术与地下井工采煤技术相比较，具有优势。首先，其具有非常大的灵活性和机动性，不仅能够回收端帮下所压的煤炭资源，而且还能回收受限区域(排土场和村庄、河流)的煤炭资源，甚至很小的块段资源都能够被回收。其次，其具有很高的经济优势，仅需要3～7人就可以作业[51-52]，且开采巷道内不需要液压支架以及锚网等支护手段支护，成本远低于井工开采。最后，产量非常可观，现平均年产量可以达到100万t[53]。端帮采煤技术是一种十分安全的采煤技术。因为作业人员无须入硐作业，所以不受顶板冒落、水灾、煤尘和瓦斯爆炸等矿井灾害的威胁。

经过近几十年的发展，由于各国、各地区煤层赋存条件各异，现形成了以连续端帮采煤技术为主流、部分地区开始探索性使用螺旋钻端帮采煤技术的局面。端帮采煤技术发展至今，无论是连续端帮采煤技术还是螺旋钻端帮采煤技术，在国外均发展得相当成熟。现螺旋钻端帮采煤技术和连续端帮采煤技术采硐内最大采深分别可以达到200 m和500 m，月产量分别达到6.0万t和12.4万t[54]。端帮采煤技术的高产、高效和安全，使得美国至今还在不断推广端帮采煤技术。2003年，美国利用端帮采煤技术开采出来的煤炭量高达5 900万t，其中通过连续端帮采煤技术和螺旋钻开采技术开采的煤炭量分别为4 500万t和1 400万t，占美国煤炭总产量的4%[55]。

国外日臻完善端帮采煤技术的过程并非一帆风顺，在此过程中至少经历了7次平盘失稳滑坡和3次重大顶板坍塌事故[56]。因此为避免事故的发生，国外的专家和学者一直以来不断地对影响端帮采煤安全因素进行深入研究。通过不断研究，国外的专家和学者基本达成共识，端帮稳定性是影响端帮采煤安全的主要因素，而影响端帮稳定性的主要因素是留设煤柱的稳定性[57]。由于认识到这一点，所以国外许多专家和学者对端帮开采煤柱留设尺寸以及煤柱稳定性进行了深入研究，取得了一定的成果。在研究中，有学者发现井工开采中，煤柱留设的许多数学计算方法和力学分析方法能够被用于解决端帮开采煤柱留设问题[58]。因此，有学者为让原本用于井工开采的煤柱留设数学计算方法和力学分析方法，更加符合端帮开采过程中留设细长的支撑煤柱和隔离煤柱的实际情况，对其进行了发展。例如，Mark发展了 Bieniawski 用于井工煤矿房柱式开采煤柱留设的强度计算公式，形成了现在经常应用的 Mark-Bieniawski 经验公式[59]。此外，有的国家为让设计和留设的煤柱更加符合本国开采情况，专门成立了相应部门，研究适用于本国煤矿地质条件的煤柱强度计算经验公式。例如，澳大利亚的勘探部门和采矿部门，利用本国矿山数据，通过线性拟合的方法，研发了 CSIRO 煤柱强度公式[60]；印度通过将 200 多个端帮采煤工程实例数据结合 Wagner 煤柱等效宽度理论[61]，研发了专门用于计算煤柱强度的 CIMFR 煤柱强度公式[62]。国外对煤柱的安全性的评估，主要用安全系数（Fos，Fos＝煤柱强度/煤柱荷载）来评估，煤柱的荷载主要采用支流面积理论[63]计算。对于煤柱安全系数的大小，国外普遍认为煤柱安全系数至少为 1.0。与之同时，国外专家和学者发现，除水文地质条件对煤柱稳定性具有重要影响外，还有另外一个重要因素是留设煤柱的宽高比，合理的宽高比能够让煤柱保持稳定。Zipf 等[64]认为宽高比大于 3 的隔离煤柱具有良好的地质力学优势。此外，有研究发现了经验方法的局限性，即超出经验数据范围时[65]，其有效性存在可质疑之处。同时，这些经验公式并没有考虑岩体特性和多煤层开采时的相互作用或者顶底板稳定性，因此需使用 $FLAC^{3D}$、3DEC 等三维数值模拟软件进行数值模拟，对经验方法进行校正。

虽然目前国外对端帮采煤的研究相当深入，但关于端帮充填开采的研究并不是非常多。目前国外之所以鲜有专家和学者对端帮充填开采进行深入研究以及应用，是因为最初专家和学者直观地认为充填开采在经济上不具备可行性，从而没有对端帮充填开采进行过多的研究。也因此，鲜有专家和学者对端帮充填开采煤柱稳定性展开研究。然而，随着时间的推移，有专家进行了大胆的尝试并进行现场试验。研究发现，对于 8 m 厚的端帮压煤，若采用非充填的端帮采煤方式对其进行开采，回采率仅为 30%。然而，若采用端帮分层充填开采，则回采率则可以达到 64%[66]。同时，后续有学者通过数值模拟发现，实行端帮充填开采不仅能够提高煤柱回采率而且能够提高煤柱稳定性[67]。由此开始，有为数不多的国外学者建议，在进行端帮开采时使用充填开采。

由上述研究可知，端帮开采技术虽然已经十分成熟，且取得的研究成果相当丰富，但这些成果均主要集中在非充填条件下的端帮开采理论与技术，涉及端帮充填开采技术的成果并不多见。即使有涉及端帮充填开采技术的成果，大多是通过数值模拟和为数不多的工程实践得到的。国外同样鲜有专家和学者从理论层面，对端帮充填开采技术进行系统研究。

综上所述，我国在端帮采煤技术方面的研究尚处于发展阶段，相较于国外在该领域的研究依然存在较大差距，关于端帮充填开采技术的研究尚处于萌芽状态，关于端帮充填开采煤柱稳定性的研究更是少之又少。与此同时，国外关于端帮充填开采技术的报道也是零零散散，并未形成体系。由此可知，端帮充填开采技术领域，目前在国内外几乎成了“真空”领域，涉猎者甚少，关于端帮充填开采煤柱稳定性的研究更是稀少。随着我国环境保护意识的日益提高和我国发展所需的能源支撑日益加大，需在尽可能少破坏生态环境的同时，增加煤炭资源的回收利用，以达到节约资源和保护环境的目的。虽然国内外有为数不多的专家和学者，通过零星的工程实践和数值模拟分析得知，通过端帮充填开采能够达到以尽可能少地破坏生态环境为代价，开采出端帮下所压的煤炭资源。但在端帮充填开采中，只有维系端帮稳定性才能够使得端帮充填开采成功实施，而煤柱的稳定性又决定了端帮稳定性。故此，有必要对端帮充填开采煤柱稳定性进行深入研究，以此来提高端帮充填开采成功的可能性。

1.3 研究内容及方法

明晰端帮充填开采条件下煤柱采硐围岩应力、位移、塑性区破坏宽度、破坏形态及其影响因素，是研究该条件下煤柱稳定性的关键一步。国内外均鲜有关于专家和学者对该问题进行系统性研究的报道。所以，本书对端帮充填开采条件下煤柱的稳定性进行研究，研究技术路线见图 1-3。

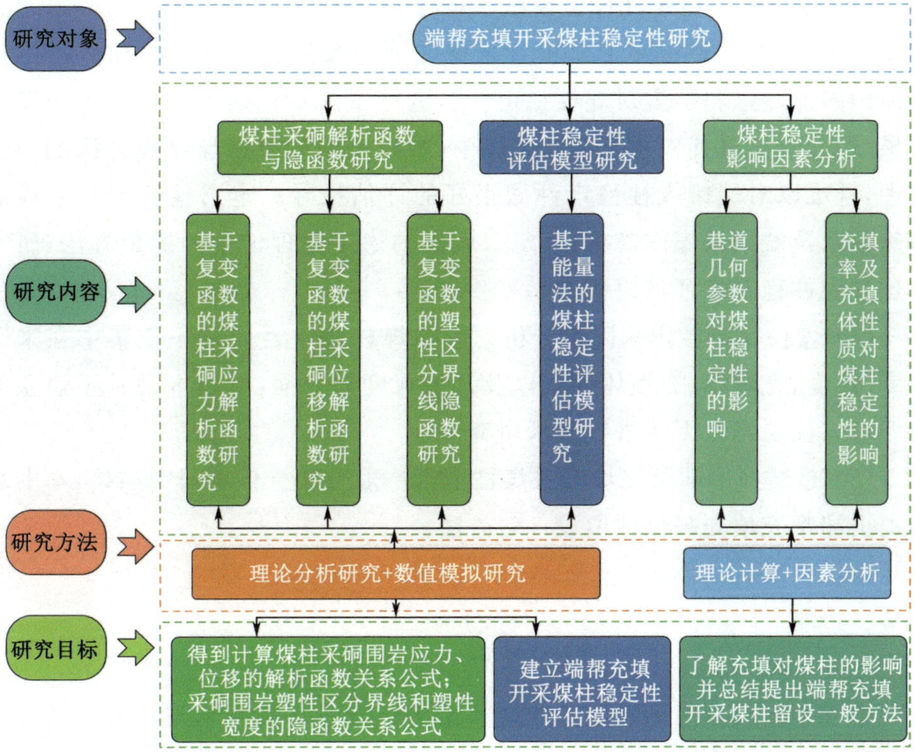

图 1-3　研究技术路线图

(1) 基于复变函数的端帮充填开采煤柱采硐围岩应力与位移解析函数推导。了解端帮充填开采条件下煤柱以及采硐围岩的应力、位移分布情况，对煤柱留设及其稳定性的评估具有重要指导意义。故此，本书基于复变函数，研究和推导了端帮充填开采条件下，煤柱及围岩的应力、位移解析函数，并使用数值模拟方法验证所推导出的解析函数的准确性。

(2) 端帮充填开采条件下煤柱塑性破坏形态研究。掌握煤柱破坏形态，对于煤柱的留设以及煤柱稳定性评估同样具有重要指导意义。端帮开采采硐一般为矩形巷道，在矩形采硐中，破坏通常出现在采硐四个顶角、巷道两帮中部及顶底板中部，复变函数对于刻画这种破坏形态具有明显优势。本书基于复变函数对端帮充填开采条件下的煤柱破坏形态进行刻画和研究，并运用数值模拟方法对研究结果的正确性进行校验和评估。

(3) 建立煤柱稳定性评估模型。煤柱稳定性问题对端帮充填开采尤为重要。因此,有必要对端帮充填开采条件下的煤柱稳定性进行研究。虽然目前国内外专家和学者对煤柱稳定性已进行了大量的研究并取得了一定的成果,但若直接将其应用于端帮采煤中,难以反映端帮采煤煤柱失稳的力学机理,且难以对端帮煤柱稳定性做很好的评估指导。本书鉴于端帮采煤的特殊性以及端帮采煤的需求,决定采用板的稳定性理论中的能量方法,研究并建立煤柱稳定性评估模型。

(4) 煤柱稳定性影响因素分析。影响煤柱稳定性因素主要集中在采硐宽度、高度、充填率、充填体性质以及开采深度等方面,所以本书基于建立的模型对煤柱稳定性因素进行分析研究。

(5) 总结提出端帮充填开采煤柱留设一般方法。依据研究结果,本书总结提出端帮充填开采煤柱留设一般方法。

1.4 本章小结

本章主要对本书的选题背景及其意义进行了详细介绍与分析。经过分析得知,对端帮充填开采煤柱稳定性展开研究,不仅会为未来我国端帮充填开采设计及其工程实践奠定一定的理论基础,还会为我国解决端帮压煤问题提供又一途径。同时,为了更清晰地了解国内外研究端帮采煤的现状,对端帮开采国内外研究现状进行了总结分析。通过总结分析得知,我国在端帮采煤技术方面的研究尚处于发展阶段,相较于国外在该领域的研究存在一定的差距。我国关于端帮充填开采技术的研究尚处于萌芽状态,并且关于端帮充填开采煤柱稳定性的研究更是稀少,国外关于端帮充填开采技术的报道也是零零散散,并没有形成体系。依据本书的研究目的以及结合国内外研究现状,对本书内容和方法进行了简要的介绍。

2 端帮充填开采煤柱采硐围岩应力、位移解析函数推导

端帮开采是在无支护条件下，通过远程操控端帮采煤机械设备对采硐内的煤炭资源进行开采。在该过程中，采硐围岩与边坡的稳定性基本由留设煤柱控制。端帮充填开采是端帮开采的一种方式。端帮充填开采与一般端帮开采的主要区别为，其在开采过后对采硐进行了充填处理，并期望通过该措施能够达到减小留设煤柱尺寸的目的。所以，在端帮充填开采过程中，采硐围岩与边坡的稳定性依然基本由留设煤柱控制。因此，若在端帮充填开采设计之初，能够通过相应的计算模型实现对设计方案中的煤柱采硐围岩应力，以及位移分布情况进行准确计算，则不但能够为后续的煤柱、采硐围岩和边坡的稳定性评估提供指导，而且还能够为安全生产提供一定的保障。然而，这本质是一个对孔硐围岩应力、位移求解并进行相关推导的问题。对于该类问题，复变函数法较弹性力学中传统的逆解法或半逆解法具有独特优势，尤其对于解决如端帮开采煤柱采硐围岩应力这种复杂形状边界和多连通域的复杂问题[69-70]。本章主要基于复变函数对端帮充填开采煤柱采硐围岩应力、位移、塑性区分界线进行研究，并基于复变函数推导煤柱采硐围岩应力、位移解析函数和塑性区分界线隐函数。

2.1 复变函数基础理论

2.1.1 双调和函数、应力分量、位移分量及边界条件的复变函数表示

(1) 双调和函数的复变函数表示

由弹性力学可知，在体力为常数的情况下，平面问题的应力解法可变

为，在给定应力边界条件下求解一个如式(2-1)的双调和方程。

$$\frac{\partial^4 U}{\partial x^4}+2\frac{\partial^4 U}{\partial x^2 \partial y^2}+\frac{\partial^4 U}{\partial y^4}=0 \tag{2-1}$$

式中，U 为双调和应力函数。

由弹性力学可知，若不计体力，应力分量可表示为：

$$\sigma_x=\frac{\partial^2 U}{\partial y^2},\sigma_x=\frac{\partial^2 U}{\partial x^2},\tau_{xy}=-\frac{\partial^2 U}{\partial x \partial y} \tag{2-2}$$

1898 年，Goursat 求得该双调应力函数 U 的通解为用带复数 z 的两个解析函数 $\phi_1(z)$和 $\theta_1(z)$表示[68-69]的表达式。该通解表达式见式(2-3)。由此可知，双调和函数 U 一般都可以用 $\phi_1(z)$和 $\theta_1(z)$表示。

$$U=\mathrm{Re}[\theta_1(z)+\bar{z}\phi_1(z)] \tag{2-3}$$

(2) 应力分量和位移分量的复变函数表示

由上述可知，一旦解析函数 $\phi_1(z)$和 $\theta_1(z)$的具体形式被边界条件所确定，则利用式(2-2)和物理方程与几何方程，即可将应力与位移分量由解析函数 $\phi_1(z)$和 $\theta_1(z)$以复数形式表达出来。经推导证明，该复变函数关系式为[68]：

$$\begin{cases}\sigma_x+\sigma_y=4\mathrm{Re}[\phi_1'(z)] & \text{(2-4a)}\\ \sigma_y-\sigma_x+2\tau_{xy}\mathrm{i}=2[\bar{z}\phi_1''(z)+\psi_1'(z)] & \text{(2-4b)}\\ 2G(u+\mathrm{i}v)=\kappa\phi_1(z)-z\overline{\phi_1'(z)}-\overline{\psi_1(z)} & \text{(2-4c)}\end{cases}$$

或

$$\begin{cases}\sigma_x=2\mathrm{Re}[\phi_1'(z)]-\mathrm{Re}[\bar{z}\phi_1''(z)+\psi_1'(z)] & \text{(2-5a)}\\ \sigma_y=2\mathrm{Re}[\phi_1'(z)]+\mathrm{Re}[\bar{z}\phi_1''(z)+\psi_1'(z)] & \text{(2-5b)}\\ \tau_{xy}=\mathrm{Im}[\bar{z}\phi_1''(z)+\psi_1'(z)] & \text{(2-5c)}\end{cases}$$

位移分量复变函数表达式，则为：

$$2G(u+\mathrm{i}v)=\kappa\phi_1(z)-z\overline{\phi_1'(z)}-\overline{\psi_1(z)} \tag{2-6}$$

式中　$\psi_1(z)=\theta_1'(z)$；

$$\kappa=\begin{cases}3-4\mu,\text{平面应变}\\ \dfrac{3-\mu}{1+\mu},\text{平面应力}\end{cases};$$

G——剪切模量，GPa，$G=\dfrac{E}{2(1+\mu)}$；

E——弹性模量，GPa；

μ——泊松比。

(3) 边界条件的复变函数表示

在弹性力学中，一般存在两类边界条件，分别是应力边界条件和位移边界条件。因此，以复变函数求解弹性平面问题时，也存在应力边界条件和位移边界条件两类边界条件，且以复变函数形式表示。复变函数表示的这两类边界条件如下[70]：

位移边界条件：

$$\kappa\phi_1(z)-z\overline{\phi_1'(z)}-\overline{\psi_1(z)}=2G(u+\mathrm{i}v) \tag{2-7}$$

应力边界条件：

$$-\phi_1(z)-z\overline{\phi'_1(z)}-\overline{\psi_1(z)}=-\mathrm{i}\int_{A_1}^{B_1}(X_n+\mathrm{i}Y_n)\mathrm{d}s \tag{2-8}$$

式中 z——边界上的值；

A_1，B_1——积分的起点与终点；

X_n，Y_n——边界上沿 x 轴和 y 轴方向给定的面力分量。

2.1.2 无限域中 $\phi_1(z)$ 和 $\psi_1(z)$ 的形式

由上述不难看出，解析函数 $\phi_1(z)$ 和 $\psi_1(z)$ 对于基于复变函数求解弹性平面问题的方法极其重要。因此，如何利用解析函数 $\phi_1(z)$ 和 $\psi_1(z)$ 在已知边界上的值来确定其具体形式是基于复变函数求解弹性平面问题方法的关键。经过推导证明，在无穷远点应力有界的情况下，无穷远邻域处 $\phi_1(z)$ 和 $\psi_1(z)$ 的形式为[68,71]：

$$\phi_1(z)=-\frac{1}{2\pi(1+\kappa)}(X+\mathrm{i}Y)\ln z+(B+\mathrm{i}C)z+\phi_1^0(z) \tag{2-9}$$

$$\psi_1(z)=\frac{\kappa}{2\pi(1+\kappa)}(X-\mathrm{i}Y)\ln z+(B'+\mathrm{i}C')z+\psi_1^0(z) \tag{2-10}$$

式中 B——常数，$B=\dfrac{\sigma_x^\infty+\sigma_y^\infty}{4}$；

C——常数，可取 $C=0$；

B'——常数，$B'=\dfrac{\sigma_y^{\infty}-\sigma_x^{\infty}}{4}$；

C'——常数，$C'=\tau_{xy}^{\infty}$；

$\phi_1^0(z)$——应力边界条件下，无穷远点邻域内的单值解析函数；

$\psi_1^0(z)$——位移边界条件下，无穷远点邻域内的单值解析函数。

2.1.3 保角变换

复变函数之所以被广泛运用于求解孔硐问题，得益于保角变换。保角变换能够将 z 平面上形状复杂的区域边界，变换成复平面 ζ 上形状简单的区域边界。这让许多形状复杂本无法求出解析解的孔硐问题变得简单起来。这种变换主要通过映射函数 $z=\omega(\zeta)$ 来实现。一旦映射函数确定，则可将关于 z 的函数变换为关于 ζ 的函数。为计算方便引入式(2-11)中的记号。

$$\begin{cases}\phi(\zeta)=\phi_1(z)=\phi_1[\omega(\zeta)] & \text{(2-11a)}\\ \psi(\zeta)=\psi_1(z)=\psi_1[\omega(\zeta)] & \text{(2-11b)}\\ \Phi(\zeta)=\phi_1'(z)=\dfrac{\phi'(\zeta)}{\omega'(\zeta)} & \text{(2-11c)}\\ \Psi(\zeta)=\psi_1'(z)=\dfrac{\psi'(\zeta)}{\omega'(\zeta)} & \text{(2-11d)}\end{cases}$$

通过引用式(2-11)中的记号，式(2-4)至式(2-9)变为：

$$\begin{cases}\sigma_x+\sigma_y=4\mathrm{Re}[\Phi(\zeta)] & \text{(2-12a)}\\ \sigma_y-\sigma_x+2\tau_{xy}\mathrm{i}=\dfrac{2}{\omega'(\zeta)}[\overline{\omega(\zeta)}\,\Phi'(\zeta)+\omega'(\zeta)\Psi(\zeta)] & \text{(2-12b)}\\ 2G(u+\mathrm{i}v)=\kappa\phi(\zeta)-\dfrac{\omega(\zeta)}{\overline{\omega'(\zeta)}}\overline{\phi'(\zeta)}-\overline{\psi(\zeta)} & \text{(2-12c)}\end{cases}$$

$$i\int_{A_1}^{B_1}(X_n+\mathrm{i}Y_n)\mathrm{d}s=\phi(\zeta)+\frac{\omega(\zeta)}{\overline{\omega'(\zeta)}}\overline{\phi'(\zeta)}+\overline{\psi(\zeta)} \tag{2-13}$$

式中，ζ 为复平面 ζ 上的点，通常也用 σ 表示。

在保角变换中，常讨论 z 平面上的单连通域变成 ζ 平面上以原点为圆心的单位圆内部还是外部区域。一般该区域边界线称为单位圆圆周。因此，ζ 平面上的任意一点可用极坐标表示。也因此存在如下关系：

$$\zeta=\rho\mathrm{e}^{\mathrm{i}\theta}=\rho(\cos\theta+\mathrm{i}\sin\theta) \tag{2-14}$$

式中 ρ——极径，当在区域边界线上时 $\rho=1.0$；

θ——弧度，(°)。

2.1.4 Schwarz 交替法基本原理

在基于复变函数解决多连通域问题中，Schwarz 交替法是一种成熟且被广泛使用的一种方法。因为 Schwarz 交替法的计算过程简单，它将多连通域问题变成单连通域问题来求解。在变为单连通域问题后，由于柯西积分法求解单连通域问题并不困难，所以最后利用柯西积分法求解即可。对于该方法的收敛性问题，已被 S. G. Mikhlin[72] 和 S. L. Sobolev[73] 证明，其在二维和三维空间内均收敛。因此，采用 Schwarz 交替法求解多连通域问题，仅需寻求合适的迭代求解方法即可。

为更好地理解 Schwarz 交替法，现以无穷远处荷载为均布荷载的两任意孔硐为计算模型，对 Schwarz 交替法进行简单的介绍。两任意孔硐计算模型见图 2-1。

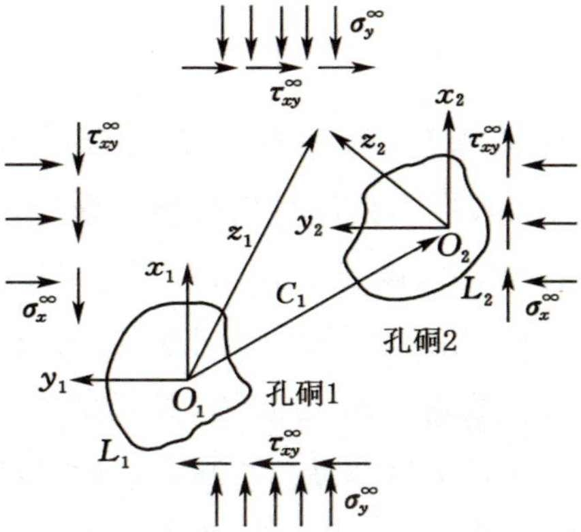

图 2-1 两任意孔硐计算模型[68]

在图 2-1 中，令 $x_1O_1y_1$ 和 $x_2O_2y_2$ 分别为全局坐标系和局部坐标系，同时令 z_1 和 z_2 分别为全局坐标系下的坐标和局部坐标系下的坐标，c_1 为两孔硐的相对位置矢量，σ_x^∞，σ_y^∞ 和 τ_{xy}^∞ 为无穷远处的均布荷载，L_1 和 L_2 分别为两硐的轴线。Schwarz 交替法求解两任意形状孔硐问题的基本过程如下所述。

假设硐 2 不存在，仅存在硐 1。此时为单连通域问题，可由柯西积分法求解出，所以利用柯西积分法求解出该条件下硐 1 周围的应力。同时，此时虽假设不存在硐 2，但硐 2 所在位置是已知的，所以求解出硐 2 周边的多余面力(即硐边面力不为 0 的力)。

其次，采用与第一步相似的方法，假设硐 1 不存在，仅存在硐 2。在硐 2 周边施加和在第一步中计算得到的该位置多余面力方向相反、大小相等的面力。再按照第一步的方法计算出硐 1 周边的多余面力和硐 2 周边的应力。

最后，通过不断重复上述过程，直至两个孔硐周边满足设定的应力边界为止。例如，图 2-1 中应不断迭代到两个孔硐周边面力为 0 为止。

在上述过程中不难发现，由于迭代次数的限制，两孔硐周边多余面力基本无法实现零面力。但随着迭代的不断进行，多余的面力势必会逐步减小。然而，工程实践中并非要求绝对零面力，更多的是满足一定工程精度需求即可。因此，Schwarz 交替法成了目前较为成熟、简单且常用的一种解析方法。

2.1.5 Schwarz 交替法中多余面力的一般求解方法

(1)Schwarz 交替法中多余面力的总体过程

依据 Schwarz 交替法原理，可知在求解出全局坐标系下的解析函数 $\phi_{11}(\zeta_1)$和 $\psi_{11}(\zeta_1)$后，就可以利用其计算出其他孔硐是否满足零面力要求，如不满足则通过施加反面力予以修正。在该过程中，求解全局坐标系下的解析函数 $\phi_{11}(\zeta_1)$和 $\psi_{11}(\zeta_1)$是相对容易的，但难点是如何求解处于局部坐标系下的其他孔硐解析函数。面对这样的问题，最好的办法是将处理和求解局部坐标系下的周边面力和解析函数 $\phi_{22}(\zeta_2)$和 $\psi_{22}(\zeta_2)$，转换成为全局坐标下的问题来求解。这样的变化，其实可以通过映射变换($z_2=\omega_2(\zeta_2)$)、坐标平移($z_1=z_2+c_1$)和逆变换($\zeta_1=\omega_1^{-1}(z_1)$)等过程实现。所以为使运算变得简单化，可直接用解析函数 $\phi_{11}(\zeta_1)$和 $\psi_{11}(\zeta_1)$结合映射函数，利用式(2-13)计算孔硐 1 的影响在孔硐 2 周边各点引起的多余面力，记为 $f_{12}(\sigma_2)$，进而实现多余面力的求解。

(2) 坐标变化确定其他孔硐(孔硐 2)多余面力一般过程

由上述分析可知，全局坐标系下的孔硐多余面力易求得，关键是如何处理孔硐 2(其他孔硐统称为孔硐 2)。由上述分析同时可知,一般直接用解析函数 $\phi_{11}(\zeta_1)$和 $\psi_{11}(\zeta_1)$结合映射函数,利用式(2-13)计算在孔硐 1 的影响下,孔硐 2 周边各点引起的多余面力,从而实现对孔硐 2 多余面力的求解。但该具体过程势必涉及如何定位孔硐 2 区域的问题,而对于该问题一般通过坐标变换进行解决。特此,对坐标变化确定其他孔硐(孔硐 2)多余面力一般过程进行简要介绍。

假设解析函数 $\phi_{11}(\zeta_1)$和 $\psi_{11}(\zeta_1)$在 z_1 平面(即 $x_1O_1y_1$ 坐标系)上为 $\phi_1(z_1)$和 $\psi_1(z_1)$,在 z_2 平面(即,$x_2O_2y_2$ 坐标系)上为 $\phi_2(z_2)$和 $\psi_2(z_2)$,在复平面 ζ_2 上为 $\phi_{12}(\zeta_2)$和 $\psi_{12}(\zeta_2)$,$f_{12}(\sigma_2)$为通过解析函数 $\phi_{11}(\zeta_1)$和 $\psi_{11}(\zeta_1)$得出的在孔硐 2 周边引起的多余面力,则 $f_{12}(\sigma_2)$在 z_2 平面上和复平面 ζ_2 上依据式(2-13)可分别表示如下:

$$f_2(t_2)=\phi_2(t_2)+t_2\overline{\phi_2'(t_2)}+\overline{\psi_2(t_2)} \tag{2-15}$$

$$f_{12}(\sigma_2)=\phi_{12}(\sigma_2)+\frac{\omega_2(\sigma_2)}{\omega_2'(\sigma_2)}\overline{\phi_{12}'(\sigma_2)}+\overline{\psi_{12}(\sigma_2)} \tag{2-16}$$

式中 t_2——z_2 平面中孔硐 2 周边点的坐标;

σ_2——ζ_2 复平面中孔硐 2 周边点的坐标。

由于 $f_2(t_2)$和 $f_{12}(\sigma_2)$均为孔硐 2 周边引起的多余面力,则必然存在如下关系:

$$f_2(t_2)=f_{12}(\sigma_2)=f_2[\omega_2(\sigma_2)] \tag{2-17}$$

而依据坐标平移则可得:

$$\begin{cases}\phi_2(t_2)=\phi_1(t_2+c_1) & \text{(2-18a)}\\ \psi_2(t_2)=\psi_1(t_2+c_1)+\bar{c}\psi_1'(t_2+c_1) & \text{(2-18b)}\end{cases}$$

式中,c_1 为两孔硐的相对位置矢量。

令 $T_1=t_2+c_1$,则将式(2-17)和式(2-18)代入式(2-15)则可得:

$$f_2(t_2)=\phi_1(T_1)+T_1\overline{\phi_1'(t_1)}+\overline{\psi_1(t_1)} \tag{2-19}$$

此时,假设 γ_1 为 ζ_1 坐标系下的周边点坐标,依据 $T_1=\omega_1(\gamma_1)$和 $f_2(t_2)=f_{12}(\sigma_2)$可得:

$$f_{12}(\sigma_2)=\phi_{11}(\gamma_1)+\frac{\omega_1(\gamma_1)}{\omega_1'(\gamma_1)}\overline{\phi_{11}'(\gamma_1)}+\overline{\psi_{11}(\gamma_1)} \tag{2-20}$$

经过式(2-20)计算后,孔硐 2 周边各点的多余面力则可求出,但该过程中得到的面力是具体的值 $f_{12}(\sigma_2)$，而面力分布并未表示。然而，采用柯西积分法求解边值问题时，要求边界条件中各项都要显示出来。$f_{12}(\sigma_2)$是 ζ_2 平面上分布在单位圆圆周上的以 2π 为周期的矢量函数，可考虑将其用复数级数 $\sum_{k=-L}^{L} D_k\sigma_2^k$ 来逼近[74]，因此存在如下关系：

$$f_{12}(\sigma_2) = \sum_{k=-L}^{L} D_k\sigma_2^k \tag{2-21}$$

式中 D_k——逼近 σ_2 的各幂次项系数，一般为复数；

L——常数，一般大于映射函数 $\omega_2(\zeta_2)$中的 n 值。

由式(2-20)可知，利用 $\phi_{11}(\zeta_1)$和 $\psi_{11}(\zeta_1)$求孔硐 2 周边的多余面力时，只需变换相应的坐标点即可，不用变换解析函数 $\phi_{22}(\zeta_2)$和 $\psi_{22}(\zeta_2)$。由此，坐标变化确定其他孔硐(孔硐 2)多余面力的具体计算过程如下所述。

① 确定在 ζ_2 平面上孔硐 2 周边上的点 σ_2。

② 依据映射函数 $t_2=\omega_2(\sigma_2)$，得出孔硐 2 周边在 z_2 平面上的点 t_2。

③ 依据坐标平移公式 $T_1=t_2+c_1$，计算出孔硐 2 周边在 z_1 平面的坐标 T_1。

④ 依据逆映射函数 $\gamma_1=\omega_1^{-1}T_1$ 得到孔硐 2 周边在 ζ_1 平面上的坐标 γ_1。

⑤ 将获得的 γ_1 代入式(2-20)，则获得 σ_2 所对应的多余面力 $f_{12}(\sigma_2)$。

⑥ 将 $f_{12}(\sigma_2)$依据式(2-21)获得相应的级数逼近。

2.1.6 反力面力作用下求解仅存在孔硐 2 的应力函数

由 2.1.5 可知，通过坐标变换等处理，即可求出孔硐 2 周边的多余面力 $f_{12}(\sigma_2)$ 及该面力的级数逼近 $\sum_{k=-L}^{L} D_k\sigma_2^k$。由 Schwarz 交替法原理可知，在得到孔硐 2 周边的多余面力后，接下来需根据反力面力 $-\sum_{k=-L}^{L} D_k\sigma_2^k$ 求解仅存在孔硐 2 的应力函数。因此在已知孔硐 2 周边的反力面力 $-\sum_{k=-L}^{L} D_k\sigma_2^k$ 后，可依据式(2-13)，在反力面力作用下求解仅存在孔硐 2 时所需的、如式(2-22)所示的应力边界，并结合柯西积分公式得到反力面力作用下求解仅存在孔硐 2 的应力函数 $\phi_{22}(\zeta_2)$和 $\psi_{22}(\zeta_2)$。最终，再将其与应力函数 $\phi_{11}(\zeta_1)$和 $\psi_{11}(\zeta_1)$的计算结果叠加，从而完成 Schwarz 交替法的一次完整迭代。

$$\phi_{22}(\sigma_2)+\frac{\omega_{22}(\sigma_2)}{\omega'_{22}(\sigma_2)}\overline{\phi'_{22}(\sigma_2)}+\overline{\psi_{22}(\sigma_2)}=-\sum_{k=-L}^{L}D_k\sigma_2^k \tag{2-22}$$

2.1.7 矩形孔硐映射函数的一般确定方法

由上述不难发现，用复变函数法解决孔硐问题、确定映射函数 $z=\omega(\zeta)$ 至关重要，即将在 z 平面上边界形状复杂的区域，映射到 ζ 平面上如单位圆这样边界形状简单的区域内或区域外。同时，让 ζ 表达映射前以 z 为自变量的数学公式，其中 $\zeta=re^{i\theta}$。

求解孔硐问题，一般通过保角变换来确定映射函数。基于复变函数推导端帮充填开采煤柱采硐围岩应力、位移解析函数和塑性区分界线隐函数，是一个矩形孔硐问题。故需了解运用保角变换，来确定矩形采硐映射函数 $z=\omega(\zeta)$ 的方法及理论。因此，对矩形孔硐映射函数的一般确定方法进行简要介绍。依据 Schwarz-Christoffel 映射，保角变换一般表达式为[75]：

$$\omega=R\int\left[(z-x_1)^{\frac{\alpha_1}{\pi}-1}(z-x_2)^{\frac{\alpha_2}{\pi}-1}(z-x_3)^{\frac{\alpha_3}{\pi}-1}\cdots(z-x_n)^{\frac{\alpha_n}{\pi}-1}\right]\mathrm{d}z+f \tag{2-23}$$

式中　n——常数，将矩形孔硐从 z 平面映射到 ζ 平面单位圆上时，$n=4$；

x_1,x_2,x_3,x_n——z 平面映射到 ζ 平面单位圆上对应的映射角，将矩形孔硐从 z 平面映射到 ζ 平面单位圆上时，$x_1=e^{k\pi i}$，$x_2=e^{(2-k)\pi i}$，$x_3=e^{(1+k)\pi i}$，$x_4=e^{(1-k)\pi i}$；

$\alpha_1,\alpha_2,\alpha_3,\alpha_n$——$z$ 平面映射到 ζ 平面单位圆上对应的映射位置，将矩形孔硐从 z 平面映射到 ζ 平面单位圆上时，$\alpha_1=\alpha_2=\alpha_3=\alpha_n=3\pi/2$；

f——常数，将矩形孔硐从 z 平面映射到 ζ 平面单位圆上时，$f=0$；

R——与孔硐几何参数相关的参数。

依据式(2-23)，将矩形孔硐从 z 平面映射到 ζ 平面单位圆上时所应取的值代入式中，并对其进行计算，则可得：

$$z=\omega(\zeta)=R\left(\frac{1}{\zeta}+\beta_1\zeta+\beta_3\zeta^3+\beta_5\zeta^5+\beta_7\zeta^7\right) \tag{2-24}$$

式中 $\beta_1=\cos 2k\pi$；

$\beta_3=-1/6\sin^2 2k\pi$；

$\beta_5=-1/10\sin^2 2k\pi\cos 2k\pi$；

$\beta_7=1/896(10\cos 8k\pi-8\cos 4k\pi-2)$。

映射函数的主要作用是将 z 平面矩形各点坐标与 ζ 平面单位圆上的点一一对应连接(见图 2-2)。

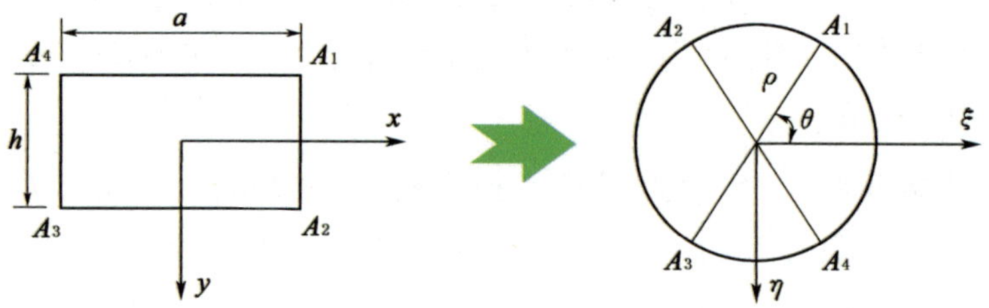

图 2-2 矩形映射到 ζ 平面单位圆上

此时，按式(2-24)进行计算，则有[76]：

$$\begin{cases}x+\mathrm{i}y=R(\mathrm{e}^{-\mathrm{i}\theta}+\beta_1\mathrm{e}^{\mathrm{i}\theta}+\beta_3\mathrm{e}^{\mathrm{i}3\theta}+\beta_5\mathrm{e}^{\mathrm{i}5\theta}+\beta_7\mathrm{e}^{\mathrm{i}7\theta}) & (2\text{-}25\mathrm{a})\\ x=R(\cos\theta+\beta_1\cos\theta+\beta_3\cos 3\theta+\beta_5\cos 5\theta+\beta_7\cos 7\theta) & (2\text{-}25\mathrm{b})\\ y=R(-\sin\theta+\beta_1\sin\theta+\beta_3\sin 3\theta+\beta_5\sin 5\theta+\beta_7\sin 7\theta) & (2\text{-}25\mathrm{c})\end{cases}$$

由于 z 平面矩形各点坐标与 ζ 平面单位圆上的点由映射函数连接且一一对应，所以当 $\theta=0$ 和 $\theta=\frac{\pi}{2}$ 时，矩形在 z 平面的坐标分别为 $\left(\frac{a}{2},0\right)$ 和 $\left(0,-\frac{h}{2}\right)$，将其代入式(2-25b)和式(2-25c)可得：

$$\begin{cases}\dfrac{a}{2}=R\left[1+\cos 2k\pi-\dfrac{1}{6}\sin^2 2k\pi-\dfrac{1}{10}\sin^2 2k\pi\cos 2k\pi+\right.\\ \qquad\left.\dfrac{1}{896}(10\cos 8k-8\cos 4k\pi-2)\right],\quad y=0 & (2\text{-}26\mathrm{a})\\ -\dfrac{h}{2}=R\left[-1+\cos 2k\pi+\dfrac{1}{6}\sin^2 2k\pi+\dfrac{1}{10}\sin^2 2k\pi\cos 2k\pi-\right.\\ \qquad\left.\dfrac{1}{896}(10\cos 8k-8\cos 4k\pi-2)\right],\quad x=0 & (2\text{-}26\mathrm{b})\end{cases}$$

由于式(2-26)过于复杂，不易使用，故引入以下符号：

$$
\begin{cases}
E(k)=1+\cos 2k\pi-\dfrac{1}{6}\sin^2 2k\pi-\dfrac{1}{10}\sin^2 2k\pi\cos 2k\pi+\\
\quad\dfrac{1}{896}(10\cos 8k\pi-8\cos 4k\pi-2) & (2\text{-}27\text{a})\\
N(k)=-1+\cos 2k\pi+\dfrac{1}{6}\sin^2 2k\pi+\dfrac{1}{10}\sin^2 2k\pi\cos 2k\pi-\\
\quad\dfrac{1}{896}(10\cos 8k\pi-8\cos 4k\pi-2) & (2\text{-}27\text{b})
\end{cases}
$$

由式(2-27)可得：

$$
\begin{cases}
-\dfrac{a}{h}=\dfrac{E(k)}{N(k)} & (2\text{-}28\text{a})\\
R=\dfrac{a}{2E(k)} & (2\text{-}28\text{b})
\end{cases}
$$

式中 a——矩形孔硐的宽，m；

h——矩形孔硐的高，m；

k——与矩形孔硐宽高比相关的常数。

式(2-23)至式(2-28)均与 k 有关，且 k 的确定可通过式(2-24)得到由 z 平面外域映射到复平面 ζ 单位圆内的函数 $z=\omega(\zeta)$ 的表达式。由式(2-20a)可知，k 与 a 和 h 相关且由 a 和 h 确定，则可以通过求解式(2-28a)得到 k。在求解式(2-28a)时会得到多个解，其中 4 个为实数解，其余为虚数解。由三角函数的特性可知，符合要求的只能是实数解。故此，可任取一实数解为 k 的值。再将 k 代入式(2-24)即可得到最终的矩形孔硐从 z 平面映射到复平面 ζ 单位圆内的映射函数 $z=\omega(\zeta)$ 的表达式。

2.2 建立采硐力学模型

端帮开采技术是在露天矿开采过程中，充分利用其采场的空间敞露条件，无须作业人员进入硐中作业，通过在端帮下的采硐前布置可以远程操控的连续采煤机开采超过经济剥采比极限部分的残煤的一种新采煤技术。该过程中随着生产的不断推进会形成一系列的采硐群，采硐群中的采硐形状一般为矩形。端帮开采工作面布置图见图 2-3。

(a) 端帮开采工作面布置实况图[27]　　(b) 端帮开采工作面布置示意图[77]

图 2-3　端帮开采工作面布置图

在端帮充填开采过程中，充填体主要通过为煤柱提供侧向应力(p)达到提高煤柱及围岩稳定的目的。在该过程中，完全充填状态与部分充填状态存在一定差异。当部分充填时，充填体会处于未接顶状态且充填体上界面具备向自由空间膨胀变形的条件。同时，在该过程中，煤柱会在上覆岩层荷载的作用下发生面向采硐的膨胀变形。在采硐中存在充填体，所以该膨胀变形会导致煤柱与充填体接触，并挤压充填体，使充填体向内凹陷。此时，充填体上界面会在挤压作用下，发生向自由空间的膨胀变形。由于该过程与挡土墙与填土之间的关系相似，所以可认为此时充填体为煤柱提供的侧向应力为被动土压力(P_{Passive})。部分充填条件下，煤柱与充填体的变化过程见图 2-4。

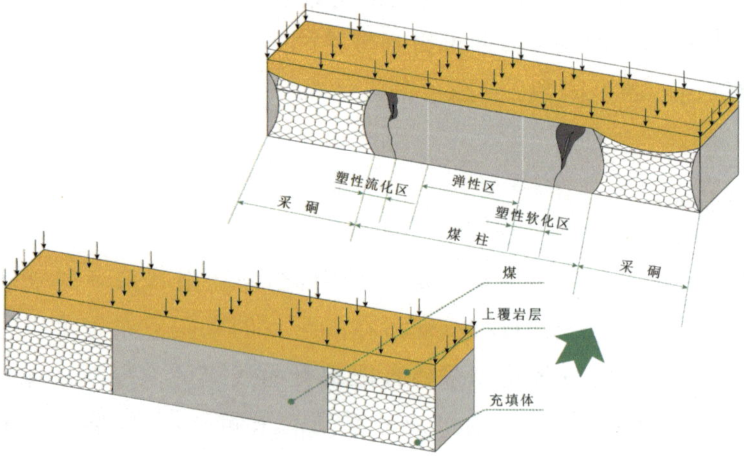

图 2-4　部分充填情况下煤柱与充填体的变化过程

当完全充填时，充填体基本处于接顶状态，此时充填体会在上覆岩层的作用下，在纵向上，向下凹陷压缩。在该压缩下，水平方向同时发生膨胀变形，从而挤压煤柱，使煤柱向内有凹陷压缩的趋势，进而抑制煤柱非弹性区扩展。同理，由于该过程与挡土墙和填土之间的关系相似，因此可认为此时充填体为煤柱提供的侧向应力为主动土压力（P_{Active}）[78]。此外，由于已完全充填，采硐顶板会受到来自充填体与上覆岩层所产生的地基反力（F_d），以支撑采硐顶板。完全充填条件下，煤柱与充填体的变化过程见图 2-5。此外，为能够得到采硐围岩应力弹性解，将采硐围岩应力受力问题简化为二维平面应力问题，建立力学模型，见图 2-6 和图 2-7。其中，设采硐高度为 h，采硐宽为 a，充填率为 C_{backfill}，采硐周边围岩均为无限区域，并设采硐形成并充填后，在上覆岩层自重应力 $P(P=\gamma H)$ 和水平应力 λP 的共同作用下，采硐围岩应力重新分布（H 为采硐的埋深，γ 为上覆岩层的平均容重，λ 为侧向应力系数）。

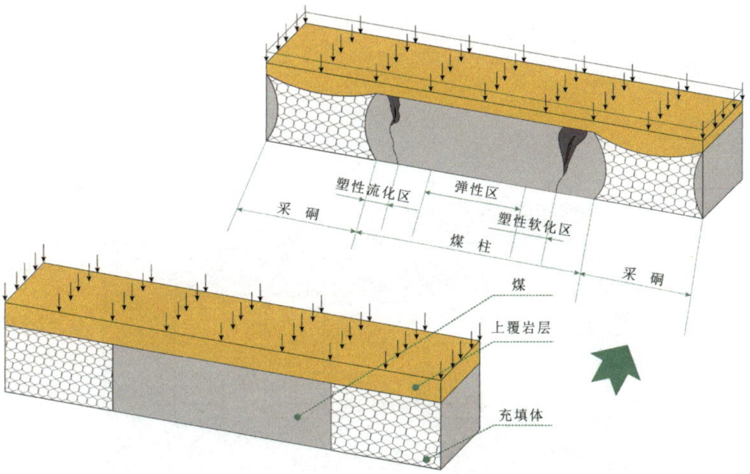

图 2-5 完全充填情况下煤柱与充填体的变化过程

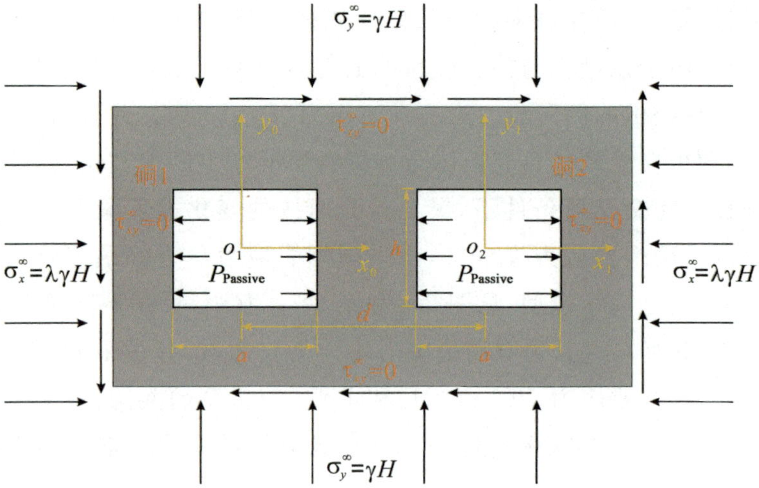

图 2-6　部分充填力学模型图

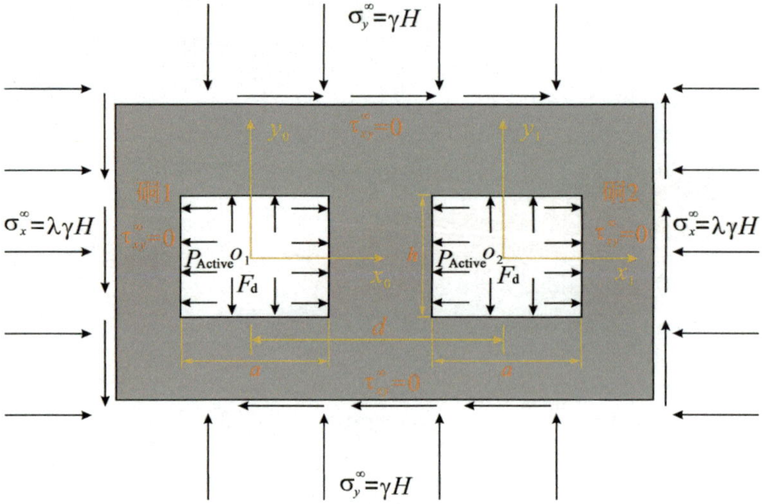

图 2-7　完全充填力学模型图

2.3 端帮充填开采采硐围岩应力解析解

由图 2-4 和图 2-5 可知，求解端帮充填开采采硐围岩应力解析解，是一个含面力孔硐的多连通域问题。对于多连通域问题，Schwarz 交替法是一种成熟、简单且常用的求解析解的方法。故此，可采用 Schwarz 交替法求解端帮充填开采采硐围岩应力解析解。此外，虽然端帮充填开采是一个含面力孔硐的多连通域问题，但可简化为图 2-6 和图 2-7 所示的含面力双孔硐的多连通域问题，并以此对端帮充填开采围岩应力解析函数进行求解，并将图 2-6 和图 2-7 左侧的孔硐称为硐 1，将右侧的孔硐称为硐 2，且以硐 1 的坐标系为全局坐标系，硐 2 的坐标系为局部坐标系。

2.3.1 硐 1 围岩应力和位移公式推导

(1) 推导硐 1 复势函数 $\phi_0(\zeta_1)$ 和 $\psi_0(\zeta_1)$

由式(2-9)和式(2-10)易知，若在映射函数以及边界条件确定的情况下，且知道复势函数 $\phi_0(\zeta)$ 和 $\psi_0(\zeta)$，即可得到采硐围岩应力和位移解析函数。在相应的矩形孔硐参数下，通过式(2-23)至式(2-28)可求出矩形孔硐的映射函数。为此，可直接设硐 1 的映射函数为 $z_1=\omega_1(\zeta_1)$，见式(2-29)。对于硐 1 存在图 2-8 所示的多对面力，为了推导过程的简便性可将其拆分成图 2-9 中的 4 个模型进行推导。

$$z_1=\omega_1(\zeta_1)=R\left(\frac{1}{\zeta_1}+\beta_1\zeta_1+\beta_3\zeta_1^3+\beta_5\zeta_1^5+\beta_7\zeta_1^7\right) \tag{2-29}$$

由式(2-13)且结合式(2-29)可知，在平面无穷远点应力有界的条件下，$\phi(\zeta_1)$ 和 $\psi(\zeta_1)$ 的表达式为：

$$\begin{cases}\phi(\zeta_1)=-\dfrac{1}{2\pi(1+\kappa)}(X+\mathrm{i}Y)\ln\zeta_1+B\omega_1(\zeta_1)+\phi_0(\zeta_1) & \text{(2-30a)}\\ \psi(\zeta_1)=\dfrac{\kappa}{2\pi(1+\kappa)}(X-\mathrm{i}Y)\ln\zeta_1+(B'+\mathrm{i}C')\omega_1(\zeta_1)+\psi_0(\zeta_1) & \text{(2-30b)}\end{cases}$$

式中 $B=\dfrac{\sigma_x^\infty+\sigma_y^\infty}{4}$；

$B'=\dfrac{\sigma_y^{\infty}-\sigma_x^{\infty}}{2}$;

$C'=\tau_{xy}^{\infty}$;

$\phi_0(\zeta_1)$、$\psi_0(\zeta_1)$——单值解析函数。

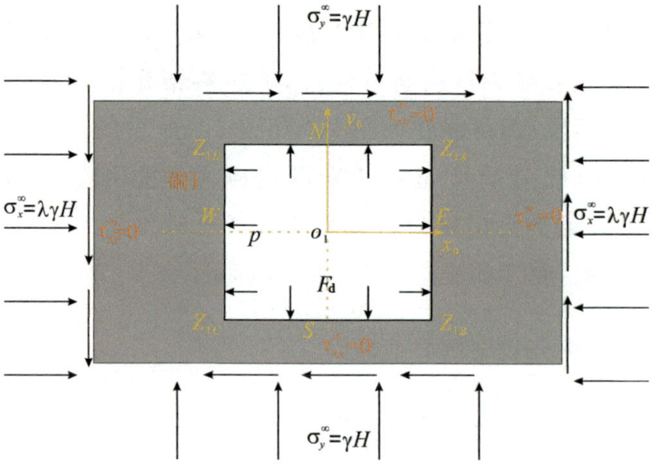

图 2-8　硐 1 的力学模型

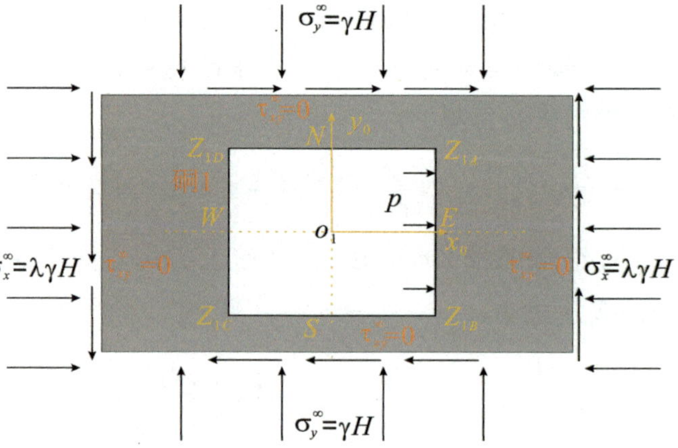

(a)

图 2-9　硐 1 模型拆分

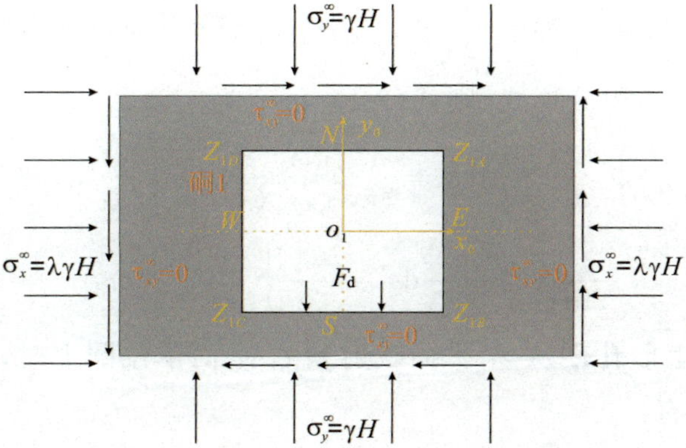
$\sigma_y^\infty=\gamma H$
$\tau_{xy}^\infty=0$
N
y_0
Z_{1D}
Z_{1A}
硐1
W
o_1
E
x_0
$\sigma_x^\infty=\lambda\gamma H$
$\tau_{xy}^\infty=0$
F_d
$\tau_{xy}^\infty=0$
$\sigma_x^\infty=\lambda\gamma H$
Z_{1C}
S
Z_{1B}
$\tau_{xy}^\infty=0$
$\sigma_y^\infty=\gamma H$

（b）

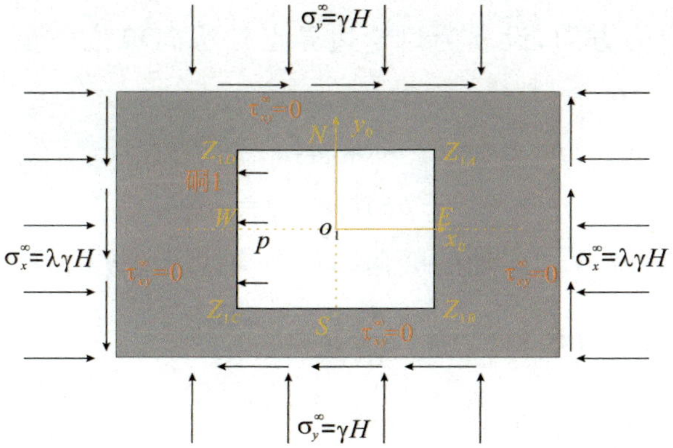
$\sigma_y^\infty=\gamma H$
$\tau_{xy}^\infty=0$
N
y_0
Z_{1D}
Z_{1A}
硐1
W
o_1
E
x_0
p
$\sigma_x^\infty=\lambda\gamma H$
$\tau_{xy}^\infty=0$
$\tau_{xy}^\infty=0$
$\sigma_x^\infty=\lambda\gamma H$
Z_{1C}
S
Z_{1B}
$\tau_{xy}^\infty=0$
$\sigma_y^\infty=\gamma H$

（c）

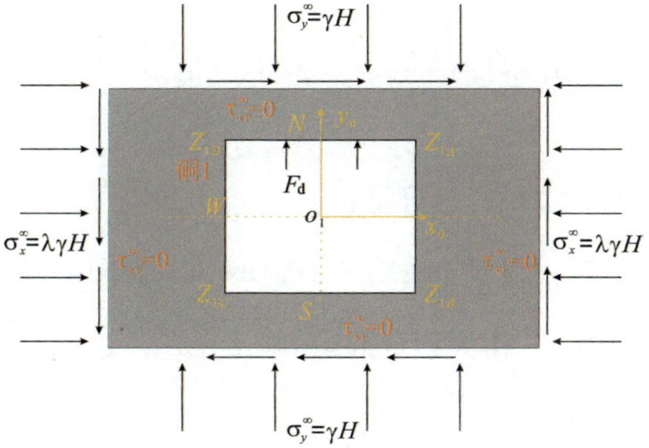
$\sigma_y^\infty=\gamma H$
$\tau_{xy}^\infty=0$
N
y_0
Z_{1D}
Z_{1A}
硐1
F_d
W
o_1
x_0
$\sigma_x^\infty=\lambda\gamma H$
$\tau_{xy}^\infty=0$
$\tau_{xy}^\infty=0$
$\sigma_x^\infty=\lambda\gamma H$
Z_{1C}
S
Z_{1B}
$\tau_{xy}^\infty=0$
$\sigma_y^\infty=\gamma H$

（d）

图 2-9（续）

为计算方便，设 $f(\zeta)=\mathrm{i}\int_{A_1}^{B_1}(X_n+\mathrm{i}Y_n)\mathrm{d}s$，设 σ_1 为 ζ_1 平面边界上的点，并将式(2-13)转化为积分形式，则式(2-13)可变为：

$$\frac{1}{2\pi\mathrm{i}}\oint_\gamma\frac{\phi(\sigma_1)}{\sigma_1-\zeta_1}\mathrm{d}\sigma_1+\frac{1}{2\pi\mathrm{i}}\oint_\gamma\frac{\omega_1(\sigma_1)}{\overline{\omega'_1(\sigma_1)}}\frac{\overline{\phi'(\sigma_1)}}{\sigma_1-\zeta_1}\mathrm{d}\sigma_1+$$

$$\frac{1}{2\pi\mathrm{i}}\oint_\gamma\frac{\overline{\psi(\sigma_1)}}{\sigma_1-\zeta_1}\mathrm{d}\sigma_1=\frac{1}{2\pi\mathrm{i}}\oint_\gamma\frac{f(\sigma_1)}{\sigma_1-\zeta_1}\mathrm{d}\sigma_1 \tag{2-31}$$

由于已知矩形孔硐从 z_1 平面映射到 ζ_1 平面单位圆上时，映射函数如式(2-29)所示，则有：

$$\delta(\sigma_1)=\frac{\omega_1(\sigma_1)}{\overline{\omega'_1(\sigma_1)}}=\frac{\sigma_1^{-1}+\beta_1\sigma_1+\beta_3\sigma_1^3+\beta_5\sigma_1^5+\beta_7\sigma_1^7}{-\sigma_1^2+\overline{\beta_1}+3\beta_3\sigma_1^{-2}+5\beta_5\sigma_1^{-4}+7\beta_7\sigma_1^{-6}} \tag{2-32}$$

为能表示应力方向，设 $\boldsymbol{n}$ 为讨论边界点外法向单位矢量，即方向指向孔内，则有：

$$\begin{cases}X_n=p\cos\theta=-p\cos(\boldsymbol{n},x)=-pl_1 & \text{(2-33a)}\\ Y_n=p\sin\theta=-p\cos(\boldsymbol{n},y)=-pr & \text{(2-33b)}\end{cases}$$

式中　θ——法向压力与 x 轴的夹角，自 Ox 轴算起(逆时针)；

l_1,r——$\boldsymbol{n}$ 的方向余弦，$l_1=\dfrac{\mathrm{d}y}{\mathrm{d}s}$，$r=-\dfrac{\mathrm{d}x}{\mathrm{d}s}$。

由此，则有：

$$X_n+\mathrm{i}Y_n=-p(l_1+\mathrm{i}r) \tag{2-34}$$

因此可得：

$$(X_n+\mathrm{i}Y_n)\mathrm{d}s=-p\left(\frac{\mathrm{d}y}{\mathrm{d}s}-\mathrm{i}\frac{\mathrm{d}x}{\mathrm{d}s}\right)=-p(\mathrm{d}y-\mathrm{i}\mathrm{d}x)=\mathrm{i}p(\mathrm{d}x+\mathrm{i}\mathrm{d}y)=\mathrm{i}p\mathrm{d}z \tag{2-35}$$

将式(2-35)代入式(2-13)，可得：

$$f_1(z_1)=\mathrm{i}\oint(X_n+\mathrm{i}Y_n)\mathrm{d}s=-p\oint\mathrm{d}z_1 \tag{2-36}$$

若以图 2-9(a)的 Z_{1A} 作为积分起点，则 $\overparen{Z_{1A}EZ_{1B}}$ 段：

$$f_1(z_1)=-p\oint_{Z_{1A}}^{Z_1}\mathrm{d}z_1=-p(z_1-z_{1A})=-pz_1+pz_{1A}\quad(pz_{1A}\text{ 舍去}) \tag{2-37}$$

$\overparen{Z_{1B}WZ_{1A}}$ 段：

$$f(z_1)=-p\oint_{Z_{1A}}^{Z_{1B}}\mathrm{d}z=-p(z_{1B}-z_{1A})=-pz_{1B}+pz_{1A}\quad(pz_{1A}\text{ 舍去})\tag{2-38}$$

由于在图 2-9(a)中，除$\overset{\frown}{Z_{1A}EZ_{1B}}$段外，$p$ 均为 0，所以按照复平面孔边不平衡合力定义可得：

$$X+\mathrm{i}Y=\oint(X_n+\mathrm{i}Y_n)\mathrm{d}s=\int_{Z_{1A}}^{Z_{1B}}\mathrm{i}p\mathrm{d}z_1=\mathrm{i}p(z_{1B}-z_{1A})\tag{2-39}$$

此外，易知 $f_1(z_1)$每顺时针积分一周后变为均增加$-p(z_{1B}-z_{1A})$，所以可知 $f_1(z_1)$是一个多值函数。但在力学中，$f(z_1)$的增量是由孔边不平衡力确定，也因此可以选择图 2-9(a)中孔边上的任意点作为积分点。在此，选择 Z_{1A}作为积分起点。基于此可将式(2-31)变为：

$$\frac{1}{2\pi\mathrm{i}}\oint_\gamma\frac{\phi_0(\sigma_1)}{\sigma_1-\zeta_1}\mathrm{d}\sigma_1+\frac{1}{2\pi\mathrm{i}}\oint_\gamma\delta(\sigma_1)\frac{\overline{\phi'_0(\sigma_1)}}{\sigma_1-\zeta_1}\mathrm{d}\sigma_1+\frac{1}{2\pi\mathrm{i}}\oint_\gamma\frac{\overline{\psi_0(\sigma_1)}}{\sigma_1-\zeta_1}\mathrm{d}\sigma_1=\frac{1}{2\pi\mathrm{i}}\oint_\gamma\frac{f_0(\sigma_1)}{\sigma_1-\zeta_1}\mathrm{d}\sigma_1\tag{2-40}$$

由式(2-30)可得：

$$\begin{cases}\overline{\phi'(\sigma)}=-\dfrac{1}{2\pi(1+\kappa)}(X-\mathrm{i}Y)\sigma_1+B\overline{\omega'_1(\sigma_1)}+\overline{\phi'_0(\sigma_1)} & \text{(2-41a)}\\ \overline{\psi(\sigma)}=\dfrac{\kappa}{2\pi(1+\kappa)}(X+\mathrm{i}Y)\ln\bar{\sigma}_1+(B'-\mathrm{i}C')\overline{\omega_1(\sigma_1)}+\overline{\psi_0(\sigma_1)} & \text{(2-41b)}\\ \overline{\phi(\sigma)}=-\dfrac{1}{2\pi(1+\kappa)}(X-\mathrm{i}Y)\ln\sigma_1+B\overline{\omega_1(\sigma_1)}+\overline{\phi_0(\sigma_1)} & \text{(2-41c)}\\ \phi'(\sigma)=-\dfrac{1}{2\pi(1+\kappa)}(X+\mathrm{i}Y)\dfrac{1}{\sigma_1}+B\omega'_1(\sigma_1)+\phi'_0(\sigma_1) & \text{(2-41d)}\end{cases}$$

将式(2-30a)、式(2-41)代入式(2-40)可得：

$$f_0(\sigma_1)=f(\sigma_1)+\frac{(1-\kappa)(X+\mathrm{i}Y)}{2\pi(1+\kappa)}\ln\sigma_1+\frac{(X-\mathrm{i}Y)\delta(\sigma_1)\sigma_1}{2\pi(1+\kappa)}-(B'-\mathrm{i}C')\overline{\omega_1(\sigma_1)}-2B\omega_1(\sigma_1)\tag{2-42}$$

此时可知，虽然 $f_1(\sigma_1)$是多值函数，其逆时针绕一圈的增量为 $p(z_{1B}-z_{1A})=-\mathrm{i}(X+\mathrm{i}Y)$，但含有的 $\ln\sigma_1$ 项也是多值函数，逆时针积分一圈的增量为 $2\pi\mathrm{i}\dfrac{X+\mathrm{i}Y}{2\pi}=\mathrm{i}(X+\mathrm{i}Y)$，两者互为相反数，即可抵消，所以 $f_0(\sigma_1)$仍为单值函数。

由于 $z_1=\omega_1(\zeta_1)$ 是将硐外区域映射到单位圆内区域，所以 $\phi_0(\sigma_1)$ 和 $\psi_0(\sigma_1)$ 是圆内解析函数，$\zeta_1\in\Sigma^+$，则根据柯西积分公式：

$$\begin{cases}\dfrac{1}{2\pi i}\displaystyle\oint_\gamma \frac{\phi_0(\sigma_1)}{\sigma_1-\zeta_1}d\sigma_1=\phi_0(\zeta_1) & \text{(2-43a)}\\[2ex] \dfrac{1}{2\pi i}\displaystyle\oint_\gamma \frac{\overline{\psi_0(\sigma_1)}}{\sigma_1-\zeta_1}d\sigma_1=0 & \text{(2-43b)}\end{cases}$$

将式(2-43)代入式(2-40)可得：

$$\phi_0(\zeta_1)+\frac{1}{2\pi i}\oint_\gamma \delta(\sigma_1)\frac{\overline{\phi'_0(\sigma_1)}}{\sigma_1-\zeta_1}d\sigma_1=\frac{1}{2\pi i}\oint_\gamma \frac{f_0(\sigma_1)}{\sigma_1-\zeta_1}d\sigma_1 \tag{2-44}$$

此时，式(2-44)中 $\dfrac{1}{2\pi i}\displaystyle\oint_\gamma \delta(\sigma_1)\frac{\overline{\phi'_0(\sigma_1)}}{\sigma_1-\zeta_1}d\sigma_1$ 未求解出，现需对其进行讨论。$\delta(\sigma_1)$ 的具体表达式见式(2-32)。在式(2-32)中，$\beta_k(k=1,3,5,7)$、1、σ_1、σ_1^3、σ_1^5、σ_1^7 和 $\overline{\omega'_1(\sigma_1)}$ 分别是圆外解析函数 $\beta_k(k=1,3,5,7)$、1、$\dfrac{1}{\zeta_1}$、$\dfrac{1}{\zeta_1^3}$、$\dfrac{1}{\zeta_1^5}$、$\dfrac{1}{\zeta_1^7}$ 和 $\overline{\omega'_1(\zeta_1)}$ 的边界值。因为 $\overline{\phi'_0(\sigma_1)}$ 为圆外解析函数和 $\overline{\phi'_0(\zeta_1)}$ 的边界值，所以 $\delta(\sigma_1)\overline{\phi'_0(\sigma_1)}$ 是圆外解析函数的边界值。按照柯西积分公式，可得：

$$\frac{1}{2\pi i}\oint_\gamma \delta(\sigma_1)\frac{\overline{\phi'_0(\sigma_1)}}{\sigma_1-\zeta_1}d\sigma_1=$$

$$(\zeta^{-1}+\beta_1\zeta_1^{-1}+\beta_3\zeta_1^{-3}+\beta_5\zeta_1^{-5}+\beta_7\zeta_1^{-7})\left.\frac{\overline{\phi'_0(\zeta_1)}}{\overline{\omega'_1(\zeta_1)}}\right|_{\zeta_1=\infty}=0 \tag{2-45}$$

将式(2-45)代入式(2-44)可得：

$$\phi_0(\zeta_1)=\frac{1}{2\pi i}\oint_\gamma \frac{f_0}{\sigma_1-\zeta_1}d\sigma_1 \tag{2-46}$$

将式(2-42)代入式(2-46)可得：

$$\begin{aligned}\phi_0(\zeta_1)=&\frac{1}{2\pi i}\oint_\gamma \frac{f(\sigma_1)}{\sigma_1-\zeta_1}d\sigma_1-\frac{(1-\kappa)(z_{1B}-z_{1A})p}{2\pi i(1+\kappa)}\frac{1}{2\pi i}\oint_\gamma \frac{\ln\sigma_1}{\sigma_1-\zeta_1}d\sigma_1+\\&\frac{p(z_{1B}-z_{1A})}{2\pi i(1+\kappa)}\frac{1}{2\pi i}\oint_\gamma \frac{\delta(\sigma_1)\sigma_1}{\sigma_1-\zeta_1}d\sigma_1-\frac{1}{2\pi i}\oint_\gamma \frac{(B'-iC')\overline{\omega_1(\sigma_1)}}{\sigma_1-\zeta_1}d\sigma_1-\\&\frac{1}{2\pi i}\oint_\gamma \frac{2B\omega_1(\sigma_1)}{\sigma_1-\zeta_1}d\sigma_1\end{aligned} \tag{2-47}$$

由于 $f(\sigma_1)$ 是由两段边界曲线构成的，因此需使用两个式子表示。$z_1=\omega_1(\zeta_1)$，所以，式(2-47)右边第一项为：

$$\frac{1}{2\pi i}\oint_{\gamma}\frac{f(\sigma_1)}{\sigma_1-\zeta_1}d\sigma_1=-\frac{1}{2\pi i}\oint_{\sigma_{1A}}^{\sigma_{1B}}\frac{pz_1}{\sigma_1-\zeta_1}d\sigma_1-\frac{1}{2\pi i}\oint_{\sigma_{1A}}^{\sigma_{1B}}\frac{pz_{1B}}{\sigma_1-\zeta_1}d\sigma_1 \tag{2-48}$$

因为式(2-48)中右侧两项并不是沿封闭曲线积分，所以在此不使用柯西积分公式，而是采用如下处理方式：

$$\begin{aligned}Q(\zeta_1)&=\oint_{\sigma_{1B}}^{\sigma_{1A}}\frac{z_1}{\sigma_1-\zeta_1}d\sigma_1\\&=\int_{\sigma_{1B}}^{\sigma_{1A}}\frac{R(\sigma_1^{-1}+\beta_1\sigma_1+\beta_3\sigma_1^3+\beta_5\sigma_1^5+\beta_7\sigma_1^7)}{\sigma_1-\zeta_1}d\sigma_1\\&=R[(\beta_1+\zeta_1^2\beta_3+\zeta_1^4\beta_5+\zeta_1^6\beta_7)(\sigma_{1A}-\sigma_{1B})+\\&\quad\frac{1}{2}\zeta_1(\beta_3+\zeta_1^2\beta_5+\zeta_1^4\beta_7)(\sigma_{1A}^2-\sigma_{1B}^2)+\\&\quad\frac{1}{3}(\beta_3+\zeta_1^2\beta_5+\zeta_1^4\beta_7)(\sigma_{1A}^3-\sigma_{1B}^3)+\\&\quad\frac{1}{4}\zeta_1(\beta_5+\zeta_1^2\beta_7)(\sigma_{1A}^4-\sigma_{1B}^4)+\frac{1}{5}(\beta_5+\zeta_1^2\beta_7)(\sigma_{1A}^5-\sigma_{1B}^5)+\\&\quad\frac{1}{6}\zeta_1\beta_7(\sigma_{1A}^6-\sigma_{1B}^6)+\frac{\beta_7(\sigma_{1A}^7-\sigma_{1B}^7)}{7}+\\&\quad\zeta_1\ln\frac{\sigma_{1B}}{\sigma_{1A}}+\frac{\zeta_1^2\beta_1+\zeta_1^4\beta_3+\zeta_1^6\beta_5+\zeta_1^8\beta_7+1}{\zeta_1}\ln\frac{\sigma_{1A}-\zeta_1}{\sigma_{1B}-\zeta_1}]\end{aligned} \tag{2-49}$$

$$\Omega(\zeta_1)=\oint_{\sigma_{1A}}^{\sigma_{1B}}\frac{1}{\sigma_1-\zeta_1}d\sigma_1=\int_{\sigma_{1A}}^{\sigma_{1B}}\frac{1}{\sigma_1-\zeta_1}d\sigma_1=\ln\frac{\sigma_{1B}-\zeta_1}{\sigma_{1A}-\zeta_1} \tag{2-50}$$

将式(2-49)和(2-50)代入式(2-48)可得：

$$\frac{1}{2\pi i}\oint_{\gamma}\frac{f(\sigma_1)}{\sigma_1-\zeta_1}d\sigma_1=-\frac{p}{2\pi i}Q(\zeta_1)-\frac{pz_{1B}}{2\pi i}\Omega(\zeta_1) \tag{2-51}$$

由于 $\delta(\sigma_1)$ 是复平面 ζ_1 圆外解析函数 $\dfrac{\omega_1(\zeta_1)}{\overline{\omega}'_1\left(\dfrac{1}{\zeta_1}\right)}$、$\dfrac{1}{\zeta_1}$ 的边界值，$\zeta_1\in\sum^+$，所以依据柯西积分公式可知：

$$\frac{1}{2\pi i}\oint_{\gamma}\frac{\delta(\sigma_1)\sigma_1}{\sigma_1-\zeta_1}d\sigma_1=0 \tag{2-52}$$

由式(2-52)可得：

$$\frac{p(z_{1B}-z_{1A})}{2\pi i(1+\kappa)}\frac{1}{2\pi i}\oint_{\gamma}\frac{\delta(\zeta_1)}{\sigma_1-\zeta_1}d\sigma_1=0 \tag{2-53}$$

此外，易知式(2-47)的 $\frac{1}{2\pi i}\oint_{\gamma}\frac{(B'-iC')\overline{\omega_1(\sigma_1)}}{\sigma_1-\zeta_1}d\sigma_1$、$\frac{1}{2\pi i}\oint_{\gamma}\frac{B\omega(\sigma_1)}{\sigma_1-\zeta_1}d\sigma_1$ 中的 σ_1 负次幂柯西积分为 0，则其积分结果为：

$$I(\zeta_1)=\frac{1}{2\pi i}\oint_{\gamma}\frac{(B'-iC')\overline{\omega_1(\sigma_1)}}{\sigma_1-\zeta_1}d\sigma_1=B'_1R\zeta_1 \tag{2-54}$$

$$T(\zeta_1)=\frac{1}{2\pi i}\oint_{\gamma}\frac{2B\omega_1(\sigma_1)}{\sigma_1-\zeta_1}d\sigma_1=2BR(\beta_1\zeta_1+\beta_3\zeta_1^3+\beta_5\zeta_1^5+\beta_7\zeta_1^7) \tag{2-55}$$

由式(2-47)中的 $\frac{1}{2\pi i}\oint_{\gamma}\frac{\ln\sigma_1}{\sigma_1-\zeta_1}d\sigma_1$ 可得：

$$\frac{1}{2\pi i}\oint_{\gamma}\frac{\ln\sigma_1}{\sigma_1-\zeta_1}d\sigma_1=\ln(\sigma_{1A}-\zeta_1)-\ln\zeta_1+C \tag{2-56}$$

由于舍去常数项并不影响计算结果，式(2-56)可变为：

$$G(\zeta_1)=\frac{1}{2\pi i}\oint_{\gamma}\frac{\ln\sigma_1}{\sigma_1-\zeta_1}d\sigma_1=\ln(\sigma_{1A}-\zeta_1)-\ln\zeta_1 \tag{2-57}$$

将式(2-57)代入 $\frac{(1-\kappa)(z_{1B}-z_{1A})p}{2\pi i(1+\kappa)}\frac{1}{2\pi i}\oint_{\gamma}\frac{\ln\sigma_1}{\sigma_1-\zeta_1}d\sigma_1$ 可得：

$$\frac{(1-\kappa)(z_{1B}-z_{1A})p}{2\pi i(1+\kappa)}\frac{1}{2\pi i}\oint_{\gamma}\frac{\ln\sigma_1}{\sigma_1-\zeta_1}d\sigma_1=G(\zeta_1)\frac{(1-\kappa)(z_{1B}-z_{1A})p}{2\pi i(1+\kappa)} \tag{2-58}$$

将式(2-51)、式(2-53)至式(2-55)和式(2-58)代入式(2-47)可得：

$$\begin{aligned}\phi_0(\zeta_1)=&-\frac{p}{2\pi i}Q(\zeta_1)-\frac{pz_{1B}}{2\pi i}\Omega(\zeta_1)-\\&\frac{(1-\kappa)(z_{1B}-z_{1A})p}{2\pi i(1+\kappa)}G(\zeta_1)-I(\zeta_1)-T(\zeta_1)\end{aligned} \tag{2-59}$$

为求 $\psi_0(\zeta_1)$，可先对式(2-31)两边取共轭，则有：

$$\begin{aligned}&\frac{1}{2\pi i}\oint_{\gamma}\frac{\overline{\phi(\sigma_1)}}{\sigma_1-\zeta_1}d\sigma_1+\frac{1}{2\pi i}\oint_{\gamma}\frac{\overline{\omega_1(\sigma_1)}}{\omega'(\sigma_1)}\frac{\phi'(\sigma_1)}{\sigma_1-\zeta_1}d\sigma_1+\\&\frac{1}{2\pi i}\oint_{\gamma}\frac{\psi(\sigma_1)}{\sigma_1-\zeta_1}d\sigma_1=\frac{1}{2\pi i}\oint_{\gamma}\frac{\overline{f(\sigma_1)}}{\sigma_1-\zeta_1}d\sigma_1\end{aligned} \tag{2-60}$$

由式(2-60)可得：

$$\frac{1}{2\pi i}\oint_{\gamma}\frac{\overline{\phi_0(\sigma_1)}}{\sigma_1-\zeta_1}d\sigma_1+\frac{1}{2\pi i}\oint_{\gamma}\frac{\overline{\omega_1(\sigma_1)}}{\omega'_1(\sigma_1)}\frac{\phi'_0(\sigma_1)}{\sigma_1-\zeta_1}d\sigma_1+$$

$$\frac{1}{2\pi i}\oint_{\gamma}\frac{\psi_0(\sigma_1)}{\sigma_1-\zeta_1}d\sigma=\frac{1}{2\pi i}\oint_{\gamma}\frac{\overline{f_0(\sigma_1)}}{\sigma_1-\zeta_1}d\sigma_1 \tag{2-61}$$

将式(2-30b)、式(2-41c)和式(2-41d)代入式(2-61)可得：

$$\overline{f_0(\sigma_1)}=\overline{f(\sigma_1)}+\frac{(\overline{X}-i\overline{Y})}{2\pi(1+\kappa)}\ln\sigma_1+\frac{\eta(\sigma_1)(X+iY)}{2\pi(1+\kappa)\sigma_1}-$$

$$\frac{\kappa}{2\pi(1+\kappa)}(X-iY)\ln\sigma_1-(B'+iC')\omega_1(\sigma_1)-2B\overline{\omega_1(\sigma_1)} \tag{2-62}$$

式中，$\eta(\sigma_1)=\dfrac{\overline{\omega_1(\sigma_1)}}{\omega_1'(\sigma_1)}=\dfrac{\sigma_1+\beta_1\sigma_1^{-1}+\beta_3\sigma_1^{-3}+\beta_5\sigma_1^{-5}+\beta_7\sigma_1^{-7}}{-\sigma_1^{-2}+\beta_1+3\beta_3\sigma_1^2+5\beta_5\sigma_1^4+7\beta_7\sigma_1^6}$。

由于 $\phi_0(\sigma_1)$ 和 $\psi_0(\sigma_1)$ 分别为 ζ 平面单位圆内解析函数 $\phi_0(\zeta_1)$ 和 $\psi_0(\zeta_1)$ 的边界值，且柯西积分算子中的 $\zeta\in\Sigma^+$，可得：

$$\begin{cases}\dfrac{1}{2\pi i}\oint_{\gamma}\dfrac{\overline{\phi_0(\sigma_1)}}{\sigma_1-\zeta_1}d\sigma_1=0 & (2\text{-}63a)\\[2ex] \dfrac{1}{2\pi i}\oint_{\gamma}\dfrac{\psi_0(\sigma_1)}{\sigma_1-\zeta_1}d\sigma_1=\psi_0(\zeta_1) & (2\text{-}63b)\\[2ex] \dfrac{1}{2\pi i}\oint_{\gamma}\dfrac{\overline{\omega_1(\sigma_1)}}{\omega'_1(\sigma_1)}\dfrac{\phi'_0(\sigma_1)}{\sigma_1-\zeta_1}d\sigma_1=\dfrac{\overline{\omega_1\left(\dfrac{1}{\zeta_1}\right)}}{\omega'_1(\zeta_1)}\phi'_0(\zeta_1) & (2\text{-}63c)\end{cases}$$

将式(2-63)代入式(2-61)可得：

$$\psi_0(\zeta_1)=-\frac{\overline{\omega_1\left(\dfrac{1}{\zeta_1}\right)}}{\omega'_1(\zeta_1)}\phi'_0(\zeta_1)+\frac{1}{2\pi i}\oint_{\gamma}\frac{\overline{f_0(\sigma_1)}}{\sigma_1-\zeta_1}d\sigma_1 \tag{2-64}$$

将式(2-62)代入式(2-64)右侧的第二个式子，可得：

$$\begin{aligned}\frac{1}{2\pi i}\oint_{\gamma}\frac{\overline{f_0(\sigma_1)}}{\sigma_1-\zeta_1}d\sigma=&\frac{1}{2\pi i}\oint_{\gamma}\overline{f(\sigma_1)}\frac{d\sigma_1}{\sigma_1-\zeta_1}+\\&\frac{p(\bar{z}_{1B}-\bar{z}_{1A})}{2\pi i(1+\kappa)}\frac{1}{2\pi i}\oint_{\gamma}\ln\sigma_1\frac{d\sigma_1}{\sigma_1-\zeta_1}-\\&\frac{p(z_{1B}-z_{1A})}{2\pi i(1+\kappa)}\frac{1}{2\pi i}\oint_{\gamma}\frac{\eta(\sigma_1)}{\sigma_1}\frac{d\sigma_1}{\sigma_1-\zeta_1}-\\&\frac{p(z_{1B}-z_{1A})\kappa}{2\pi i(1+\kappa)}\frac{1}{2\pi i}\oint_{\gamma}\ln\sigma_1\frac{d\sigma_1}{\sigma_1-\zeta_1}-\\&\frac{1}{2\pi i}\oint_{\gamma}(B'+iC')\omega_1(\sigma_1)\frac{d\sigma_1}{\sigma_1-\zeta_1}-\end{aligned}$$

$$\frac{1}{2\pi \mathrm{i}}\oint_{\gamma} 2B_1 \overline{\omega_1(\sigma_1)} \frac{\mathrm{d}\sigma_1}{\sigma_1-\zeta_1} \tag{2-65}$$

按照式(2-38)的方法处理式(2-65)右侧的第一个式子后，式(2-65)可得：

$$\begin{aligned}\frac{1}{2\pi \mathrm{i}}\oint_{\gamma}\frac{\overline{f_0(\sigma_1)}}{\sigma_1-\zeta_1}\mathrm{d}\sigma_1 = & -\frac{1}{2\pi \mathrm{i}}\oint_{\sigma_{1A}}^{\sigma_{1B}}\frac{p\bar{z}_1}{\sigma_1-\zeta_1}\mathrm{d}\sigma_1-\frac{1}{2\pi \mathrm{i}}\oint_{\sigma_{1A}}^{\sigma_{1B}}\frac{p\bar{z}_{1B}}{\sigma_1-\zeta_1}\mathrm{d}\sigma_1+\\ & \frac{p(\bar{z}_{1B}-\bar{z}_{1A})}{2\pi \mathrm{i}(1+\kappa)}\frac{1}{2\pi \mathrm{i}}\oint_{\gamma}\ln\sigma_1\frac{\mathrm{d}\sigma_1}{\sigma_1-\zeta_1}-\\ & \frac{p(z_{1B}-z_{1A})}{2\pi \mathrm{i}(1+\kappa)}\frac{1}{2\pi \mathrm{i}}\oint_{\gamma}\frac{\eta(\sigma_1)}{\sigma_1}\frac{\mathrm{d}\sigma_1}{\sigma_1-\zeta_1}-\\ & \frac{p(z_{1B}-z_{1A})\kappa}{2\pi \mathrm{i}(1+\kappa)}\frac{1}{2\pi \mathrm{i}}\oint_{\gamma}\ln\sigma_1\frac{\mathrm{d}\sigma}{\sigma_1-\zeta_1}-\\ & \frac{1}{2\pi \mathrm{i}}\oint_{\gamma}(B'+\mathrm{i}C')\omega_1(\sigma_1)\frac{\mathrm{d}\sigma_1}{\sigma_1-\zeta_1}-\\ & \frac{1}{2\pi \mathrm{i}}\oint_{\gamma}2B\overline{\omega_1(\sigma_1)}\frac{\mathrm{d}\sigma_1}{\sigma_1-\zeta_1}\end{aligned} \tag{2-66}$$

同样的方法处理式(2-49)，可得：

$$\begin{aligned}S(\zeta_1) = & \oint_{\sigma_{1A}}^{\sigma_{1B}}\frac{\bar{z}}{\sigma_1-\zeta_1}\mathrm{d}\sigma=\int_{\sigma_{1B}}^{\sigma_{1A}}\frac{R(\sigma_1+\beta_1\sigma_1^{-1}+\beta_3\sigma_1^{-3}+\beta_5\sigma_1^{-5}+\beta_7\sigma_1^{-7})}{\sigma_1-\zeta_1}\mathrm{d}\sigma_1\\ = & R\left[(\sigma_{1A}-\sigma_{1B})+\left(\frac{\beta_3}{\zeta_1^2}+\frac{\beta_5}{\zeta_1^4}+\frac{\beta_7}{\zeta_1^6}\right)(\sigma_{1A}^{-1}-\sigma_{1B}^{-1})+\right.\\ & \frac{1}{2}\left(\frac{\beta_3}{\zeta_1}+\frac{\beta_5}{\zeta_1^3}+\frac{\beta_7}{\zeta_1^7}\right)(\sigma_{1A}^{-2}-\sigma_{1B}^{-2})+\frac{1}{3}\left(\frac{\beta_5}{\zeta_1^2}+\frac{\beta_7}{\zeta_1^4}\right)(\sigma_{1A}^{-3}-\sigma_{1B}^{-3})+\\ & \frac{1}{4}\left(\frac{\beta_5}{\zeta_1}+\frac{\beta_7}{\zeta_1^3}\right)(\sigma_{1A}^{-4}-\sigma_{1B}^{-4})+\frac{1}{5}\frac{\beta_7}{\zeta^2}(\sigma_{1A}^{-5}-\sigma_{1B}^{-5})+\\ & \frac{1}{6}\frac{\beta_7}{\zeta}(\sigma_{1A}^{-6}-\sigma_{1B}^{-6})+\left(\frac{\beta_1}{\zeta_1}+\frac{\beta_3}{\zeta_1^3}+\frac{\beta_5}{\zeta_1^5}+\frac{\beta_7}{\zeta_1^7}\right)\ln\left(\frac{\sigma_{1B}}{\sigma_{1A}}\right)+\\ & \left.\left(\zeta_1+\frac{\beta_1}{\zeta_1}+\frac{\beta_3}{\zeta_1^3}+\frac{\beta_5}{\zeta_1^5}+\frac{\beta_7}{\zeta_1^7}\right)\ln\left(\frac{\sigma_{1A}-\zeta_1}{\sigma_{1B}-\zeta_1}\right)\right]\end{aligned} \tag{2-67}$$

将式(2-67)和式(2-48)代入式(2-64)右侧第一个式子可得：

$$\frac{1}{2\pi \mathrm{i}}\oint_{\gamma}\frac{\overline{f(\sigma_1)}}{\sigma_1-\zeta_1}\mathrm{d}\sigma_1=-\frac{p}{2\pi \mathrm{i}}S(\zeta_1)-\frac{p\bar{z}_{1B}}{2\pi \mathrm{i}}\Omega(\zeta_1) \tag{2-68}$$

由于$\overline{\omega(\sigma_1)}$、$\omega(\sigma_1)$和$\dfrac{1}{\sigma_1}$分别为圆内解析函数$\overline{\omega\left(\dfrac{1}{\zeta_1}\right)}$、$\omega(\zeta_1)$和 ζ_1 的边界

值，所以$\frac{\eta(\sigma_1)}{\sigma_1}$为圆内解析函数，$\zeta\in\Sigma^+$，依据柯西积分公式则有：

$$A(\zeta_1)=\oint_\gamma \frac{\eta(\sigma_1)}{\sigma_1}\frac{d\sigma_1}{\sigma_1-\zeta_1}=\frac{\zeta_1\overline{\omega_1\left(\frac{1}{\zeta_1}\right)}}{\omega'_1(\zeta_1)} \tag{2-69}$$

同理，式(2-66)中$\frac{1}{2\pi i}\oint_\gamma (B'+iC')\omega_1(\sigma_1)\frac{d\sigma_1}{\sigma_1-\zeta_1}$和$\frac{1}{2\pi i}\oint_\gamma 2B\overline{\omega_1(\sigma_1)}\frac{d\sigma_1}{\sigma_1-\zeta_1}$的$\sigma_1$负次幂柯西积分均为0，所以可得：

$$\begin{cases} M(\zeta_1)=\frac{1}{2\pi i}\oint_\gamma (B'+iC')\omega_1(\sigma_1)\frac{d\sigma_1}{\sigma_1-\zeta_1} \\ \qquad =R(B'+iC')(\beta_1\zeta_1+\beta_3\zeta_1^3+\beta_5\zeta_1^5+\beta_7\zeta_1^7) & (2\text{-}70a) \\ R(\zeta_1)=\frac{1}{2\pi i}\oint_\gamma 2B\overline{\omega_1(\sigma_1)}\frac{d\sigma_1}{\sigma_1-\zeta_1}=2BR\zeta_1 & (2\text{-}70b) \end{cases}$$

式(2-66)中的$\frac{p(\bar{z}_{1B}-\bar{z}_{1A})}{2\pi i(1+\kappa)}\frac{1}{2\pi i}\oint_\gamma \ln\sigma_1\frac{d\sigma_1}{\sigma_1-\zeta_1}$和$\frac{p(z_{1B}-z_{1A})\kappa}{2\pi i(1+\kappa)}\frac{1}{2\pi i}\oint_\gamma \ln\sigma\frac{d\sigma_1}{\sigma_1-\zeta_1}$依据式(2-57)可得：

$$\begin{cases} \frac{p(\bar{z}_{1B}-\bar{z}_{1A})}{2\pi i(1+\kappa)}\frac{1}{2\pi i}\oint_\gamma \ln\sigma\frac{d\sigma_1}{\sigma_1-\zeta_1}=\frac{p(\bar{z}_{1B}-\bar{z}_{1A})}{2\pi i(1+\kappa)}G(\zeta_1) & (2\text{-}71a) \\ \frac{p(z_{1B}-z_{1A})\kappa}{2\pi i(1+\kappa)}\frac{1}{2\pi i}\oint_\gamma \ln\sigma\frac{d\sigma_1}{\sigma_1-\zeta_1}=\frac{p(z_{1B}-z_{1A})\kappa}{2\pi i(1+\kappa)}G(\zeta_1) & (2\text{-}71b) \end{cases}$$

将式(2-68)至式(2-71)代入式(2-65)可得：

$$\begin{aligned} \frac{1}{2\pi i}\oint_\gamma \frac{\overline{f_0(\sigma_1)}}{\sigma_1-\zeta_1}d\sigma_1 =& -\frac{p}{2\pi i}S(\zeta_1)-\frac{p\bar{z}_{1B}}{2\pi i}\Omega(\zeta_1)+ \\ & \frac{p(\bar{z}_{1B}-\bar{z}_{1A})}{2\pi i(1+\kappa)}G(\zeta_1)-\frac{p(z_{1B}-z_{1A})}{2\pi i(1+\kappa)}A(\zeta_1)- \\ & \frac{p(z_{1B}-z_{1A})\kappa}{2\pi i(1+\kappa)}G(\zeta_1)-M(\zeta_1)-R(\zeta_1) \end{aligned} \tag{2-72}$$

将式(2-72)代入式(2-64)可得：

$$\psi_0(\zeta_1)=-\frac{\overline{\omega\left(\frac{1}{\zeta_1}\right)}}{\omega'(\zeta_1)}\phi'_0(\zeta_1)-\frac{p}{2\pi i}S(\zeta_1)-\frac{p\bar{z}_B}{2\pi i}\Omega(\zeta_1)+$$

$$\frac{p(\overline{z}_{1B}-\overline{z}_{1A})}{2\pi i(1+\kappa)}G(\zeta_1)-\frac{p(z_{1B}-z_{1A})}{2\pi i(1+\kappa)}A(\zeta_1)-$$
$$\frac{p(z_{1B}-z_{1A})\kappa}{2\pi i(1+\kappa)}G(\zeta_1)-M(\zeta_1)-R(\zeta_1) \tag{2-73}$$

经过上述推导最终得到了属于图 2-9(a)的复势函数 $\phi_0(\zeta_1)$和 $\psi_0(\zeta_1)$。由于图 2-9(a)的模型具有一般性,所以图 2-9(a)的模型在改变部分参数后可以演变为图 2-9(b)至图 2-9(d)的模型,且最终只要将演变模型结果进行叠加即可得到原问题的复势函数,即硐 1 的复势函数 $\phi_0(\zeta_1)$和 $\psi_0(\zeta_1)$。因此,上述推导获得的复势函数可以被认为是硐 1 的复势函数 $\phi_0(\zeta_1)$和 $\psi_0(\zeta_1)$,其具体表达式如下:

$$\begin{cases}\phi_0(\zeta_1)=-\dfrac{p}{2\pi i}Q(\zeta_1)-\dfrac{pz_{1B}}{2\pi i}\Omega(\zeta_1)-\\ \quad\dfrac{(1-\kappa)(z_{1B}-z_{1A})p}{2\pi i(1+\kappa)}G(\zeta_1)-I(\zeta_1)-T(\zeta_1) & (2\text{-}74a)\\ \psi_0(\zeta_1)=-\dfrac{\overline{\omega\left(\dfrac{1}{\zeta_1}\right)}}{\omega'(\zeta_1)}\phi'_0(\zeta_1)-\dfrac{p}{2\pi i}S(\zeta_1)-\\ \quad\dfrac{p\overline{z}_B}{2\pi i}\Omega(\zeta_1)+\dfrac{p(\overline{z}_{1B}-\overline{z}_{1A})}{2\pi i(1+\kappa)}G(\zeta_1)-\\ \quad\dfrac{p(z_{1B}-z_{1A})}{2\pi i(1+\kappa)}A(\zeta_1)-\dfrac{p(z_{1B}-z_{1A})\kappa}{2\pi i(1+\kappa)}G(\zeta_1)-\\ \quad M(\zeta_1)-R(\zeta_1) & (2\text{-}74b)\end{cases}$$

式中 $\zeta=\rho(\cos\theta+i\sin\theta)$;

$z_A=\omega(\zeta_{Z_A}),\zeta_{Z_A}=e^{i\theta_{z_A}}$;

$z_B=\omega(\zeta_{Z_B}),\zeta_{Z_B}=e^{i\theta_{z_B}}$;

$\overline{z}_A=\omega(\zeta_{Z_A}^{-1}),\zeta_{Z_A}^{-1}=e^{-i\theta_{z_A}}$;

$\overline{z}_B=\omega(\zeta_{Z_B}^{-1}),\zeta_{Z_B}^{-1}=e^{-i\theta_{z_B}}$。

(2) 推导硐 1 应力解析函数

为了推导的方便,仍基于图 2-9(a)的模型进行推导。

由于通过上述推导,已获得了图 2-9(a)中模型的复势函数 $\phi_0(\zeta_1)$和 $\psi_0(\zeta_1)$,故此将式(2-39)、式(2-59)和式(2-73)代入式(2-30)可得:

$$\begin{cases}\phi(\zeta_1)=-\dfrac{1}{2\pi(1+\kappa)}\mathrm{i}p(z_{1B}-z_{1A})\ln\zeta_1+B\omega_1(\zeta_1)-\\ \quad\dfrac{p}{2\pi\mathrm{i}}Q(\zeta_1)-\dfrac{pz_{1B}}{2\pi\mathrm{i}}\Omega(\zeta_1)-\\ \quad\dfrac{(1-\kappa)(z_B-z_A)p}{2\pi\mathrm{i}(1+\kappa)}G(\zeta_1)-I(\zeta_1)-T(\zeta_1) & (2\text{-}75\mathrm{a})\\ \psi(\zeta_1)=\dfrac{\kappa}{2\pi(1+\kappa)}\mathrm{i}p(z_{1A}-z_{1B})\ln\zeta_1+\\ \quad(B'+\mathrm{i}C')\omega_1(\zeta_1)-U(\zeta_1)\phi'_0(\zeta_1)-\\ \quad\dfrac{p}{2\pi\mathrm{i}}S(\zeta_1)-\dfrac{p\bar{z}_{1B}}{2\pi\mathrm{i}}\Omega(\zeta_1)+\dfrac{p(\bar{z}_{1B}-\bar{z}_{1A})}{2\pi\mathrm{i}(1+\kappa)}G(\zeta_1)-\\ \quad\dfrac{p(z_{1B}-z_{1A})}{2\pi\mathrm{i}(1+\kappa)}A(\zeta_1)-\\ \quad\dfrac{p(z_{1B}-z_{1A})\kappa}{2\pi\mathrm{i}(1+\kappa)}G(\zeta_1)-M(\zeta_1)-R(\zeta_1) & (2\text{-}75\mathrm{b})\end{cases}$$

对式(2-75)求导，可得：

$$\begin{cases}\phi'(\zeta_1)=\dfrac{p(z_{1B}-z_{1A})}{2\pi\mathrm{i}(1+\kappa)\zeta_1}+B\omega'_1(\zeta_1)-\\ \quad\dfrac{pQ'(\zeta_1)}{2\pi\mathrm{i}}-\dfrac{pz_{1B}\Omega'(\zeta_1)}{2\pi\mathrm{i}}-\\ \quad\dfrac{(1-\kappa)(z_{1B}-z_{1A})p}{2\pi\mathrm{i}(1+\kappa)}G'(\zeta_1)-I'(\zeta_1)-T'(\zeta_1) & (2\text{-}76\mathrm{a})\\ \psi'(\zeta_1)=-\dfrac{\kappa p(z_{1A}-z_{1B})}{2\pi(1+\kappa)\zeta_1}+(B'+\mathrm{i}C')\omega'_1(\zeta_1)-\\ \quad U'(\zeta_1)\phi'_0(\zeta_1)-U(\zeta_1)\phi''_0(\zeta_1)-\dfrac{p}{2\pi\mathrm{i}}S'(\zeta_1)-\\ \quad\dfrac{p\bar{z}_{1B}}{2\pi\mathrm{i}}\Omega'(\zeta_1)+\dfrac{p(\bar{z}_{1B}-\bar{z}_{1A})}{2\pi\mathrm{i}(1+\kappa)}G'(\zeta_1)-\\ \quad\dfrac{p(z_{1B}-z_{1A})}{2\pi\mathrm{i}(1+\kappa)}A'(\zeta_1)-\\ \quad\dfrac{p(z_{1B}-z_{1A})\kappa}{2\pi\mathrm{i}(1+\kappa)}G'(\zeta_1)-M'(\zeta_1)-R'(\zeta_1) & (2\text{-}76\mathrm{b})\end{cases}$$

式中　$\omega'(\zeta_1)=R\left(-\dfrac{1}{\zeta_1^2}+\beta_1+3\beta_3\zeta_1^2+5\beta_5\zeta_1^4+7\beta_7\zeta_1^6\right)$；

$$\Omega'(\zeta)=\frac{(\sigma_{1A}-\sigma_{1B})}{(\sigma_{1A}\zeta_1+\sigma_{1B}\zeta_1-\zeta_1^2-\sigma_{1A}\sigma_{1B})};$$

$$G'(\zeta_1)=\frac{1}{\zeta_1-\sigma_{1A}}+\frac{1}{\zeta_1};$$

$$I'(\zeta_1)=B'R;$$

$$T'(\zeta_1)=2BR(\beta_1+3\beta_3\zeta_1^2+5\beta_5\zeta_1^4+7\beta_7\zeta_1^6);$$

$$U(\zeta_1)=\frac{\overline{\omega\left(\frac{1}{\zeta_1}\right)}}{\omega'(\zeta_1)}=\frac{\zeta_1+\beta_1\zeta_1^{-1}+\beta_3\zeta_1^{-3}+\beta_5\zeta_1^{-5}+\beta_7\zeta_1^{-7}}{-\zeta_1^{-2}+\beta_1+3\beta_3\zeta_1^2+5\beta_5\zeta_1^4+7\beta_7\zeta_1^6};$$

$$U'(\zeta_1)=\left[\frac{\overline{\omega\left(\frac{1}{\zeta_1}\right)}}{\omega'(\zeta_1)}\right]'$$

$$=\frac{-(1-\beta_1\zeta_1^{-2}-3\beta_3\zeta_1^{-4}-5\beta_5\zeta_1^{-6}-7\beta_7\zeta_1^{-8})\zeta_1^{-2}}{(-\zeta_1^{-2}+\beta_1+3\beta_3\zeta_1^2+5\beta_5\zeta_1^4+7\beta_7\zeta_1^6)}-$$

$$\frac{(\zeta+\beta_1\zeta_1^{-1}+\beta_3\zeta_1^{-3}+\beta_5\zeta_1^{-5}+\beta_7\zeta^{-7})(2\zeta_1^{-3}+6\beta_3\zeta_1+20\beta_5\zeta_1^3+42\beta_7\zeta_1^5)}{(-\zeta_1^{-2}+\beta_1+3\beta_3\zeta_1^2+5\beta_5\zeta_1^4+7\beta_7\zeta_1^6)^2};$$

$$Q'(\zeta)=R\Big[(2\zeta\beta_3+4\zeta^3\beta_5+6\zeta^5\beta_7)(\sigma_A-\sigma_B)+\frac{1}{2}(\beta_3+\zeta^2\beta_5+\zeta^4\beta_7)(\sigma_A^2-\sigma_B^2)+$$

$$\frac{1}{2}\zeta(2\zeta\beta_5+4\zeta^3\beta_7)(\sigma_A^2-\sigma_B^2)+\frac{1}{3}(2\zeta\beta_5+4\zeta^3\beta_7)(\sigma_A^3-\sigma_B^3)+$$

$$\frac{1}{4}(\beta_5+\zeta^2\beta_7)(\sigma_A^4-\sigma_B^4)+\frac{1}{2}\zeta^2\beta_7(\sigma_A^4-\sigma_B^4)+$$

$$\frac{2}{5}\zeta\beta_7(\sigma_A^5-\sigma_A^5)+\frac{1}{6}\beta_7(\sigma_A^6-\sigma_B^6)+\ln\frac{\sigma_B}{\sigma_A}+$$

$$(\sigma_B-\sigma_A)(1+\zeta^2\beta_1+\zeta^4\beta_3+\zeta^6\beta_5+\zeta^8\beta_7)(\sigma_A\zeta^2+\sigma_B\zeta^2-\sigma_A\sigma_B\zeta-\zeta^3)^{-1}+$$

$$(2\beta_1+4\zeta^2\beta_3+6\zeta^4\beta_5+8\zeta^6\beta_7)\ln\frac{\sigma_A-\zeta}{\sigma_B-\zeta}-$$

$$(\beta_1+\zeta^{-2}+\zeta^2\beta_3+\zeta^4\beta_5+\zeta^6\beta_7)\ln\frac{\sigma_A-\zeta}{\sigma_B-\zeta}\Big];$$

$$\phi_0'(\zeta_1)=-\frac{p}{2\pi i}Q'(\zeta_1)-\frac{pz_{1B}}{2\pi i}\Omega'(\zeta_1)-$$

$$\frac{(1-\kappa)(z_{1B}-z_{1A})p}{2\pi i(1+\kappa)}G'(\zeta_1)-I'(\zeta_1)-T'(\zeta_1);$$

$$\phi_0''(\zeta_1)=-\frac{p}{2\pi i}Q''(\zeta_1)-\frac{pz_B}{2\pi i}\Omega''(\zeta_1)-\frac{(1-\kappa)(z_{1B}-z_{1A})p}{2\pi i(1+\kappa)}G''(\zeta_1)-$$

$$I''(\zeta_1)-T''(\zeta_1);$$

$$S'(\zeta_1)=R\Big[\left(-\frac{2\beta_3}{\zeta_1^3}-\frac{4\beta_5}{\zeta_1^5}-\frac{6\beta_7}{\zeta_1^7}\right)(\sigma_{1A}^{-1}-\sigma_{1B}^{-1})+$$

$$\frac{1}{2}\left(-\frac{\beta_3}{\zeta_1^2}-\frac{3\beta_5}{\zeta_1^4}-\frac{7\beta_7}{\zeta_1^8}\right)(\sigma_{1A}^{-2}-\sigma_{1B}^{-2})+$$

$$\frac{1}{3}\left(-\frac{2\beta_5}{\zeta_1^3}-\frac{4\beta_7}{\zeta_1^5}\right)(\sigma_{1A}^{-3}-\sigma_{1B}^{-3})+$$

$$\frac{1}{4}\left(-\frac{\beta_5}{\zeta_1^2}-\frac{3\beta_7}{\zeta_1^4}\right)(\sigma_{1A}^{-4}-\sigma_{1B}^{-4})-\frac{2}{5}\frac{\beta_7}{\zeta_1^3}(\sigma_{1A}^{-5}-\sigma_{1B}^{-5})-$$

$$\frac{1}{6}\frac{\beta_7}{\zeta_1^2}(\sigma_{1A}^{-6}-\sigma_{1B}^{-6})+\left(-\frac{\beta_1}{\zeta_1^2}-\frac{3\beta_3}{\zeta_1^4}-\frac{5\beta_5}{\zeta_1^6}-\frac{7\beta_7}{\zeta_1^8}\right)\ln\left(\frac{\sigma_{1B}}{\sigma_{1A}}\right)+$$

$$\left(1-\frac{\beta_1}{\zeta_1^2}-\frac{3\beta_3}{\zeta_1^4}-\frac{5\beta_5}{\zeta_1^6}-\frac{7\beta_7}{\zeta_1^7}\right)\ln\left(\frac{\sigma_{1A}-\zeta_1}{\sigma_{1B}-\zeta_1}\right)+$$

$$\left(\zeta_1+\frac{\beta_1}{\zeta_1}+\frac{\beta_3}{\zeta_1^3}+\frac{\beta_5}{\zeta_1^5}+\frac{\beta_7}{\zeta_1^7}\right)\frac{\sigma_{1B}-\sigma_{1A}}{(\sigma_{1A}-\zeta_1)(\zeta_1-\sigma_{1B})}\Big];$$

$$\Omega''(\zeta)=\frac{(\sigma_{1B}-\sigma_{1A})(\sigma_{1A}+\sigma_{1B}-2\zeta_1)}{(\sigma_{1A}-\zeta_1)^2(\sigma_{1B}-\zeta_1)^2};$$

$$G''(\zeta_1)=-\frac{1}{(\zeta_1-\sigma_{1A})^2}-\frac{1}{\zeta_1^2};$$

$$I''(\zeta_1)=0;$$

$$T''(\zeta_1)=2BR(6\beta_3\zeta_1+20\beta_5\zeta_1^3+42\beta_7\zeta_1^5);$$

$$M'(\zeta_1)=R(B'+\mathrm{i}C')(\beta_1+3\beta_3\zeta_1^2+5\beta_5\zeta_1^4+7\beta_7\zeta_1^6);$$

$$R'(\zeta)=2BR;$$

$$A'(\zeta)=U(\zeta_1)+\zeta_1U(\zeta_1)';$$

$$Q''(\zeta_1)=R[(2\beta_3+12\zeta_1^2\beta_5+30\zeta_1^4\beta_7)(\sigma_{1A}-\sigma_{1B})+$$

$$\frac{1}{2}(2\zeta_1\beta_5+4\zeta_1^3\beta_7)(\sigma_{1A}^2-\sigma_{1B}^2)+$$

$$\frac{1}{2}(2\zeta_1\beta_5+4\zeta_1^3\beta_7)(\sigma_{1A}^2-\sigma_{1B}^2)+$$

$$\frac{1}{2}\zeta_1(2\beta_5+12\zeta_1^2\beta_7)(\sigma_{1A}^2-\sigma_{1B}^2)+$$

$$\frac{1}{3}(2\beta_5+12\zeta_1^2\beta_7)(\sigma_{1A}^3-\sigma_{1B}^3)+$$

$$\frac{\zeta_1\beta_7}{2}(\sigma_{1A}^4-\sigma_{1B}^4)+\zeta_1\beta_7(\sigma_{1A}^4-\sigma_{1B}^4)+$$

$$\frac{2}{5}\beta_7(\sigma_{1A}^5-\sigma_{1B}^5)+$$

$$\frac{(\sigma_{1B}-\sigma_{1A})(2\beta_1\zeta_1+4\beta_3\zeta_1^3+6\beta_5\zeta_1^5+8\beta_7\zeta_1^7)}{-\sigma_{1A}\sigma_{1B}\zeta_1+\sigma_{1A}\zeta_1^2+\sigma_{1B}\zeta_1^2-\zeta_1^3}-$$

$$\frac{(\sigma_{1B}-\sigma_{1A})(-\sigma_{1A}\sigma_{1B}+2\sigma_{1A}\zeta_1+2\sigma_{1B}\zeta_1-3\zeta_1^2)(1+\beta_1\zeta_1^2+\beta_3\zeta_1^4+\beta_5\zeta_1^6+\beta_7\zeta_1^8)}{(-\sigma_{1A}\sigma_{1B}\zeta_1+\sigma_{1A}\zeta_1^2+\sigma_{1B}\zeta_1^2-\zeta_1^3)^2}+$$

$$\frac{2(\sigma_{1B}-\sigma_{1A})(\beta_1+2\beta_3\zeta_1^2+3\beta_5\zeta_1^4+4\beta_7\zeta_1^6)}{(\sigma_{1A}-\zeta_1)(\zeta_1-\sigma_{1B})}+$$

$$8\zeta_1(\beta_3+3\beta_5\zeta_1^2+6\beta_7\zeta_1^4)\ln\left(\frac{\sigma_{1A}-\zeta_1}{\sigma_{1B}-\zeta_1}\right)+$$

$$\frac{(\sigma_{1A}-\sigma_{1B})(1+\beta_1\zeta_1^2+\beta_3\zeta_1^4+\beta_5\zeta_1^6+\beta_7\zeta_1^8)}{\zeta^2(\sigma_{1A}-\zeta_1)(\zeta_1-\sigma_{1B})}-$$

$$2(\beta_3\zeta_1+2\beta_5\zeta_1^3+3\beta_7\zeta_1^5)\ln\left(\frac{\sigma_{1A}-\zeta_1}{\sigma_{1B}-\zeta_1}\right)\Bigg]。$$

将式(2-76)代入式(2-11c)和式(2-11d)可得：

$$\Phi(\zeta_1)=\frac{\phi'(\zeta_1)}{\omega'(\zeta_1)}=\Bigg[\frac{p(z_{1B}-z_{1A})}{2\pi\mathrm{i}(1+\kappa)\zeta}+B\omega'(\zeta_1)-\frac{pQ'(\zeta_1)}{2\pi\mathrm{i}}-\frac{pz_B\Omega'(\zeta_1)}{2\pi\mathrm{i}}-$$
$$\frac{(1-\kappa)(z_{1B}-z_{1A})p}{2\pi\mathrm{i}(1+\kappa)}G'(\zeta_1)-I'(\zeta_1)-T'(\zeta_1)\Bigg]\frac{1}{\omega'(\zeta_1)} \tag{2-77}$$

$$\Psi(\zeta_1)=\Bigg[-\frac{\kappa p(z_{1A}-z_{1B})}{2\pi(1+\kappa)\zeta_1}+(B'+\mathrm{i}C')\omega_1'(\zeta_1)-$$
$$U'(\zeta_1)\phi_0'(\zeta_1)-U(\zeta_1)\phi_0''(\zeta_1)-\frac{p}{2\pi\mathrm{i}}S'(\zeta_1)-$$
$$\frac{p\overline{z_{1B}}}{2\pi\mathrm{i}}\Omega'(\zeta_1)+\frac{p(\overline{z}_{1B}-\overline{z}_{1A})}{2\pi\mathrm{i}(1+\kappa)}G'(\zeta_1)-\frac{p(z_{1B}-z_{1A})}{2\pi\mathrm{i}(1+\kappa)}A'(\zeta_1)-$$
$$\frac{p(z_{1B}-z_{1A})\kappa}{2\pi\mathrm{i}(1+\kappa)}G'(\zeta_1)-M'(\zeta_1)-R'(\zeta_1)\Bigg]\frac{1}{\omega_1'(\zeta_1)} \tag{2-78}$$

对式(2-78)求导，可得：

$$\Phi'(\zeta_1)=\Bigg[-\frac{p(z_{1B}-z_{1A})}{2\pi\mathrm{i}(1+\kappa)\zeta_1^2}+B\omega_1''(\zeta_1)-\frac{pQ''(\zeta_1)}{2\pi\mathrm{i}}-\frac{pz_B\Omega''(\zeta_1)}{2\pi\mathrm{i}}-$$
$$\frac{(1-\kappa)(z_{1B}-z_{1A})p}{2\pi\mathrm{i}(1+\kappa)}G''(\zeta_1)-I''(\zeta_1)-T''(\zeta_1)\Bigg]\frac{1}{\omega'(\zeta_1)}+$$

$$\left[\frac{p(z_{1B}-z_{1A})}{2\pi i(1+\kappa)\zeta_1}+B\omega_1'(\zeta_1)-\frac{pQ'(\zeta_1)}{2\pi i}-\frac{pz_{1B}\Omega'(\zeta_1)}{2\pi i}-\right.$$

$$\left.\frac{(1-\kappa)(z_{1B}-z_{1A})p}{2\pi i(1+\kappa)}G'(\zeta_1)-I'(\zeta_1)-T'(\zeta_1)\right]$$

$$\frac{-2\zeta_1(1+3\beta_3\zeta_1^4+10\beta_5\zeta_1^6+21\beta_7\zeta_1^8)}{R(\beta_1\zeta_1^2+3\beta_3\zeta_1^4+5\beta_5\zeta_1^6+7\beta_7\zeta_1^8)^2} \tag{2-79}$$

式中，$\omega''(\zeta)=R\left(\frac{2}{\zeta_1^3}+6\beta_3\zeta_1+20\beta_5\zeta_1^3+42\beta_7\zeta_1^5\right)$。

将式(2-77)至式(2-79)代入式(2-12)可得：

$$\sigma_{1\theta}(\zeta_1)=2\mathrm{Re}[\Phi(\zeta_1)]+\frac{1}{2}\mathrm{Re}\left\{\frac{2}{\omega'(\zeta_1)}[\overline{\omega(\zeta_1)}\,\Phi'(\zeta)+\omega'(\zeta)\Psi(\zeta)]\right\} \tag{2-80}$$

$$\sigma_{1\rho}(\zeta_1)=2\mathrm{Re}[\Phi(\zeta_1)]-\frac{1}{2}\mathrm{Re}\left\{\frac{2}{\omega'(\zeta_1)}[\overline{\omega_1(\zeta_1)}\,\Phi'(\zeta_1)+\omega_1'(\zeta_1)\Psi(\zeta_1)]\right\} \tag{2-81}$$

$$\tau_{\rho\theta}(\zeta_1)=\frac{1}{2}\mathrm{Im}\left[\frac{2}{\omega_1'(\zeta)}[\overline{\omega_1(\zeta_1)}\,\Phi'(\zeta_1)+\omega_1'(\zeta_1)\Psi(\zeta_1)]\right] \tag{2-82}$$

经过上述推导最终得到了属于图 2-9(a)的应力解析函数 $\sigma_{1\theta}(\zeta_1)$、$\sigma_{1\rho}(\zeta_1)$和 $\tau_{\rho\theta}(\zeta_1)$，如式(2-80)至式(2-82)所示。同样，由于图 2-9(a)的模型具有一般性，所以图 2-9(a)的模型在改变部分参数后可以演变为图 2-9(b)至图 2-9(d)的模型，且最终只要将演变模型结果进行叠加即可得到原问题的应力解析函数，即硐 1 的应力解析函数 $\sigma_{1\theta}(\zeta_1)$、$\sigma_{1\rho}(\zeta_1)$和 $\tau_{\rho\theta}(\zeta_1)$。因此，上述推导获得的复势函数可以被认为是硐 1 的应力解析函数 $\sigma_{1\theta}(\zeta_1)$、$\sigma_{1\rho}(\zeta_1)$和 $\tau_{\rho\theta}(\zeta_1)$。

(3) 推导硐 1 位移解析函数

为了推导的方便，仍基于图 2-9(a)的模型对硐 1 位移解析函数进行推导。

通过式(2-76a)可得：

$$\overline{\phi'(\zeta_1)}=-\frac{p(\bar{z}_{1B}-\bar{z}_{1A})}{2\pi i(1+\kappa)\zeta_1^{-1}}+B\overline{\omega_1'(\zeta_1)}+\frac{p\overline{Q'(\zeta_1)}}{2\pi i}-\frac{\overline{pz_{1B}\Omega'(\zeta_1)}}{2\pi i}+$$

$$\frac{(1-\kappa)(\bar{z}_{1B}-\bar{z}_{1A})p}{2\pi i(1+\kappa)}\overline{G'(\zeta_1)}-\overline{I'(\zeta_1)}-\overline{T'(\zeta_1)} \tag{2-83}$$

$$\overline{\psi(\zeta_1)}=-\frac{\kappa}{2\pi(1+\kappa)}ip(\bar{z}_{1A}-\bar{z}_{1B})\ln\bar{\zeta}_1+(B'-iC')\overline{\omega_1(\zeta_1)}-$$

$$\overline{U(\zeta_1)\phi_0'(\zeta_1)}+\frac{p}{2\pi \mathrm{i}}\overline{S(\zeta_1)}+\frac{pz_{1B}}{2\pi \mathrm{i}}\overline{\Omega(\zeta_1)}-$$

$$\frac{p(z_{1B}-z_{1A})}{2\pi \mathrm{i}(1+\kappa)}\overline{G(\zeta_1)}+\frac{p(\bar{z}_{1B}-\bar{z}_{1A})}{2\pi \mathrm{i}(1+\kappa)}\overline{A(\zeta_1)}+$$

$$\frac{p(\bar{z}_{1B}-\bar{z}_{1A})\kappa}{2\pi \mathrm{i}(1+\kappa)}\overline{G(\zeta_1)}-\overline{M(\zeta_1)}-\overline{R(\zeta_1)} \tag{2-84}$$

将式(2-76a)、式(2-83)和式(2-84)代入式(2-12c),可得:

$$2G(u+\mathrm{i}v)=\kappa\phi(\zeta_1)-\frac{\omega(\zeta_1)}{\overline{\omega'(\zeta_1)}}\overline{\phi'(\zeta_1)}-\overline{\psi(\zeta_1)} \tag{2-85}$$

对式(2-85)分离虚部和实部则可得到图 2-9(a)中的位移解析函数:

$$u(\zeta_1)=\frac{1}{2G}\mathrm{Re}[\kappa\phi(\zeta_1)-\delta(\zeta_1)\overline{\phi'(\zeta_1)}-\overline{\psi(\zeta_1)}] \tag{2-86}$$

$$v(\zeta_1)=\frac{1}{2G}\mathrm{Im}[\kappa\phi(\zeta_1)-\delta(\zeta_1)\overline{\phi'(\zeta_1)}-\overline{\psi(\zeta_1)}] \tag{2-87}$$

经过上述推导得到了属于图 2-9(a)的位移解析函数 $u(\zeta)$和 $v(\zeta_1)$。由于图 2-9(a)的模型具有一般性,所以图 2-9(a)的模型在改变部分参数后可以演变为图 2-9(b)至图 2-9(d)的模型,且只要将演变模型结果进行叠加即可得到原问题的复势函数,即硐 1 的位移解析函数 $u(\zeta)$和 $v(\zeta_1)$。因此,上述推导获得的复势函数可以认为是硐 1 的位移解析函数 $u(\zeta)$和 $v(\zeta_1)$。

2.3.2 硐 1 与硐 2 相互作用下的围岩应力和位移公式推导

硐 1 与硐 2 相互作用是一个多连通域问题。对于该问题如前所述,Schwarz 交替法是目前较为成熟且常用的一种求解多连通域解析函数的方法。该方法将多连通域问题转化为单连通域问题进行求解,而又通过柯西积分实现对单连通域问题的求解。此外,该方法在二维和三维空间上的收敛性均已被证明。因此,仅需寻求合适的迭代求解方法,即可实现用复变函数求解多连通域问题。故此,本书基于图 2-7 的模型,依据 Schwarz 交替法原理及一般求解步骤,对硐 1 与硐 2 相互作用下的围岩应力和位移公式进行推导。为简化推导,将图 2-7 拆分成图 2-10 所示的四个模型,并以图 2-10(a)的模型作为推导基础。

(1) 推导硐 2 多余面力解析式

由 2.1.5 可知,全局坐标系下的孔硐多余面力易求得,关键是如何处理孔硐 2。因此一般直接用解析函数 $\phi_{11}(\zeta_1)$ 和 $\psi_{11}(\zeta_1)$ 结合映射函数，利用式(2-13)计算孔硐 1 的影响在孔硐 2 周边各点引起的多余面力，从而实现对孔硐 2 多余面力的求解。基于这样的思路，本部分对硐 2 多余面力解析式进行推导。

令 $\phi_{11}(\zeta_1)=\varphi_1(\zeta_1)$，$\psi_{11}(\zeta_1)=\psi_1(\zeta_1)$，并将 $\phi_{11}(\zeta_1)$ 和 $\psi_{11}(\zeta_1)$ 标记为硐 1 的解析函数以及全局坐标系下的解析函数。此外，设 d 为硐 1 与硐 2 两硐心的距离，γ_1 为 ζ_1 平面上硐 2 周边的坐标，$\omega_2(\zeta_2)$ 为硐 2 的映射函数，其中 $\omega_2(\zeta_2)$ 的具体表达式可在具体参数下依据式(2-24)至式(2-28)得出。

为推导出硐 2 多余面力解析式，依据前述 Schwarz 交替法求解多余面力一般方法的步骤进行坐标变换。

$$t_2=\omega_2(\sigma_2)=R_2\left(\frac{1}{\sigma_2}+\beta_{21}\sigma_2+\beta_{23}\sigma_2^3+\beta_{25}\sigma_2^5+\beta_{27}\sigma_2^7\right) \tag{2-88}$$

$$T_1=t_2+d \tag{2-89}$$

$$\gamma_1=\omega_1^{-1}(T_1)=R-\sigma_1 T_1+\beta_{11}RT_1^2+\beta_{13}RT_1^4+\beta_{15}RT_1^6+\beta_{17}RT_1^8 \tag{2-90}$$

式中 t_2——z_2 平面上硐 2 圆周上的点；

d——硐 1 与硐 2 的硐心距离；

R——与孔硐几何参数相关的参数；

γ_1——ζ_1 平面上硐 2 周边的坐标。

将式(2-90)代入式(2-20)即可得：

$$f_{12}(\sigma_2)=\phi_{11}(\gamma_1)+\frac{\omega_1(\gamma_1)}{\overline{\omega_1'(\gamma_1)}}\overline{\phi_{11}'(\gamma_1)}+\overline{\psi_{11}(\gamma_1)} \tag{2-91}$$

此时，设 $f_{12}(\sigma_2)=\sum_{k=-L}^{L}D_k\sigma_2^k$，并将其代入式(2-91)，可得：

$$\phi_{11}(\gamma_1)+\frac{\omega_1(\gamma_1)}{\overline{\omega'_1(\gamma_1)}}\overline{\phi'_{11}(\gamma_1)}+\overline{\psi_{11}(\gamma_1)}=\sum_{k=-L}^{L}D_k\sigma_2^k \tag{2-92}$$

式中，L 一般大于映射函数 $\omega_2(\zeta_2)$ 中的 n 值，硐 2 同样为矩形孔硐，则 $n=7$，故此可取 $L=9$。对式(2-92)左侧三项均展开，最高次幂为 9、最低次幂为 −9 的洛朗级数分别为：

$$\phi_{11}(\gamma_1)=a_1\gamma_1^{-9}+a_2\gamma_1^{-8}+a_3\gamma_1^{-7}+a_4\gamma_1^{-6}+a_5\gamma_1^{-5}+a_6\gamma_1^{-4}+a_7\gamma_1^{-3}+$$

$$a_8\gamma_1^{-2}+a_9\gamma_1^{-1}+a_{10}+a_{11}\gamma_1+a_{12}\gamma_1^2+a_{13}\gamma_1^3+a_{14}\gamma_1^4+$$
$$a_{15}\gamma_1^5+a_{16}\gamma_1^6+a_{17}\gamma_1^7+a_{18}\gamma_1^8+a_{19}\gamma_1^9 \tag{2-93}$$

式中，系数 $a_1 \sim a_{19}$ 表达式较为复杂且长，为方便阅读，故将其置于附录中。

$$\frac{\omega_1(\gamma_1)}{\overline{\omega_1'(\gamma_1)}}\overline{\phi_{11}'(\gamma_1)}=b_1\gamma_1^{-9}+b_2\gamma_1^{-8}+b_3\gamma_1^{-7}+b_4\gamma_1^{-6}+b_5\gamma_1^{-5}+$$
$$b_6\gamma_1^{-4}+b_7\gamma_1^{-3}+b_8\gamma_1^{-2}+b_9\gamma_1^{-1}+b_{10}+$$
$$b_{11}\gamma_1+b_{12}\gamma_1^2+b_{13}\gamma_1^3+b_{14}\gamma_1^4+b_{15}\gamma_1^5+$$
$$b_{16}\gamma_1^6+b_{17}\gamma_1^7+b_{18}\gamma_1^8+b_{19}\gamma_1^9 \tag{2-94}$$

式中，系数 $b_1 \sim b_{19}$ 表达式较为复杂且长，为方便阅读，故将其置于附录中。

$$\overline{\phi_{11}(\gamma_1)}=c_1\gamma_1^{-9}+c_2\gamma_1^{-8}+c_3\gamma_1^{-7}+c_4\gamma_1^{-6}+c_5\gamma_1^{-5}+c_6\gamma_1^{-4}+$$
$$c_7\gamma_1^{-3}+c_8\gamma_1^{-2}+c_9\gamma_1^{-1}+c_{10}+c_{11}\gamma_1+c_{12}\gamma_1^2+$$
$$c_{13}\gamma_1^3+c_{14}\gamma_1^4+c_{15}\gamma_1^5+c_{16}\gamma_1^6+c_{17}\gamma_1^7+c_{18}\gamma_1^8+c_{19}\gamma_1^9 \tag{2-95}$$

式中，系数 $c_1 \sim c_{19}$ 表达式较为复杂且长，为方便阅读，故将其置于附录中。

将式(2-95)至式(2-97)代入式(2-94)，可得一个最低次幂为−7、最高次幂为 9 得洛朗级数：

$$f_{12}(\sigma_2)=L_1\gamma_1^{-7}+L_2\gamma_1^{-5}+L_3\gamma_1^{-3}+L_4\gamma_1^{-1}+L_5+L_6\gamma_1+L_7\gamma_1^2+$$
$$L_8\gamma_1^3+L_9\gamma_1^4+L_{10}\gamma_1^5+L_{11}\gamma_1^6+L_{12}\gamma_1^7+L_{13}\gamma_1^8+L_{14}\gamma_1^9 \tag{2-96}$$

式中，系数 $L_1 \sim L_{19}$ 表达式较为复杂且长，为方便阅读，故将其置于附录中。

由于式(2-93)至式(2-95)中 γ_1 与 σ_2 之间的关系并未表达出来，因此为表达中 γ_1 与 σ_2 的关系，可对式(2-90)进行 γ_1 与 σ_2 级数范围为−9～9 的洛伦级数展开：

γ_1 的 1 次幂：

$$\gamma_1=d_1\sigma_2^{-9}+d_2\sigma_2^{-8}+d_3\sigma_2^{-7}+d_4\sigma_2^{-6}+d_5\sigma_2^{-5}+d_6\sigma_2^{-4}+d_7\sigma_2^{-3}+$$
$$d_8\sigma_2^{-2}+d_9\sigma_2^{-1}+d_{10}+d_{11}\sigma_2^1+d_{12}\sigma_2^2+d_{13}\sigma_2^3+$$
$$d_{14}\sigma_2^4+d_{15}\sigma_2^5+d_{16}\sigma_2^6+d_{17}\sigma_2^7+d_{18}\sigma_2^8+d_{19}\sigma_2^9 \tag{2-97}$$

式中，系数 $d_1 \sim d_{19}$ 表达式较为复杂且长，为方便阅读，故将其置于附录中。

γ_1 的 2 次幂：

$$\gamma_1^2=e_1\sigma_2^{-9}+e_2\sigma_2^{-8}+e_3\sigma_2^{-7}+e_4\sigma_2^{-6}+e_5\sigma_2^{-5}+e_6\sigma_2^{-4}+$$

$$e_7\sigma_2^{-3}+e_8\sigma_2^{-2}+e_9\sigma_2^{-1}+e_{10}+e_{11}\sigma_2^1+e_{12}\sigma_2^2+e_{13}\sigma_2^3+ e_{14}\sigma_2^4+e_{15}\sigma_2^5+e_{16}\sigma_2^6+e_{17}\sigma_2^7+e_{18}\sigma_2^8+e_{19}\sigma_2^9 \tag{2-98}$$

式中,系数 $e_1 \sim e_{19}$ 表达式较为复杂且长,为方便阅读,故将其置于附录中。

γ_1 的 3 次幂:

$$\gamma_1^3=\gamma_1^2\gamma_1=g_1\sigma_2^{-9}+g_2\sigma_2^{-8}+g_3\sigma_2^{-7}+g_4\sigma_2^{-6}+g_5\sigma_2^{-5}+ g_6\sigma_2^{-4}+g_7\sigma_2^{-3}+g_8\sigma_2^{-2}+g_9\sigma_2^{-1}+g_{10}+g_{11}\sigma_2^1+g_{12}\sigma_2^2+ g_{13}\sigma_2^3+g_{14}\sigma_2^4+g_{15}\sigma_2^5+g_{16}\sigma_2^6+g_{17}\sigma_2^7+g_{18}\sigma_2^8+g_{19}\sigma_2^9 \tag{2-99}$$

式中,系数 $g_1 \sim g_{19}$ 表达式较为复杂且长,为方便阅读,故将其置于附录中。

γ_1 的 4 次幂:

$$\gamma_1^4=\gamma_1^3\gamma_1=h_1\sigma_2^{-9}+h_2\sigma_2^{-8}+h_3\sigma_2^{-7}+h_4\sigma_2^{-6}+h_5\sigma_2^{-5}+h_6\sigma_2^{-4}+ h_7\sigma_2^{-3}+h_8\sigma_2^{-2}+h_9\sigma_2^{-1}+h_{10}+h_{11}\sigma_2^1+h_{12}\sigma_2^2+h_{13}\sigma_2^3+ h_{14}\sigma_2^4+h_{15}\sigma_2^5+h_{16}\sigma_2^6+h_{17}\sigma_2^7+h_{18}\sigma_2^8+h_{19}\sigma_2^9 \tag{2-100}$$

式中,系数 $h_1 \sim h_{19}$ 表达式较为复杂且长,为方便阅读,故将其置于附录中。

γ_1 的 5 次幂:

$$\gamma_1^5=I_1\sigma_2^{-9}+I_2\sigma_2^{-8}+I_3\sigma_2^{-7}+I_4\sigma_2^{-6}+I_5\sigma_2^{-5}+I_6\sigma_2^{-4}+ I_7\sigma_2^{-3}+I_8\sigma_2^{-2}+I_9\sigma_2^{-1}+I_{10}+I_{11}\sigma_2^1+I_{12}\sigma_2^2+I_{13}\sigma_2^3+ I_{14}\sigma_2^4+I_{15}\sigma_2^5+I_{16}\sigma_2^6+I_{17}\sigma_2^7+I_{18}\sigma_2^8+I_{19}\sigma_2^9 \tag{2-101}$$

式中,系数 $I_1 \sim I_{19}$ 表达式较为复杂且长,为方便阅读,故将其置于附录中。

γ_1 的 6 次幂:

$$\gamma_1^6=\gamma_1^5\gamma_1=J_1\sigma_2^{-9}+J_2\sigma_2^{-8}+J_3\sigma_2^{-7}+J_4\sigma_2^{-6}+J_5\sigma_2^{-5}+J_6\sigma_2^{-4}+ J_7\sigma_2^{-3}+J_8\sigma_2^{-2}+J_9\sigma_2^{-1}+J_{10}+J_{11}\sigma_2^1+J_{12}\sigma_2^2+ J_{13}\sigma_2^3+J_{14}\sigma_2^4+J_{15}\sigma_2^5+J_{16}\sigma_2^6+J_{17}\sigma_2^7+J_{18}\sigma_2^8+J_{19}\sigma_2^9 \tag{2-102}$$

式中,系数 $J_1 \sim J_{19}$ 表达式较为复杂且长,为方便阅读,故将其置于附录中。

γ_1 的 7 次幂:

$$\gamma_1^7=\gamma_1^6\gamma_1=K_1\sigma_2^{-9}+K_2\sigma_2^{-8}+K_3\sigma_2^{-7}+K_4\sigma_2^{-6}+K_5\sigma_2^{-5}+K_6\sigma_2^{-4}+ K_7\sigma_2^{-3}+K_8\sigma_2^{-2}+K_9\sigma_2^{-1}+K_{10}+K_{11}\sigma_2^1+K_{12}\sigma_2^2+ K_{13}\sigma_2^3+K_{14}\sigma_2^4+K_{15}\sigma_2^5+K_{16}\sigma_2^6+K_{17}\sigma_2^7+K_{18}\sigma_2^8+K_{19}\sigma_2^9 \tag{2-103}$$

式中,系数 $K_1 \sim K_{19}$ 表达式较为复杂且长,为方便阅读,故将其置于附录中。

γ_1 的 8 次幂：

$$\gamma_1^8=\gamma_1^7\gamma_1=N_1\sigma_2^{-9}+N_2\sigma_2^{-8}+N_3\sigma_2^{-7}+N_4\sigma_2^{-6}+N_5\sigma_2^{-5}+N_6\sigma_2^{-4}+ N_7\sigma_2^{-3}+N_8\sigma_2^{-2}+N_9\sigma_2^{-1}+N_{10}+N_{11}\sigma_2^1+N_{12}\sigma_2^2+ N_{13}\sigma_2^3+N_{14}\sigma_2^4+N_{15}\sigma_2^5+N_{16}\sigma_2^6+N_{17}\sigma_2^7+N_{18}\sigma_2^8+N_{19}\sigma_2^9 \tag{2-104}$$

式中，系数 $N_1\sim N_{19}$ 表达式较为复杂且长，为方便阅读，故将其置于附录中。

γ_1 的 9 次幂：

$$\gamma_1^9=\gamma_1^8\gamma_1=O_1\sigma_2^{-9}+O_2\sigma_2^{-8}+O_3\sigma_2^{-7}+O_4\sigma_2^{-6}+O_5\sigma_2^{-5}+O_6\sigma_2^{-4}+ O_7\sigma_2^{-3}+O_8\sigma_2^{-2}+O_9\sigma_2^{-1}+O_{10}+O_{11}\sigma_2^1+O_{12}\sigma_2^2+ O_{13}\sigma_2^3+O_{14}\sigma_2^4+O_{15}\sigma_2^5+O_{16}\sigma_2^6+O_{17}\sigma_2^7+O_{18}\sigma_2^8+O_{19}\sigma_2^9 \tag{2-105}$$

式中，系数 $O_1\sim O_{19}$ 表达式较为复杂且长，为方便阅读，故将其置于附录中。

γ_1 的 -1 次幂：

$$\gamma_1^{-1}=Q_1\sigma_2^{-9}+Q_2\sigma_2^{-8}+Q_3\sigma_2^{-7}+Q_4\sigma_2^{-6}+Q_5\sigma_2^{-5}+Q_6\sigma_2^{-6}+ Q_7\sigma_2^{-3}+Q_8\sigma_2^{-2}+Q_9\sigma_2^{-1}+Q_{10}+Q_{11}\sigma_2^1+Q_{12}\sigma_2^2+ Q_{13}\sigma_2^3+Q_{14}\sigma_2^4+Q_{15}\sigma_2^5+Q_{16}\sigma_2^6+Q_{17}\sigma_2^7+Q_{18}\sigma_2^8+Q_{19}\sigma_2^9 \tag{2-106}$$

式中　$Q_n(n=1,2,3,\cdots,17)=0$；

$$Q_{18}=\frac{1}{\beta_{17}RR_2^8};$$

$$Q_{19}=-\frac{8d}{\beta_{17}RR_2^9}。$$

γ_1 的 $-k(k=2,3,4,\cdots,9)$ 次幂关于 σ_2 的洛伦级数展开，σ_2 的各幂次系数均为 0。

将式(2-97)至式(2-106)代入式(2-96)，再代入式(2-92)可得：

$$D_{-n}=L_6d_i+L_7e_i+L_8g_i+L_9h_i+L_{10}I_i+L_{11}J_i+L_{12}K_i+L_{13}N_i+L_{14}O_i \quad (i=1,2,3,\cdots,17)(n=9,8,7,\cdots,-7) \tag{2-107}$$

$$D_8=L_6d_{18}+L_7e_{18}+L_8g_{18}+L_9h_{18}+L_{10}I_{18}+L_{11}J_{18}+ L_{12}K_{18}+L_{13}N_{18}+L_{18}O_{18}L_4Q_{18} \tag{2-108}$$

$$D_9=L_6d_{19}+L_7e_{19}+L_8g_{19}+L_9h_{19}+L_{10}I_{19}+L_{11}J_{19}+ L_{12}K_{19}+L_{13}N_{19}+L_{14}O_{19}+L_4Q_{19} \tag{2-109}$$

(2) 硐 1 和硐 2 相互作用下，仅存在硐 2 的复势函数 $\phi_{20}(\zeta_2)$和 $\psi_{20}(\zeta_2)$推导

经过上述推导已可以得出硐 2 周边的多余面力表达式。同时，由于是充填开采，即充填体会向硐 2 周边提供一定的侧向应力 p，所以此时需在硐 2 周边施加大小相等、方向相反的多余面力，硐 2 中充填体向硐 2 提供具有支护作用的力。因此，可由式(2-22)求解仅存在硐 2 的复势函数 $\phi_{20}(\zeta_2)$和 $\psi_{20}(\zeta_2)$：

$$\phi_{22}(\sigma_2)+\frac{\omega_{22}(\sigma_2)}{\omega'_{22}(\sigma_2)}\overline{\phi'_{22}(\sigma_2)}+\overline{\psi_{22}(\sigma_2)}=-\sum_{k=-L}^{L}D_k\sigma_2^k+f(\sigma_2) \quad (2\text{-}110)$$

经过柯西积分计算，可得：

$$\begin{cases}\phi_{20}(\zeta_1)=-\dfrac{p}{2\pi i}Q(\zeta_2)-\dfrac{pz_{2B}}{2\pi i}\Omega(\zeta_2)-\\ \quad\dfrac{(1-\kappa)(z_{2B}-z_{2A})p}{2\pi i(1+\kappa)}G(\zeta_2)-I(\zeta_2)-T(\zeta_2)-\sum\limits_{k=1}^{9}D_k\zeta_2^k & (2\text{-}111a)\\ \psi_{20}(\zeta_1)=-U(\zeta_2)\phi'_0(\zeta_2)-\dfrac{p}{2\pi i}S(\zeta_2)-\dfrac{p\bar{z}_B}{2\pi i}\Omega(\zeta_2)+\\ \quad\dfrac{p(\bar{z}_{2B}-\bar{z}_{2A})}{2\pi i(1+\kappa)}G(\zeta_2)-\dfrac{p(z_{2B}-z_{2A})}{2\pi i(1+\kappa)}A(\zeta_2)-\\ \quad\dfrac{p(z_{2B}-z_{2A})\kappa}{2\pi i(1+\kappa)}G(\zeta_2)-M(\zeta_2)-R(\zeta_2)-\sum\limits_{k=-7}^{1}D_k\zeta_2^{-k} & (2\text{-}111b)\end{cases}$$

(3) 硐 1 和硐 2 相互作用下的解析函数推导

由于式(2-111)已得出硐 1 和硐 2 相互作用下仅存在硐 2 的复势函数 $\phi_{20}(\zeta_2)$和 $\psi_{20}(\zeta_2)$，故此依据式(2-30)则可得，仅存在硐 2 的解析函数 $\phi_{22}(\zeta_2)$和 $\psi_{22}(\zeta_2)$：

$$
\begin{cases}
\phi_{22}(\zeta_2) = -\dfrac{1}{2\pi(1+\kappa)} \mathrm{i}p(z_{2B}-z_{2A})\ln\zeta_2 + \\
B\omega_2(\zeta_2) - \dfrac{p}{2\pi \mathrm{i}}Q(\zeta_2) - \dfrac{pz_{1B}}{2\pi \mathrm{i}}\Omega(\zeta_2) - \\
\dfrac{(1-\kappa)(z_{2B}-z_{2A})p}{2\pi \mathrm{i}(1+\kappa)}G(\zeta_2) - I(\zeta_2) - T(\zeta_2) - \sum\limits_{k=1}^{9} D_k \zeta_2^k \qquad (2\text{-}112\mathrm{a}) \\
\psi_{22}(\zeta_2) = \dfrac{\kappa}{2\pi(1+\kappa)}\mathrm{i}p(z_{2A}-z_{2B})\ln\zeta_2 + (B'+\mathrm{i}C')\omega_2(\zeta_2) - \\
U(\zeta_2)\phi'_0(\zeta_2) - \dfrac{p}{2\pi \mathrm{i}}S(\zeta_2) - \dfrac{p\bar{z}_{1B}}{2\pi \mathrm{i}}\Omega(\zeta_2) + \\
\dfrac{p(\bar{z}_{2B}-\bar{z}_{2A})}{2\pi \mathrm{i}(1+\kappa)}G(\zeta_2) - \dfrac{p(z_{2B}-z_{2A})}{2\pi \mathrm{i}(1+\kappa)}A(\zeta_2) - \\
\dfrac{p(z_{2B}-z_{2A})\kappa}{2\pi \mathrm{i}(1+\kappa)}G(\zeta_2) - M(\zeta_2) - R(\zeta_2) - \sum\limits_{k=-7}^{1} D_k \zeta_2^{-k} \qquad (2\text{-}112\mathrm{b})
\end{cases}
$$

为将硐 1 在 ζ_1 平面的坐标变换成其在 ζ_2 平面下的坐标，依据式(2-88)至式(2-90)的推导过程可得：

$$
\zeta_{21} = \zeta_1 = \omega_2^{-1}(t_2) = R_2 - \zeta_2[\omega(\zeta_1)-d] + \beta_{21}R_2[\omega(\zeta_1)-d]^2 + \\
\beta_{23}R_2[\omega(\zeta_1)-d]^4 + \beta_{25}R_2[\omega(\zeta_1)-d]^6 + \beta_{27}R_2[\omega(\zeta_1)-d]^8 \quad (2\text{-}113)
$$

将式(2-113)代入式(2-112)可得：

$$
\begin{cases}
\phi_{21}(\zeta_{21}) = -\dfrac{1}{2\pi(1+\kappa)}\mathrm{i}p(z_{2B}-z_{2A})\ln\zeta_{21} + B\omega_2(\zeta_{21}) - \\
\dfrac{p}{2\pi \mathrm{i}}Q(\zeta_{21}) - \dfrac{pz_{1B}}{2\pi \mathrm{i}}\Omega(\zeta_{21}) - \dfrac{(1-\kappa)(z_{2B}-z_{2A})p}{2\pi \mathrm{i}(1+\kappa)}G(\zeta_{21}) - \\
I(\zeta_{21}) - T(\zeta_{21}) - \sum\limits_{k=1}^{9} D_k \zeta_{21}^k \qquad (2\text{-}114\mathrm{a}) \\
\psi_{21}(\zeta_{21}) = \dfrac{\kappa}{2\pi(1+\kappa)}\mathrm{i}p(z_{2A}-z_{2B})\ln\zeta_{21} + (B'+\mathrm{i}C')\omega_2(\zeta_{21}) - \\
U(\zeta_{21})\phi'_0(\zeta_{21}) - \dfrac{p}{2\pi \mathrm{i}}S(\zeta_{21}) - \dfrac{p\bar{z}_{1B}}{2\pi \mathrm{i}}\Omega(\zeta_{21}) + \\
\dfrac{p(\bar{z}_{2B}-\bar{z}_{2A})}{2\pi \mathrm{i}(1+\kappa)}G(\zeta_{21}) - \dfrac{p(z_{2B}-z_{2A})}{2\pi \mathrm{i}(1+\kappa)}A(\zeta_{21}) - \\
\dfrac{p(z_{2B}-z_{2A})\kappa}{2\pi \mathrm{i}(1+\kappa)}G(\zeta_{21}) - M(\zeta_{21}) - R(\zeta_{21}) - \sum\limits_{k=-7}^{1} D_k \zeta_{21}^{-k} \qquad (2\text{-}114\mathrm{b})
\end{cases}
$$

将式(2-114a)和式(2-114b)分别与 $\phi_{11}(\zeta_1)$和 $\psi_{11}(\zeta_1)$相加，可得第一次迭代下硐 1 和硐 2 相互作用下的解析函数：

$$\begin{cases}\phi_{D1}(\zeta_1)=\phi_{11}(\zeta_1)+\phi_{21}(\zeta_{21}) & (2\text{-}115a)\\ \psi_{D1}(\zeta_1)=\psi_{11}(\zeta_1)+\psi_{21}(\zeta_{21}) & (2\text{-}115b)\end{cases}$$

(4) 推导硐 1 和硐 2 相互作用下的应力解析函数

由式(2-115)可得第一次迭代下硐 1 和硐 2 相互作用下的解析函数 $\phi_{D1}(\zeta_1)$和 $\psi_{D1}(\zeta_1)$，将其代入式(2-11c)和式(2-11d)可得：

$$\begin{cases}\Phi_{D1}(\zeta_1)=\dfrac{\phi'_{11}(\zeta_1)}{\omega'_1(\zeta_1)}+\dfrac{\phi'_{21}(\zeta_{21})}{\omega'_1(\zeta_{21})} & (2\text{-}116a)\\ \Psi_{D1}(\zeta_2)=\dfrac{\psi'_{11}(\zeta_1)}{\omega'_1(\zeta_1)}+\dfrac{\psi'_{21}(\zeta_{21})}{\omega'_1(\zeta_{21})} & (2\text{-}116b)\end{cases}$$

将式(2-118)代入式(2-12)则可得第一次迭代下硐 1 和硐 2 相互作用下的应力解析函数：

$$\sigma_{D1\theta}(\zeta_1)=2\mathrm{Re}[\Phi_{D1}(\zeta_1)]+\frac{1}{2}\mathrm{Re}\left\{\frac{2}{\omega'(\zeta_1)}\overline{\omega(\zeta_1)}\Phi'_{D1}(\zeta_1)+\omega'(\zeta_1)\Psi_{D1}(\zeta_1)\right\} \tag{2-117}$$

$$\sigma_{D1\rho}(\zeta_1)=2\mathrm{Re}[\Phi_{D1}(\zeta_1)]-\frac{1}{2}\mathrm{Re}\left\{\frac{2}{\omega'(\zeta_1)}\overline{\omega(\zeta_1)}\Phi'_{D1}(\zeta_1)+\omega'(\zeta_1)\Psi_{D1}(\zeta_1)\right\} \tag{2-118}$$

$$\tau_{D1\rho\theta}(\zeta_1)=\frac{1}{2}\mathrm{Im}\left\{\frac{2}{\omega'(\zeta_1)}[\overline{\omega'(\zeta_1)}]\Phi'_{D1}(\zeta_1)+\omega'(\zeta_1)\Psi_{D1}(\zeta_1)\right\} \tag{2-119}$$

经过上述推导可得属于图 2-10(a)的第一次迭代下硐 1 和硐 2 相互作用的应力解析函数 $\sigma_{D1\theta}(\zeta_1)$、$\sigma_{D1\rho}(\zeta_1)$和 $\tau_{D1\rho\theta}(\zeta_1)$，见式(2-119)至式(2-121)。同样，由于图 2-10(a)的模型具有一般性，所以图 2-10(a)的模型在改变部分参数后可演变为图 2-10(b)至图 2-10(d)的模型，且最终只要将演变模型结果进行叠加即可得到原问题的应力解析函数，即一次迭代下硐 1 和硐 2 相互作用的应力解析函数 $\sigma_{D1\theta}(\zeta_1)$、$\sigma_{D1\rho}(\zeta_1)$和 $\tau_{D1\rho\theta}(\zeta_1)$。因此，上述推导获得的复势函数可以被认为是一次迭代下硐 1 和硐 2 相互作用的应力解析函数 $\sigma_{D1\theta}(\zeta_1)$、$\sigma_{D1\rho}(\zeta_1)$和 $\tau_{D1\rho\theta}(\zeta_1)$。

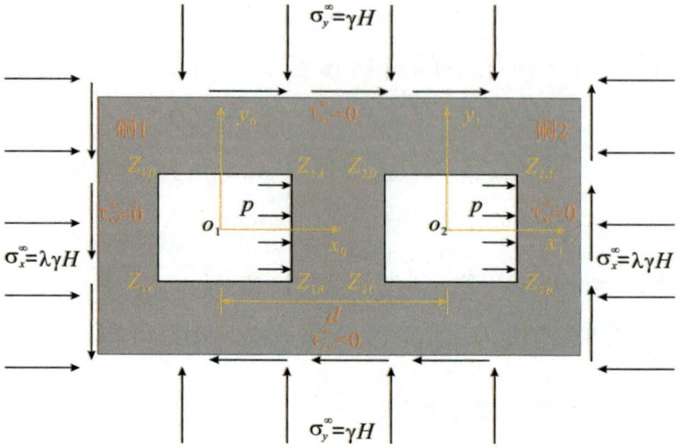

(a)

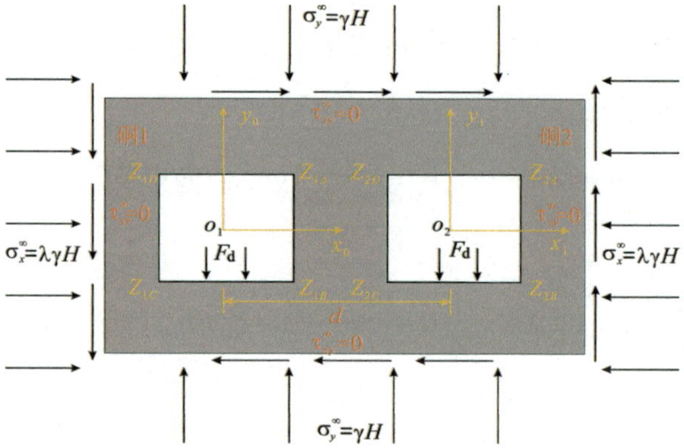

(b)

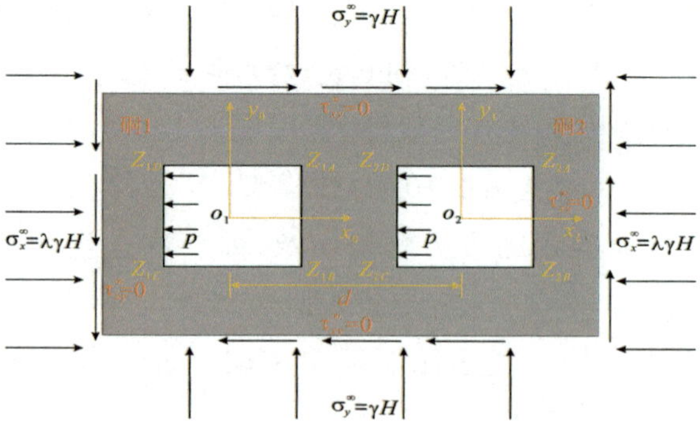

(c)

图 2-10　双采硐模型拆分

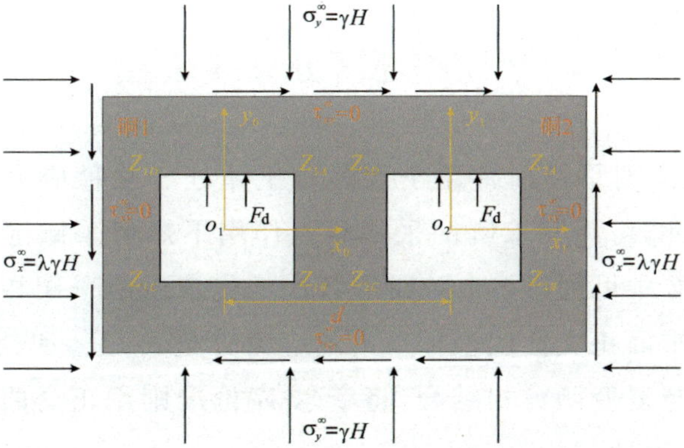

(d)

图 2-10（续）

(5) 推导硐 1 和硐 2 相互作用下的位移解析函数

由式(2-17)可得：

$$\begin{cases}\overline{\phi'_{D1}(\zeta_1)}=\overline{\phi'_{11}(\zeta_1)}+\overline{\phi'_{21}(\zeta_1)} & \text{(2-120a)}\\ \overline{\psi'_{D1}(\zeta_1)}=\overline{\psi_{11}(\zeta_1)}+\overline{\psi_{21}(\zeta_1)} & \text{(2-120b)}\end{cases}$$

将式(2-120)代入式(2-12c)并分离虚部和实部，可得图 2-10(a)中的第一次迭代下硐 1 和硐 2 相互作用的位移解析函数：

$$\begin{cases}u_{D1}(\zeta_1)=\dfrac{1}{2G}\mathrm{Re}[\kappa\phi_{D1}(\zeta_1)-\delta(\zeta_1)\overline{\phi'_{D1}(\zeta_1)}-\overline{\psi_{D1}(\zeta_1)}] & \text{(2-121a)}\\ \upsilon_{D1}(\zeta_1)=\dfrac{1}{2G}\mathrm{Im}[\kappa\phi_{D1}(\zeta_1)-\delta(\zeta_1)\overline{\phi'_{D1}(\zeta_1)}-\overline{\psi_{D1}(\zeta_1)}] & \text{(2-121b)}\end{cases}$$

经过上述推导可得图 2-10(a)中一次迭代下硐 1 和硐 2 相互作用的位移解析函数 $u_{D1}(\zeta)$和 $\upsilon_{D1}(\zeta_1)$。由于图 2-10(a)的模型具有一般性，所以图 2-10(a)的模型在改变部分参数后可演变为图 2-10(b)至图 2-10(d)的模型，且最终只要将演变模型结果进行叠加即可得到原问题的复势函数，即一次迭代下硐 1 和硐 2 相互作用的位移解析函数 $u_{D1}(\zeta)$和 $\upsilon_{D1}(\zeta_1)$。因此，上述推导获得的复势函数可以被认为是一次迭代下硐 1 和硐 2 相互作用的位移解析函数 $u_{D1}(\zeta)$和 $\upsilon_{D1}(\zeta_1)$。

2.4 矩形采硐围岩塑性破坏区分界线研究

摩尔-库伦准则是目前常用于判断岩土体处于某种应力状态下是否破坏的依据。故此，可用其求解两采硐相互作用下矩形采硐围岩塑性区分界线。由于在2.3中可通过Schwarz交替法迭代求出两采硐相互作用下的围岩应力以及在平面正交曲线坐标系下的应力分量$\sigma_{D\rho}$、$\sigma_{D\theta}$和$\tau_{D\rho\theta}$，为计算方便以及能够让其与复变函数相结合，将摩尔-库伦准则用正交曲线坐标系下的应力来表示，该表达式为[79]：

$$\left(\frac{\sigma_{D\rho}-\sigma_{D\theta}}{2}\right)^2+\tau_{D\rho\theta}^2-\left(\frac{\sigma_{D\rho}+\sigma_{D\theta}}{2}\right)\sin^2\phi-(\sigma_{D\rho}+\sigma_{D\theta})C\sin\phi\cos\phi-C^2\cos^2\phi=0 \tag{2-122}$$

令硐1塑性区边界处$\rho=\rho_0$，将通过Schwarz交替法迭代求出两采硐相互作用下的围岩应力以及在平面正交曲线坐标系下的应力分量$\sigma_{D\rho}$、$\sigma_{D\theta}$和$\tau_{D\rho\theta}$代入式(2-122)，可得ρ_0关于θ的隐性方程：

$$\left(\frac{\sigma_{D\rho u0}-\sigma_{D\theta u0}}{2}\right)^2+\tau_{D\rho\theta u}^2-\left(\frac{\sigma_{D\rho u0}+\sigma_{D\theta u0}}{2}\right)\sin^2\phi-(\sigma_{D\rho u0}+\sigma_{D\theta u0})C\sin\phi\cos\phi-C^2\cos^2\phi=0 \tag{2-123}$$

式中 $\sigma_{D\rho u0}$——$\rho=\rho_0$时的$\sigma_{D\rho u}$；

$\sigma_{D\theta u0}$——$\rho=\rho_0$时的$\sigma_{D\theta u}$；

$\tau_{D\rho\theta u0}$——$\rho=\rho_0$时的$\tau_{D\theta u}$。

由于$\zeta=\rho(\cos\theta+\mathrm{i}\sin\theta)$，所以将求得的$\rho_0$代入$\zeta=\rho(\cos\theta+\mathrm{i}\sin\theta)$，再将其代入式(2-24)可得到第一个矩形采硐围岩塑性区分界线：

$$\omega_1(\zeta_0)=R\left(\frac{1}{\zeta_0}+\beta_1\zeta_0+\beta_3\zeta_0^3+\beta_5\zeta_0^3+\beta_7\zeta_0^7\right) \tag{2-124}$$

通过变换公式则可得另一个矩形采硐围岩塑性区分界线：

$$\omega_2(\zeta_0)=R\left(\frac{1}{\zeta_0}+\beta_1\zeta_0+\beta_3\zeta_0^3+\beta_5\zeta_0^3+\beta_7\zeta_0^7\right)-d \tag{2-125}$$

式中，$\zeta_0=\rho_0(\cos\theta+\mathrm{i}\sin\theta)$。

通过将两个煤柱采硐围岩塑性分界线相同点相减可得煤柱的弹性核区宽度t，因此有：

$$t=\omega_2(\zeta_0)-\omega_1(\zeta_0) \tag{2-126}$$

2.5 模拟验证模型的准确性

2.5.1 模拟验证思路

在上述研究中，虽然已通过理论推导得到了基于复变函数弹性解的矩形采硐围岩塑性破坏区分界线的隐函数，以及求解矩形采硐围岩应力及位移的解析函数，但其正确性有待验证。所以，为验证推导上述解析函数与隐函数的正确性，本书将上述推导得到的公式编写成 MATLAB 程序，并通过 MATALAB 进行验证计算。若直接通过 MATLAB 计算结果来分析验证上述解析函数与隐函数的正确性，这是十分困难的。由于数值模拟是一种被用于辅助验证的常规手段，所以本书采用数值模拟方法对上述解析函数与隐函数的正确性进行辅助验证，即将 MATLAB 计算结果与数值模拟结果进行比较，以实现对上述解析函数与隐函数的验证。因为 $FLAC^{3D}$数值模拟软件现被广泛应用于土木工程、岩土工程、水利工程和地质工程等领域，所以本书采用 $FLAC^{3D}$数值模拟软件进行模拟验证。此外，所有的计算与模拟应该建立在一定的地质条件参数基础之上，所以本书采用安太堡露天矿煤层赋存条件参数作为主要地质参数，采用相关文献[80]中的充填体物理力学参数作为充填体参数进行计算及模拟。验证思路见图 2-11。

2.5.2 安太堡露天矿概况以及充填体参数来源简介

(1) 安太堡露天矿概况

安太堡露天矿隶属于中煤平朔集团有限公司，位于中国山西省朔州市区与平鲁区交界处。安太堡露天矿地质构造简单，没有大的断层，煤层厚度大。在井田范围内共有 11 层煤，其中主采煤层有 4#、9# 和 11#。此外，井田范围内煤层赋存深度较浅，埋藏最深的 11# 煤层，仅 228 m。安太堡露天矿各地层分布图见图 2-12。安太堡露天矿各地层赋存深度和物理力学参数见表 2-1。

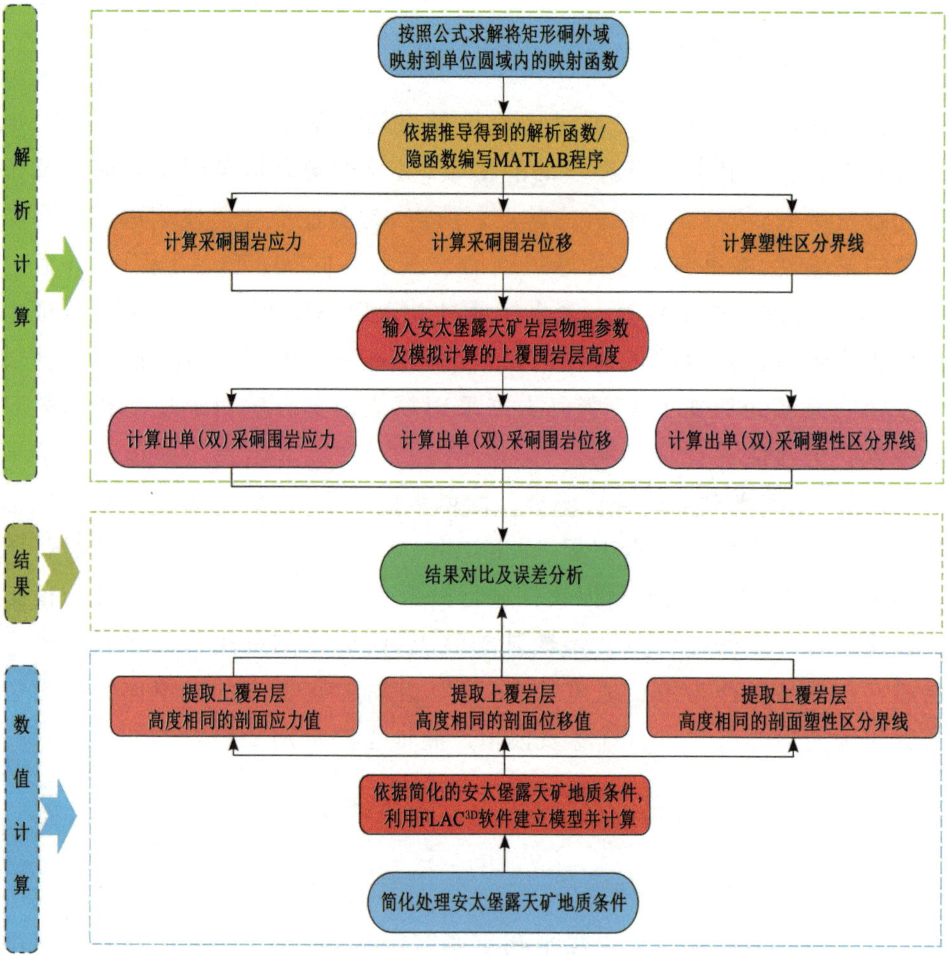
解析计算
按照公式求解将矩形硐外域映射到单位圆域内的映射函数
依据推导得到的解析函数/隐函数编写MATLAB程序
计算采硐围岩应力
计算采硐围岩位移
计算塑性区分界线
输入安太堡露天矿岩层物理参数及模拟计算的上覆围岩层高度
计算出单(双)采硐围岩应力
计算出单(双)采硐围岩位移
计算出单(双)采硐塑性区分界线
结果
结果对比及误差分析
数值计算
提取上覆岩层高度相同的剖面应力值
提取上覆岩层高度相同的剖面位移值
提取上覆岩层高度相同的剖面塑性区分界线
依据简化的安太堡露天矿地质条件，利用FLAC3D软件建立模型并计算
简化处理安太堡露天矿地质条件

图 2-11　验证思路

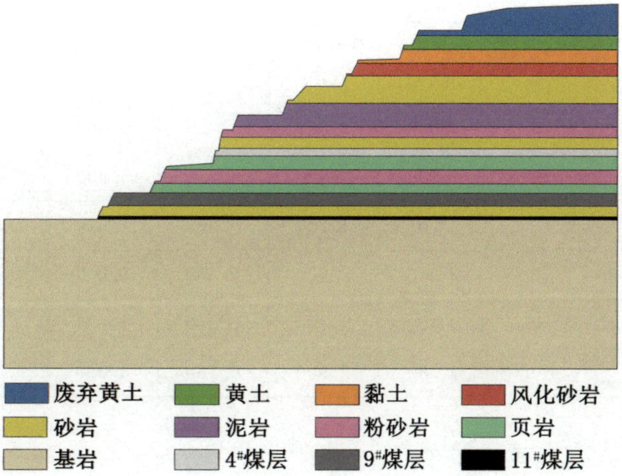

图 2-12　安太堡露天矿各地层分布图

表 2-1　安太堡露天矿各地层赋存深度和物理力学参数

地层	埋深 /m	平均厚度 /m	密度 /kg·m^{-3}	弹性模量 /GPa	泊松比	内聚力 /MPa	内摩擦角 /(°)	抗拉强度 /MPa
废弃黄土	0	34	1 760	0.015	0.420	0.040	25	0.006
黄土	34	15	1 960	0.015	0.420	0.085	28	0.013
黏土	49	14	1 980	0.011	0.360	0.131	20	0.180
风化砂岩	63	14	2 300	2.000	0.360	2.500	38	0.750
砂岩	77	30	2 380	4.002	0.320	3.000	39	0.900
泥岩	107	24	2 490	2.800	0.340	2.000	38	0.600
粉砂岩	131	12	2 320	4.600	0.320	3.500	36	1.000
砂岩	143	12	2 380	4.000	0.300	4.000	40	1.200
4# 煤层	155	8	1 440	1.000	0.380	1.620	36	0.700
页岩	163	15	2 450	2.400	0.330	3.000	42	0.900

表 2-1（续）

地层	埋深/m	平均厚度/m	密度/kg·m^{-3}	弹性模量/GPa	泊松比	内聚力/MPa	内摩擦角/(°)	抗拉强度/MPa
粉砂岩	178	15	2 600	4.800	0.320	5.000	38	1.200
页岩	193	10	2 580	3.500	0.350	5.000	38	1.000
9$^{\#}$煤层	203	13	1330	1.200	0.360	1.620	36	0.700
砂岩	216	12	2 380	2.900	0.280	5.000	41	1.200
11$^{\#}$煤层	228	3	1 400	1.300	0.350	1.620	36	0.700
基岩	231	160	2 380	2.900	0.280	5.000	41	1.200

（2）充填体参数来源简介

由于相关文献[80]是通过数值模拟研究充填对煤柱强度影响的，其中涉及充填体物理力学参数，所以本书采用文献中充填体力学参数作为本书充填体的力学参数。充填体的物理力学参数见表 2-2。

表 2-2　充填体的物理力学参数[80]

岩性	密度/kg·m^{-3}	抗拉强度/MPa	内聚力 $c_{backfill}$/MPa	内摩擦角/(°)	体积模量/GPa	剪切模量/GPa
充填体	1 250	0.10	0.12	40	0.95	0.20

2.5.3 验证模型设计及模型简化

由于目前端帮开采采硐通常为矩形，连续端帮采煤机的一般采宽为 3.5 m，采深为 350 m，安太堡露天矿 11$^{\#}$煤层埋藏较深，且煤层平均厚度为 3 m，适宜进行一次采全高设计。① 所以，本书以安太堡露天矿 11$^{\#}$煤层进行一次采全高为条件进行研究。也因此，设置验证模型的采硐宽度为 3.5 m，采硐高度为 3 m，采深为 350 m。然而，由于本书只是为验证计算模型的准确性，不需对边坡稳定性问题进行讨论，所以本书依据经验设置采硐之间留

① 在不影响研究结果准确性的前提下，为方便数据比较分析及图表展示简洁，本书中会出现数据的小数位数保留不同的情况，特此说明。

设的煤柱宽度为 3 m,采硐 4 个。此外,为验证本书建立的模型能够准确计算不同充填率下的围岩应力、位移以及塑性破坏分界线,本书分别对充填率为 0%和 100%条件下的围岩应力、位移以及塑性破坏分界线进行计算,并分别建模。

安太堡露天矿各地层分布以及边坡形态见图 2-12。该边坡形态较为复杂,不利于计算与建模,且实际建模计算中一般均将其简化为形态规则的一般边坡进行研究计算。本书将坡底线与坡顶线相连,简化成一个形态规则的一般边坡,并基于此进行建模计算。简化后的安太堡露天矿模型见图 2-13。

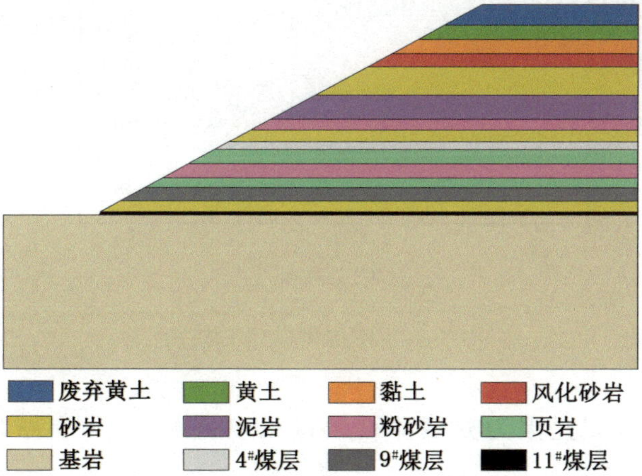

图 2-13 简化后的安太堡露天矿模型

2.5.4 验证计算过程及建模过程

(1) 验证计算过程

由 2.5.3 知,采硐宽度为 3.5 m,采硐高度为 3 m,采硐深度为 350 m,且设置两个采硐。将这些参数代入式(2-24)至式(2-26)得到硐 1 和硐 2 的映射函数见式(2-127),映射得到的图形见图 2-14。在确定映射函数后,确定模型参数,设置模型的边界条件,设无限远处 y 方向应力为围岩的自重应力;无限远处 x 方向应力为围岩的水平应力,即 $\sigma_y^{\infty}=\gamma H$,$\sigma_x^{\infty}=\lambda\gamma H$;无穷远处的剪应力为 0，$\tau_{xy}^{\infty}=0$。

$$\omega(\zeta)=2.2095\left(\frac{1}{\zeta}-0.066\zeta-1.1659\zeta^3+0.0066\zeta^5+0.0174\zeta^7\right) \tag{2-127}$$

式中，$\zeta=\rho(\cos\theta+\mathrm{i}\sin\theta)$，硐壁处 $\rho=1$。

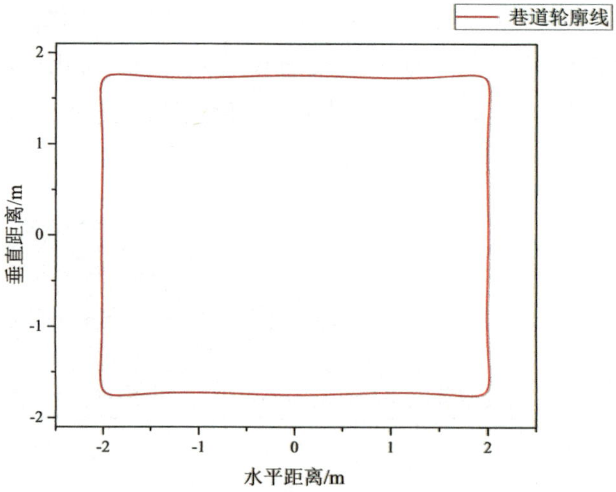

图 2-14　映射的巷道轮廓图

使用充填开采是因为充填体被填进采空区时，会为支撑煤柱提供侧向应力，使煤柱由受双轴应力状态变为受三轴应力状态，从而起到抑制煤柱塑性区扩展的作用。简言之，充填体主要通过提供侧向应力来达到提高煤柱稳定性的目的。在部分充填条件下，煤柱会因上覆岩层荷载的作用，发生面向采硐的膨胀变形。由于已对采硐进行了充填，所以该膨胀变形会挤压充填，使充填体向内凹陷，则可认为此时充填体给煤柱提供的侧向应力为充填体与煤柱之间相互作用产生的被动土压力。在完全充填情况下，充填体会在上覆岩层荷载的作用下，在纵向上发生向下凹陷压缩，在该压缩下水平方向同时发生膨胀变形，从而挤压煤柱，使煤柱向内有凹陷压缩的趋势，进而抑制煤柱非弹性区扩展。因此可认为，此时充填体给煤柱提供的侧向应力为充填体与煤柱之间相互作用产生的主动土压力。当部分充填时，施加在采硐面上的力设置为被动土压力，计算公式见式(2-128)。当完全充填时，施加在采硐面上的力设置为主动土压力，计算公式见式(2-129)。将充填的物理参数分别代入式(2-128)和式(2-129)，并计算出相应的值，且让模型中施加力 p 等于计算出的值。

$$P_{\text{Passive}}=0.5\gamma_{\text{backfill}}(C_{\text{backfill}}h)^2\tan^2\left(45°+\frac{\phi_{\text{backfill}}}{2}\right)+$$

$$2C_{\text{backfill}}hc_{\text{backfill}}\tan\left(45°+\frac{\phi_{\text{backfill}}}{2}\right) \tag{2-128}$$

$$P_{\text{Active}}=(0.5\gamma_{\text{backfill}}h^2+qh)\tan^2\left(45°-\frac{\phi_{\text{backfill}}}{2}\right)-$$

$$2hc_{\text{backfill}}\tan\left(45°-\frac{\phi_{\text{backfill}}}{2}\right) \tag{2-129}$$

式中 C_{backfill}——充填率；

h——采硐高度，m；

γ_{backfill}——充填体容重，kN/m^3；

c_{backfill}——充填体内聚力，MPa；

ϕ_{backfill}——充填体内摩擦角，(°)；

q——施加于充填上的应力，单位为 N，$q=k_3\gamma H$，k_3 一般为 0.5～1。

由于建立的模型只能基于一种岩性参数进行计算，故此为能够基于安太堡露天矿 11# 煤层的开采参数进行计算，对采硐上覆岩层参数进行平均计算，即上覆岩层容重 γ 为平均岩层容重 γ_{average}。

在确定上述参数后，将其输入 MATLAB 程序中分别计算不同上覆岩层高度及充填率下的充填率为 0%和 100%条件下的围岩应力、位移以及塑性破坏分界线。

(2) 验证模拟建模过程

由于 FLAC^{3D}数值模拟软件现被广泛应用于土木工程、岩土工程、水利工程和地质工程等领域，所以采用 FLAC^{3D}数值模拟软件进行建模并模拟。建模按照 3.5.2 中所述的安太堡露天矿地质条件建立模型，并设置采硐宽度为 3.5 m，采硐高度为 3 m，采硐深度为 350 m，留设煤柱宽度为 3 m，为减小边界效应的影响，设置采硐为 4 个，煤柱为 3 个，计算验证主要以图 2-15 所示的中间煤柱及其右侧的采硐作为模型验证对象。模型底部及四周固定，模型坡面部分设置为自由面。为能够准确地计算煤柱的塑性区宽度及塑性破坏分界线，煤柱部分的网格设置应尽可能小，所以设置网格规格为 0.375×0.3 m。按照 2.5.2 节所述对各岩层参数赋予相应数值，模型开采按照一次采全高进行计算，计算至自动平衡为止。通过 FLAC3D 数值模拟软件建模得到模拟模型，见图 2-16。

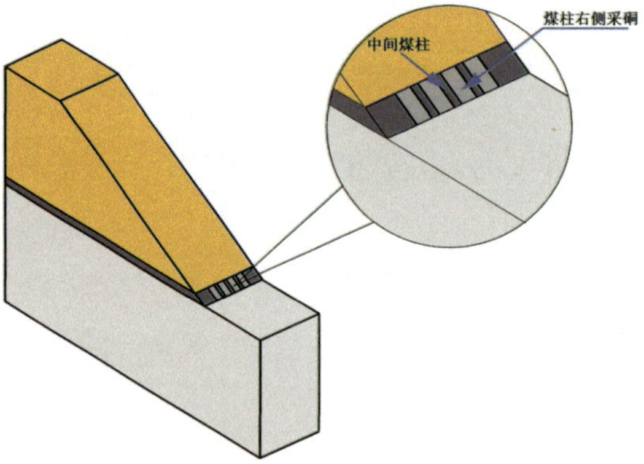

图 2-15　模型示意图

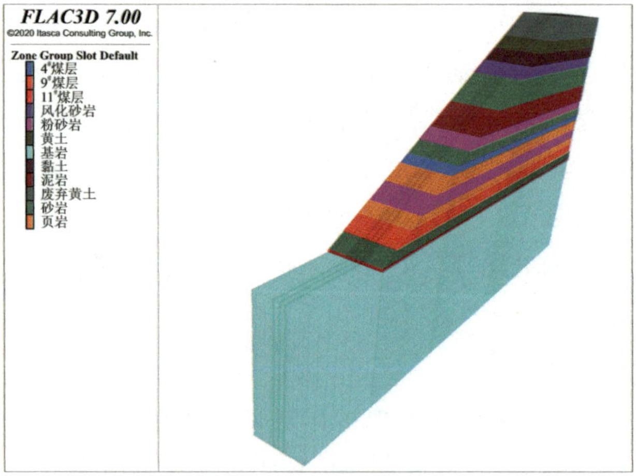

图 2-16　建立的数值模拟模型

2.5.5　计算结果与模拟验证结果分析

为验证本书基于复变函数建立并推导得到的用于计算应力、位移和塑性区分界线模型的正确性，本书用建立的模型计算了距采硐口 350 m，采硐上覆岩层高度为 141 m，硐宽为 3.5 m，留设煤柱宽度为 3 m，充填率分别为 0%和 100%，且为单硐开采和双硐开采相互影响下的煤柱及采硐围岩应力、位移以及采硐围岩塑性区分界线。此外用 FLAC^{3D} 软件对其进行建模验证。经过计算后得到如下结果，并对结果分析如下。

(1) 应力计算结果与分析

经过本书所建理论模型计算得到在单硐和双硐开采，充填率分别为 0%和 100%的煤柱及采硐围岩应力见图 2-17。经过数值模拟得到的单硐和双硐开采，且充填率分别为 0%和 100%的煤柱及采硐围岩应力(距采硐口 350 m 处的应力分布情况)见图 2-18。

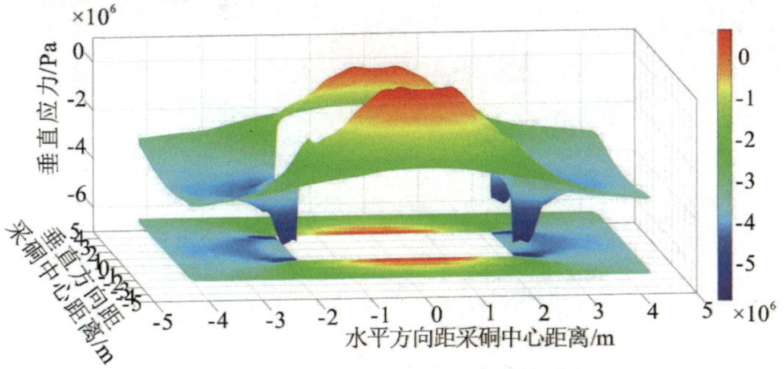

(a) 单硐开采充填率为 0%的垂直应力

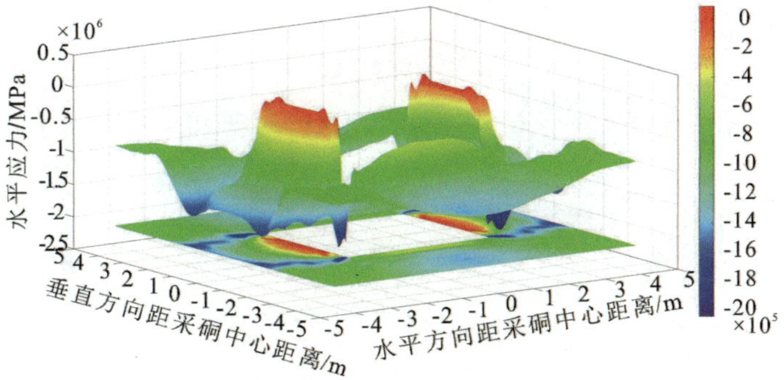

(b) 单硐开采充填率为 0%的水平应力

图 2-17　理论模型计算出的煤柱采硐围岩垂直应力与水平应力

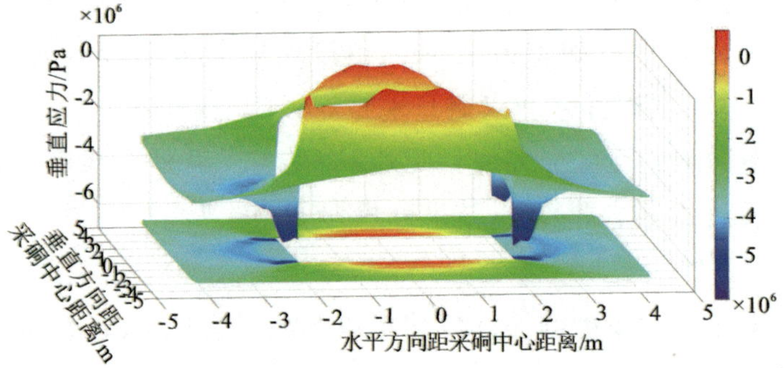

(c) 单硐开采充填率为 100%的垂直应力

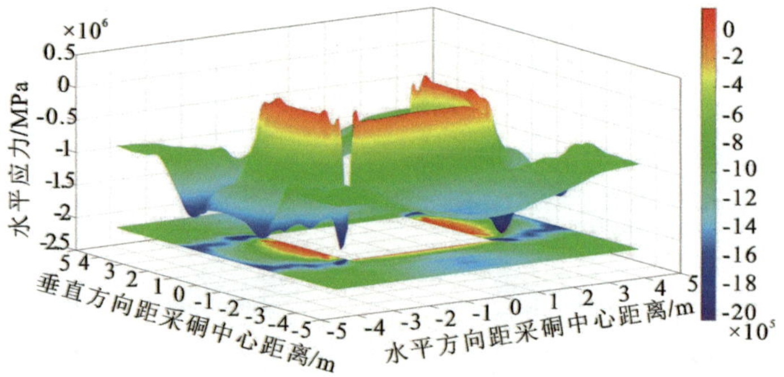

(d) 单硐开采充填率为 100%的水平应力

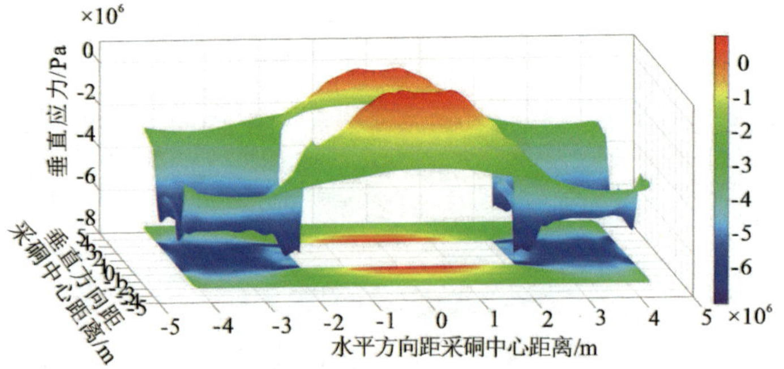

(e) 双硐开采充填率为 0%的垂直应力

图 2-17 (续)

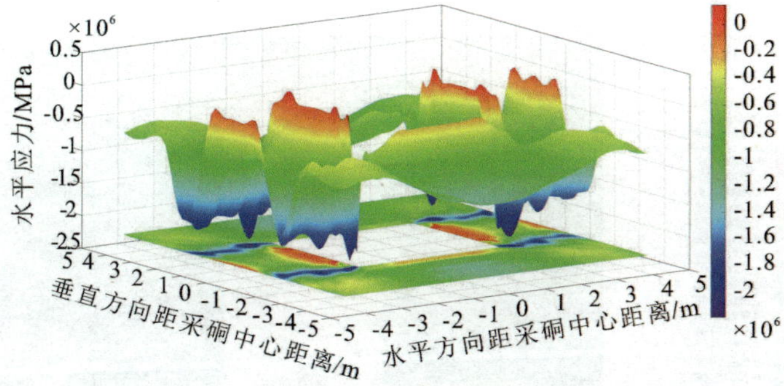

(f) 双硐开采充填率为 0%的水平应力

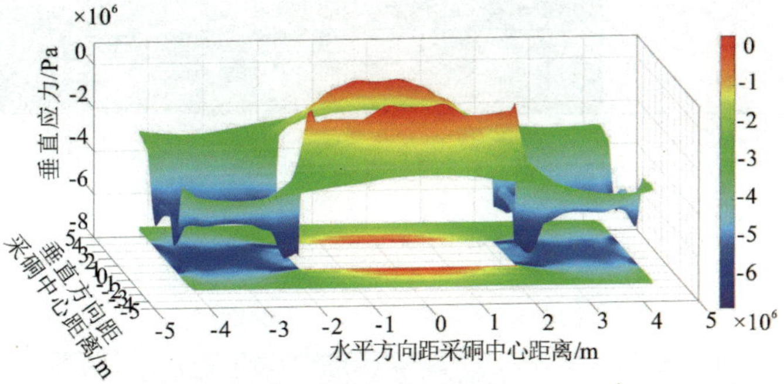

(g) 双硐开采充填率为 100%的垂直应力

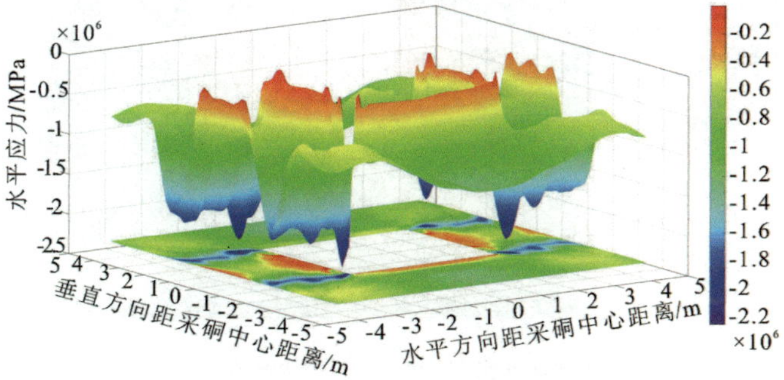

(h) 双硐开采充填率为 100%的水平应力

图 2-17(续)

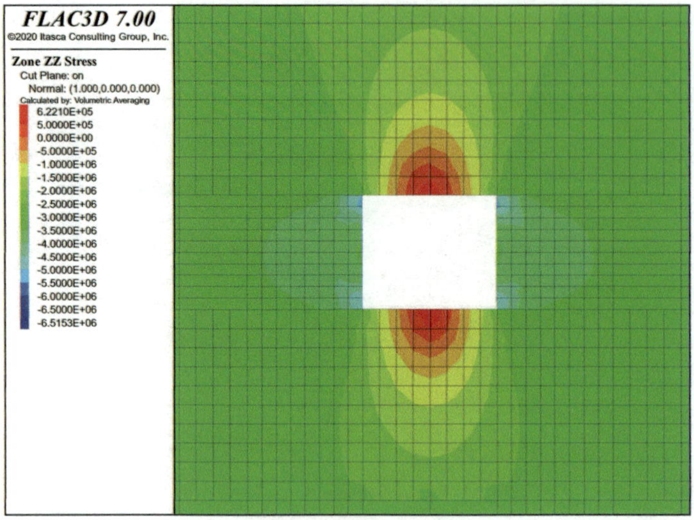

(a) 单硐开采充填率为 0%的垂直应力

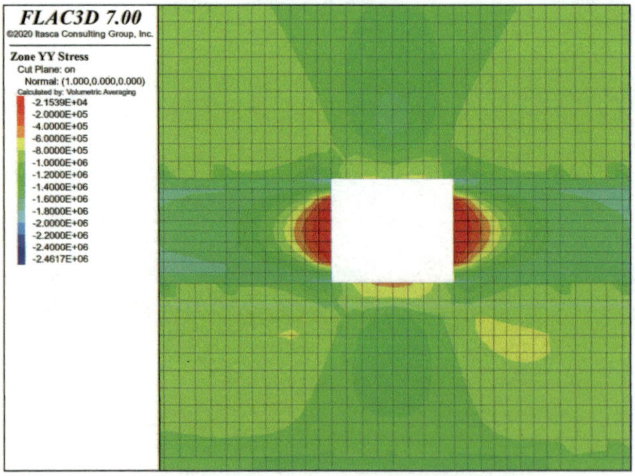

(b) 单硐开采充填率为 0%的水平应力

图 2-18 通过数值模拟得到的煤柱采硐围岩垂直应力与水平应力

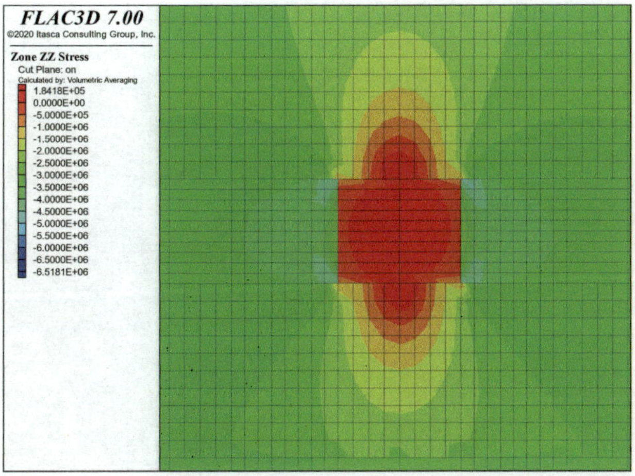

(c) 单硐开采充填率为 100%的垂直应力

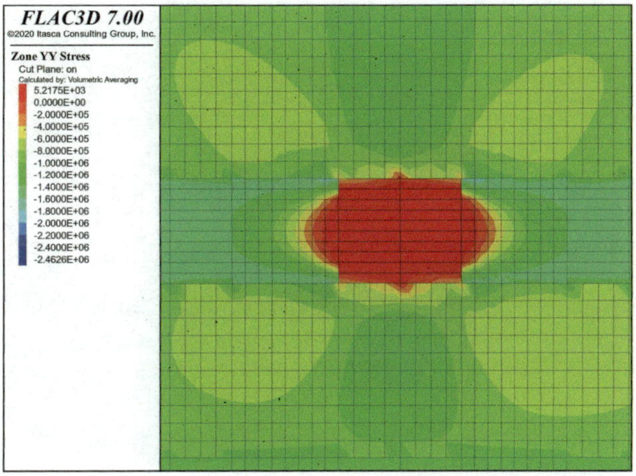

(d) 单硐开采充填率为 100%的水平应力

图 2-18（续）

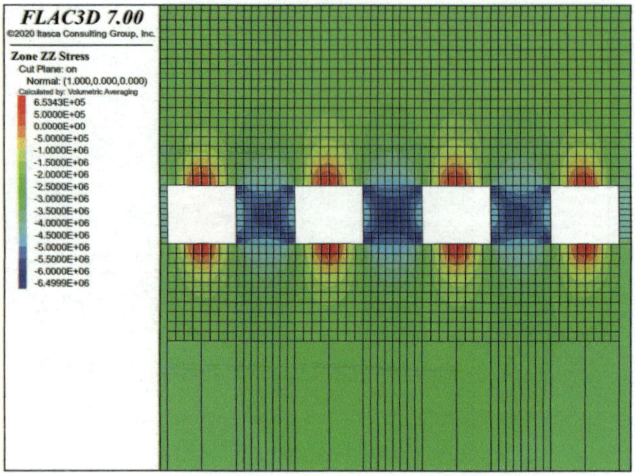

(e) 双硐开采充填率为0%的垂直应力

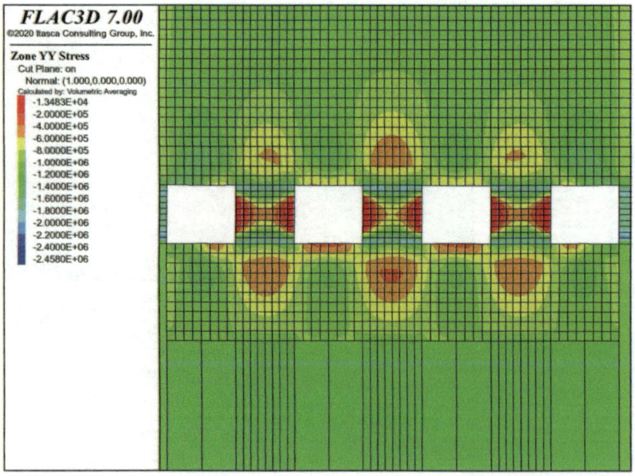

(f) 双硐开采充填率为0%的水平应力

图 2-18 (续)

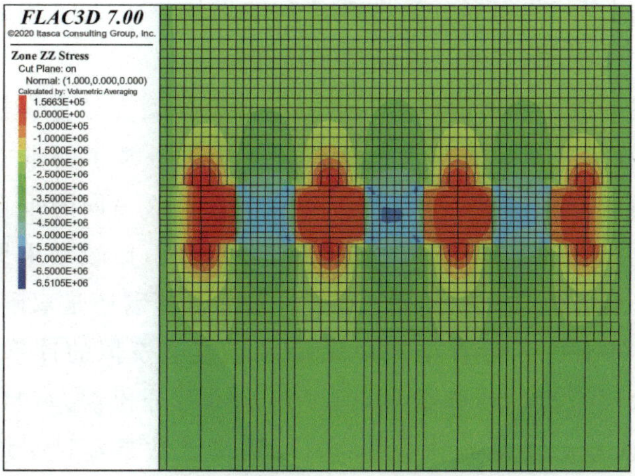

(g) 双硐开采充填率为100%的垂直应力

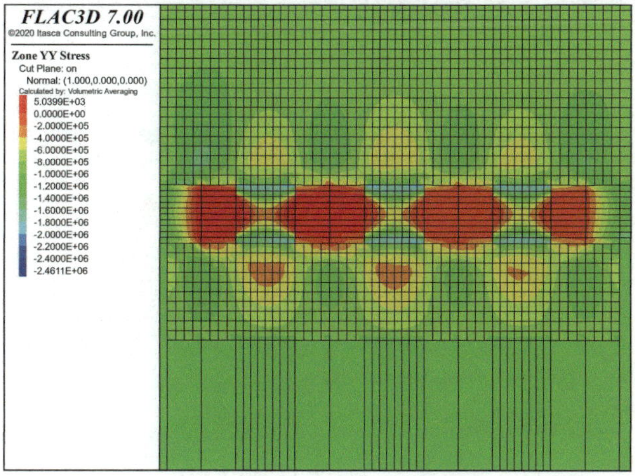

(h) 双硐开采充填率为100%的水平应力

图 2-18(续)

通过本书所建理论模型的计算结果可以看出，在开采过程中，无论是单硐开采还是双硐开采，无论充填率为0%还是充填率为100%，均会在采硐4个顶角出现应力集中，且该应力集中现象从垂直应力与水平应力两方面均有体现。同时，单硐开采煤柱采硐围岩垂直应力与水平应力均小于双硐开采。此外，在双硐开采时煤柱中出现应力先增加再减小的应力波峰，应力分布形态在平面上看呈“X”状。这些现象与结果均在图 2-18 中的数值模拟计算时出现。这说明,本书建立的模型是可靠的。

虽然上述分析已能够说明本书建立的理论模型在计算煤柱采硐围岩应力方面是正确的,但其计算精度无法确定。为进一步了解本书建立的理论模型的计算精度,本书提取了数值模拟模型采硐壁一周的垂直应力与水平应力与本书计算得的采硐壁一周的结果进行比较,比较结果见图 2-19。由图 2-19 可知,本书模型计算的垂直应力,无论是单硐还是双硐开采,无论充填率是 0%还是 100%,计算结果虽然偏大于数值模拟的计算结果,而水平位移偏小于数值模拟的计算结果,但平均绝对百分比误差(MAPE)明显在 5%左右。此误差是计算模型采用的岩层物理参数是经过平均等效为一层岩层来计算,而数值模拟则采用了原始的岩层物理参数来计算所导致的。该计算结果已明显能够满足工程实践需求。因此该结果进一步证明了本书所建立的理论模型是正确和可靠的。

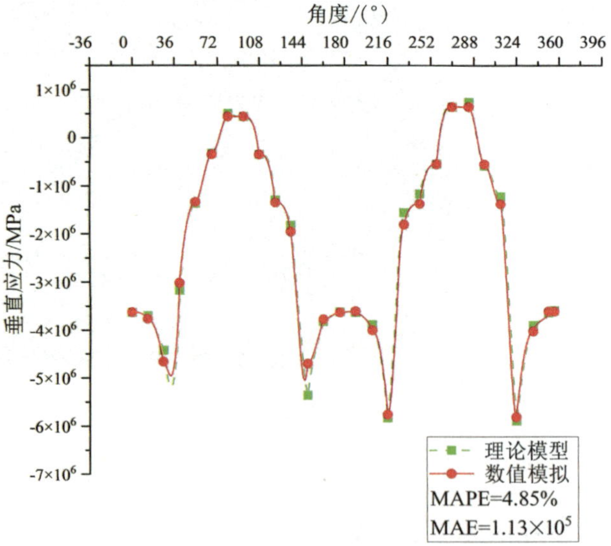

(a) 单硐开采充填率为 0%的垂直应力

图 2-19 理论模型和数值计算的采硐壁垂直应力与水平应力

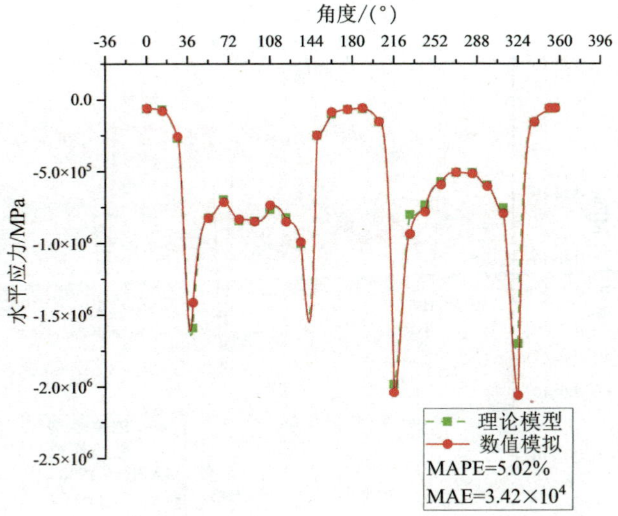

(b) 单硐开采充填率为 0%的水平应力

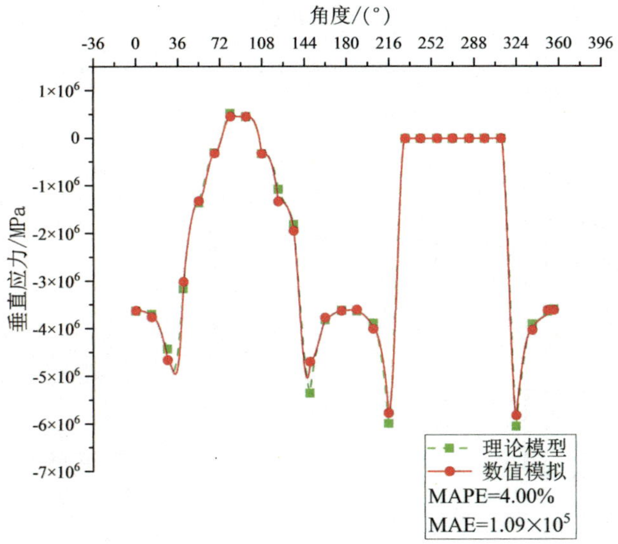

(c) 单硐开采充填率为 100%的垂直应力

图 2-19（续）

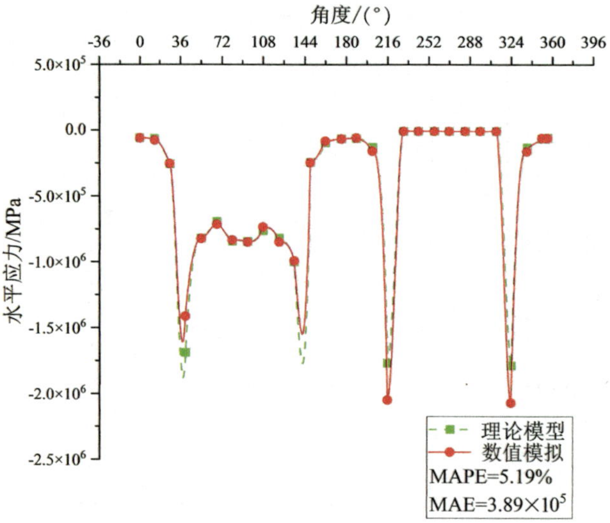

(d) 单硐开采充填率为 100%的水平应力

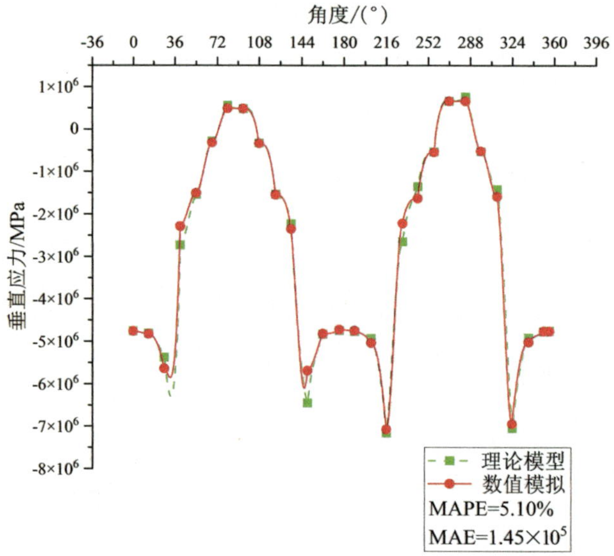

(e) 双硐开采充填率为 0%的垂直应力

图 2-19 (续)

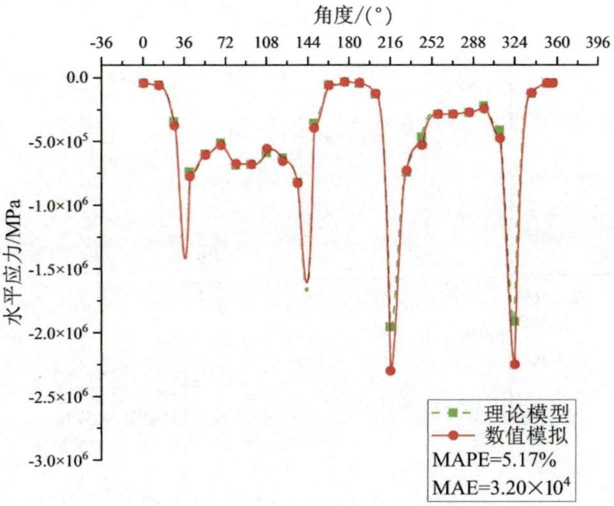

(f) 双硐开采充填率为 0%的水平应力

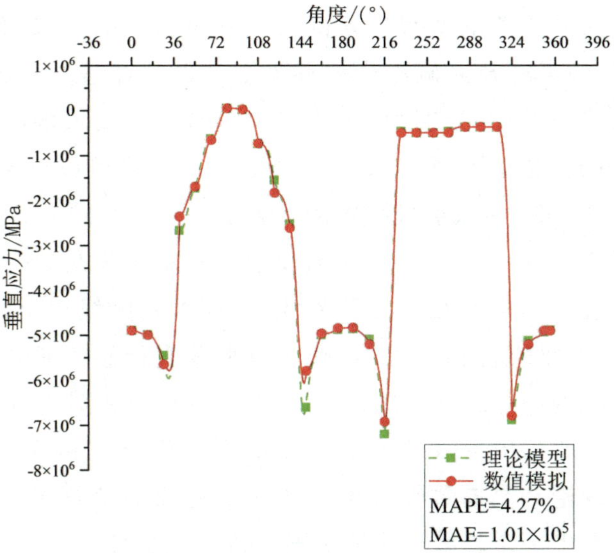

(g) 双硐开采充填率为 100%的垂直应力

图 2-19 (续)

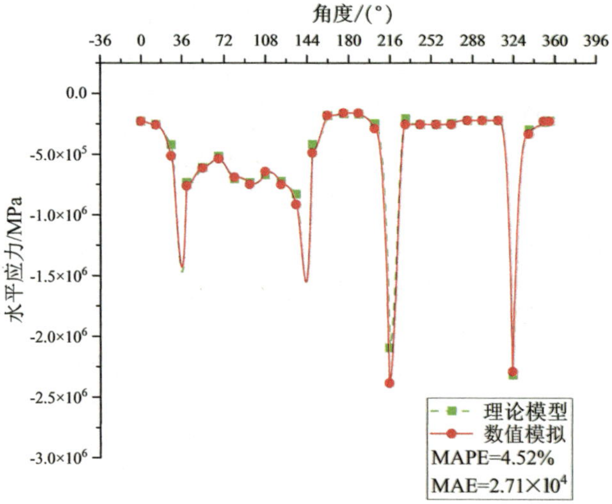

(h) 双硐开采充填率为 100%的水平应力

图 2-19（续）

(2) 位移计算结果与分析

经过本书构建的理论模型计算得到在单硐和双硐开采，且充填率分别为 0%和 100%的煤柱及采硐围岩位移见图 2-20。经过数值模拟得到的单硐和双硐开采，且充填率分别为 0%和 100%的煤柱及采硐围岩位移（距采硐口 350 m 处的位移情况）见图 2-21。通过模型结果可以看出，模型计算出的采硐位移与图 2-21 中数值模拟中的计算结果基本相同。通过图 2-20(a)、图 2-20(c)、图 2-20(e)和图 2-20(g)的模型计算结果发现，本书构建的理论模型计算的垂直位移值存在一条分界线，即在采硐腰线以下部分位移值发生突变，腰线以下垂直位移为负值，腰线以上垂直位移为正值。但是，该结果对比数值模拟的图 2-21(a)、图 2-21(c)、图 2-21(e)和图 2-21(g)，并不存在这样的现象。之所以出现这样的计算结果，是由于复变函数计算的位移，本质是基于弹性理论和具有周期性的三角函数构成的计算函数。因此，容易出现在某个点发生一定趋势变化的情况。该情况应该不会给计算结果带来较大的误差。通过图 2-20(b)、图 2-20(d)、图 2-20(f)和图 2-20(h)的模型计算结果发现，在采硐 4 个顶点附近出现较为明显的水平位移突变区域，在图中呈现类似斑点状，而在对应的图 2-21(b)、图 2-21(d)、图 2-21(f)和

图 2-21(h)并未出现该现象。之所以出现该问题应该是在基于复变函数推导出来用于计算水平位移的函数，存在极小的不可积区域。但尽管如此，也应该不会对整体计算结果造成较大的影响。

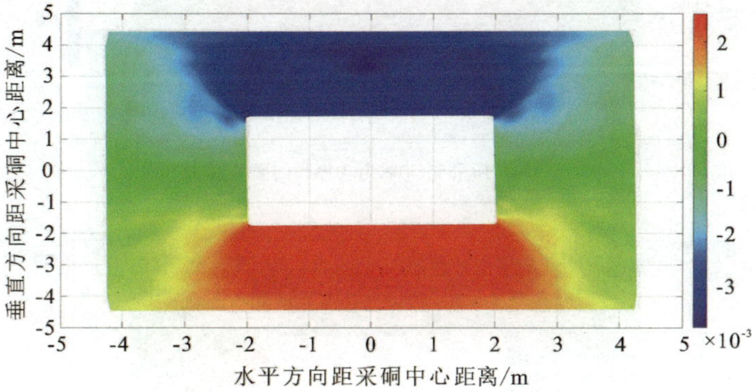

(a) 单硐开采充填率为 0%的垂直位移

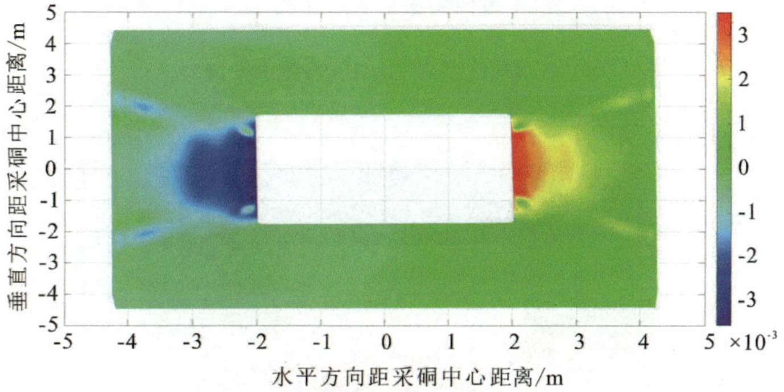

(b) 单硐开采充填率为 0%的水平位移

图 2-20　理论模型计算出的煤柱采硐围岩垂直位移与水平位移

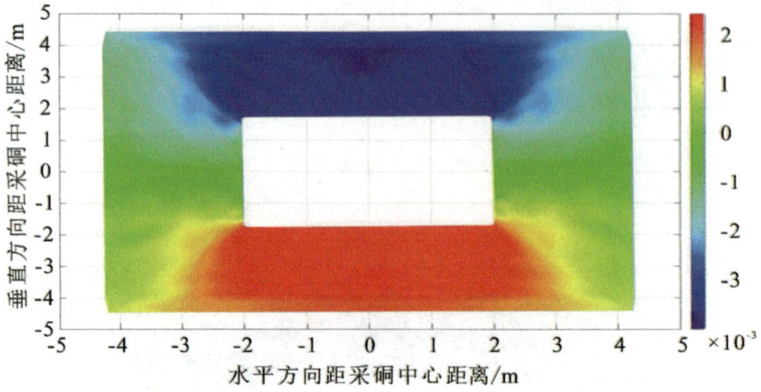

(c) 单硐开采充填率为 100%的垂直位移

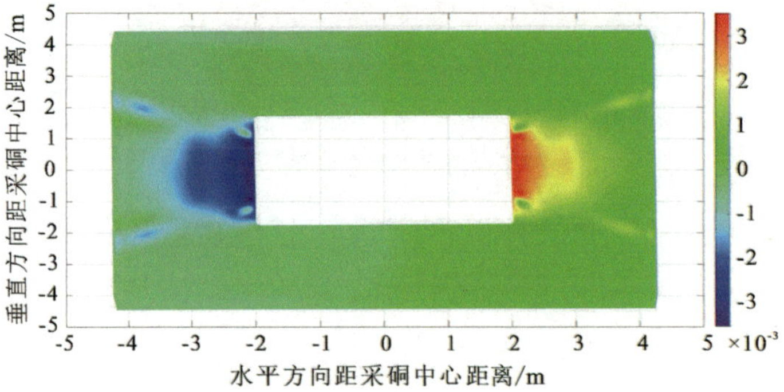

(d) 单硐开采充填率为 100%的水平位移

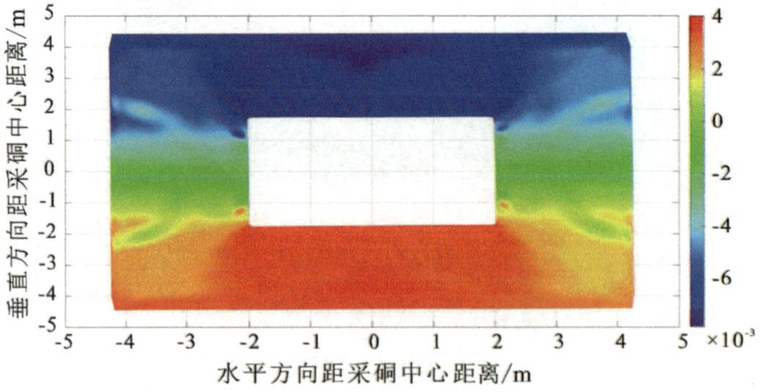

(e) 双硐开采充填率为 0%的垂直位移

图 2-20 (续)

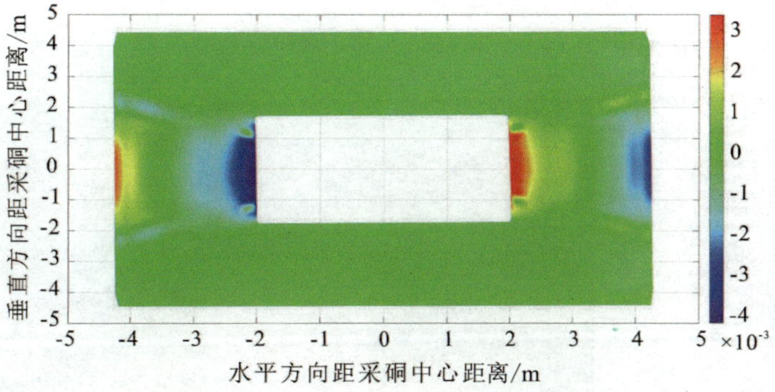

(f) 双硐开采充填率为 0%的水平位移

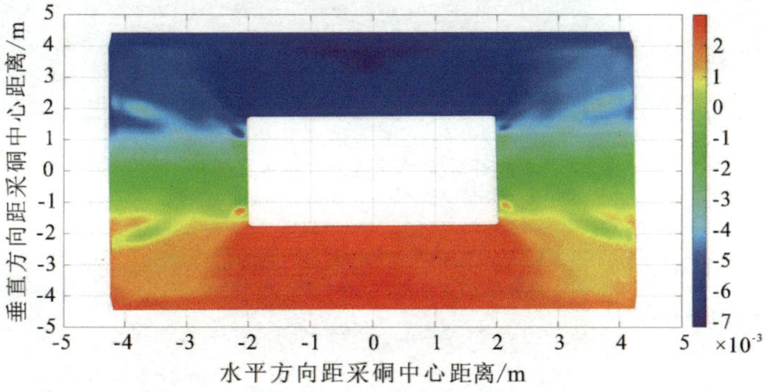

(g) 双硐开采充填率为 100%的垂直位移

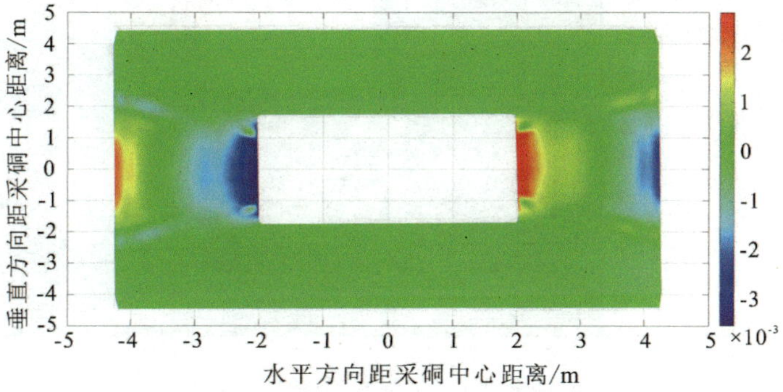

(h) 双硐开采充填率为 100%的水平位移

图 2-20（续）

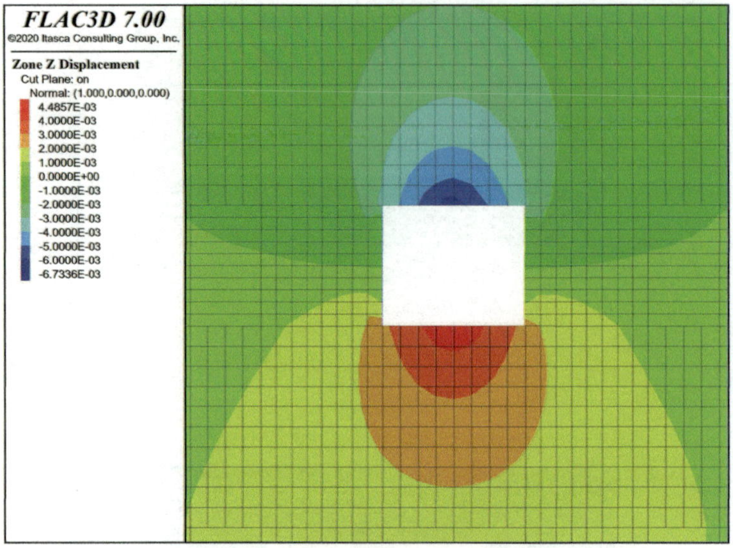

(a) 单硐开采充填率为 0%的垂直位移

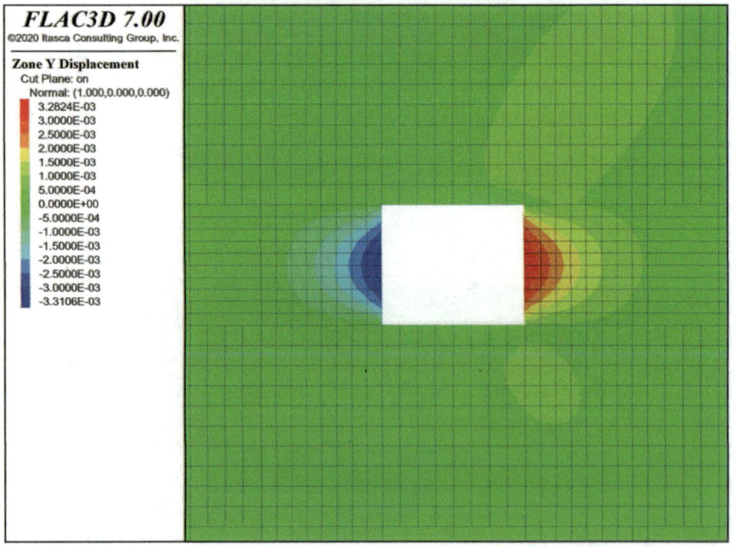

(b) 单硐开采充填率为 0%的水平位移

图 2-21 数值模拟计算出的煤柱采硐围岩垂直位移与水平位移

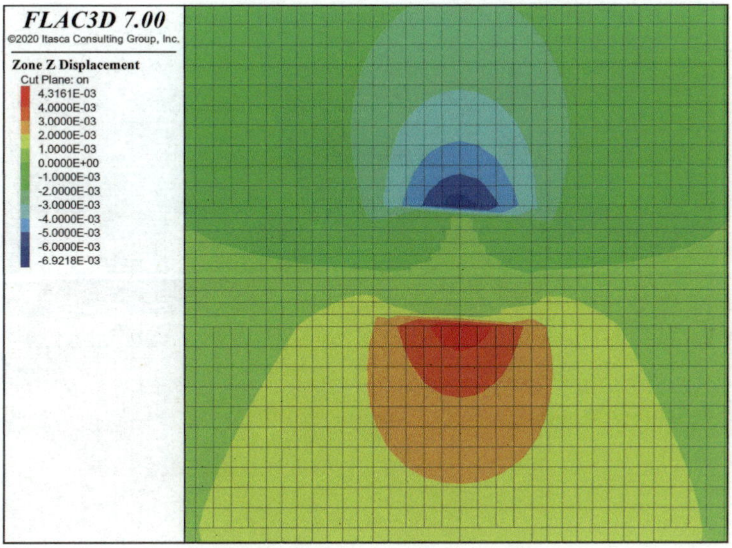

(c) 单硐开采充填率为100%的垂直位移

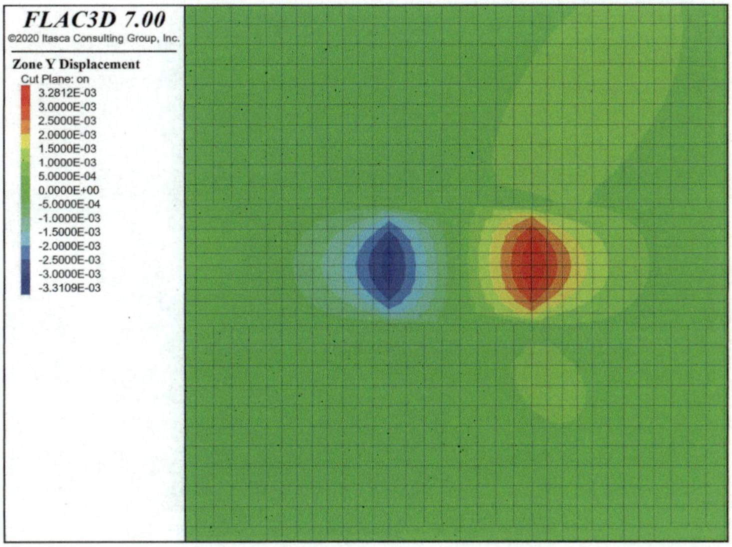

(d) 单硐开采充填率为100%的水平位移

图 2-21 (续)

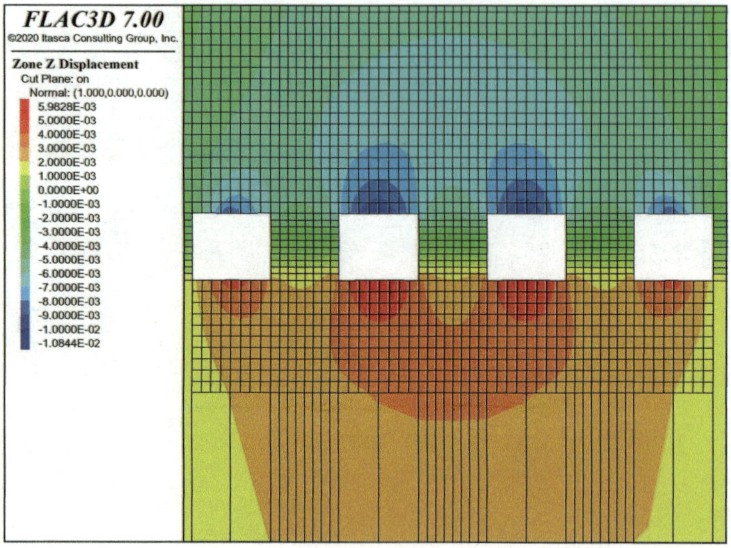

(e) 双硐开采充填率为 0%的垂直位移

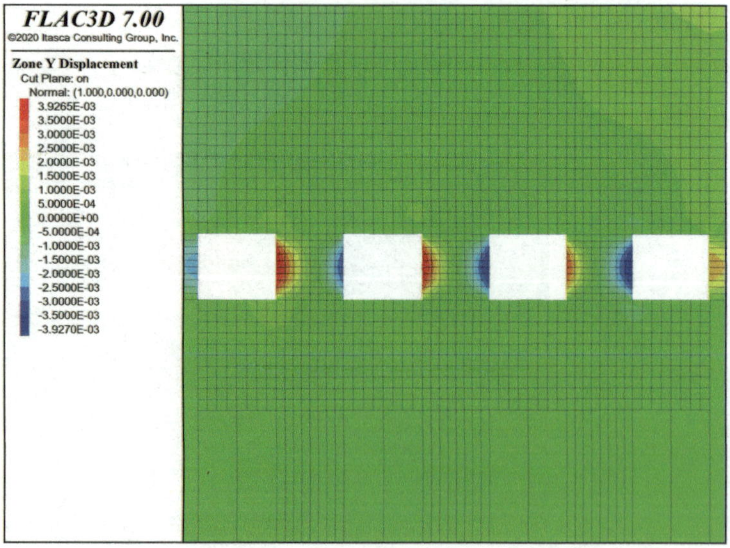

(f) 双硐开采充填率为 0%的水平位移

图 2-21 (续)

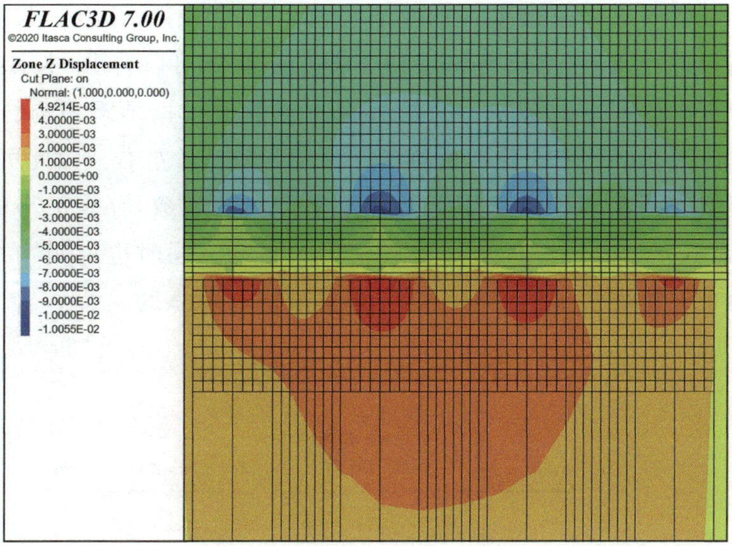

(g) 双硐开采充填率为 100%的垂直位移

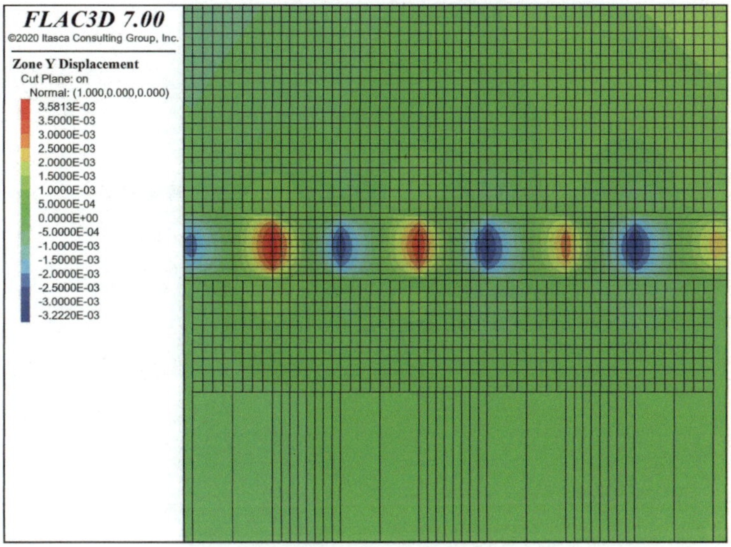

(h) 双硐开采充填率为 100%的水平位移

图 2-21(续)

为验证本书建立的理论模型计算煤柱采硐围岩位移的准确性，本书同样提取了数值模拟中采硐壁处的垂直位移与水平位移，并将其与本书模型的计算结果进行比较，结果见图 2-22。通过图 2-22 可以看出，本书的所建理论模型计算出的水平位移与垂直位移基本与数值模拟结果相吻合，且平均绝对百分比误差(MAPE)较数值模拟结果明显在 5%左右。因此可以说明，即使基于复变函数推导出来用于计算水平位移的函数，存在极小的不可积区域，但其不会对整体计算结果造成较大的影响。同时也说明本书建立的理论模型在计算煤柱采硐围岩位移方面是准确与可靠的。

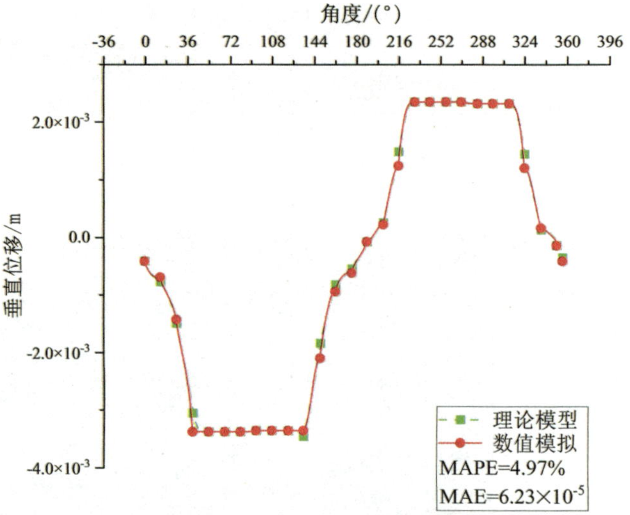

(a) 单硐开采充填率为 0%的垂直位移

图 2-22　理论模型和数值计算的采硐壁垂直应力与水平应力

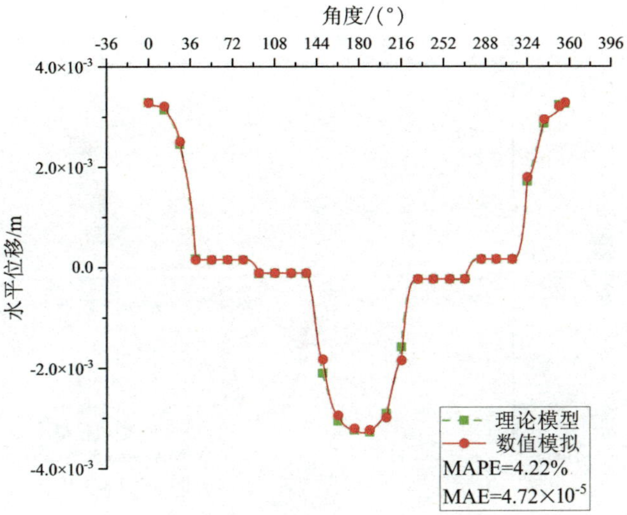

(b) 单硐开采充填率为 0%的水平位移

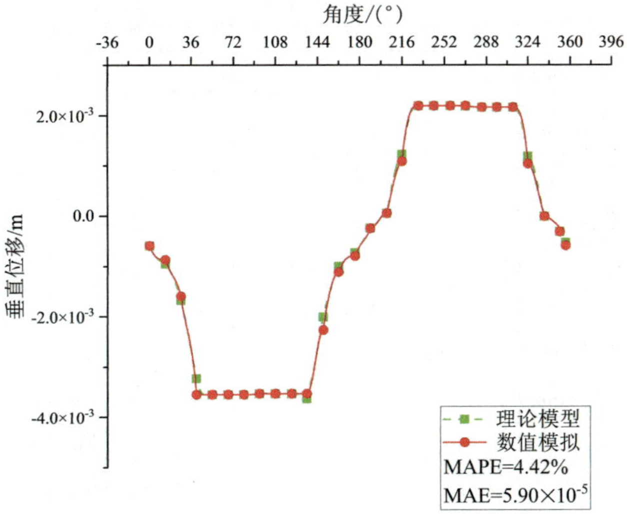

(c) 单硐开采充填率为 100%的垂直位移

图 2-22(续)

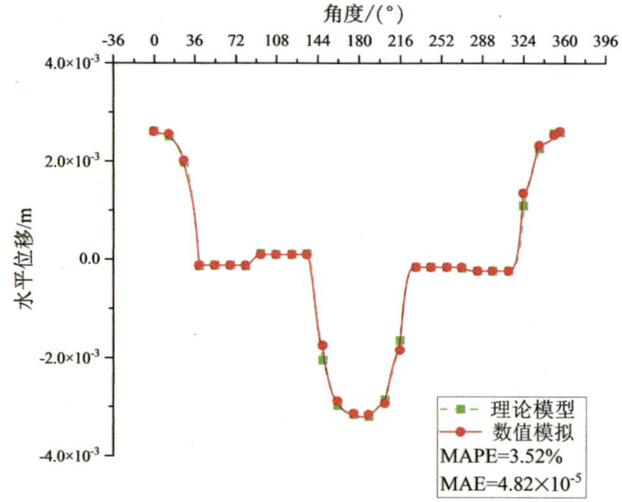

(d) 单硐开采充填率为100%的水平位移

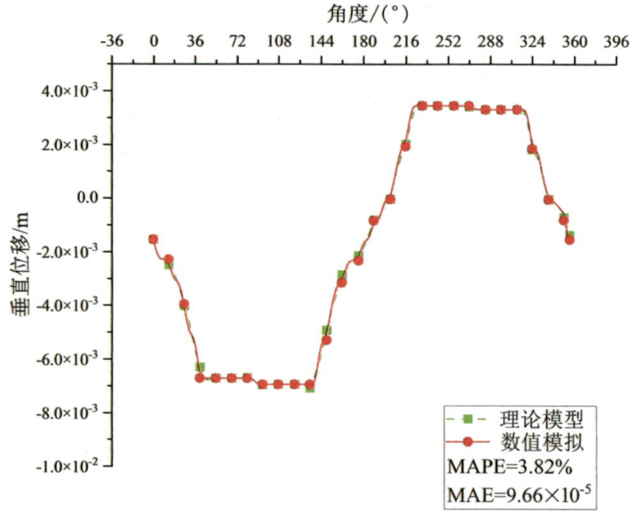

(e) 双硐开采充填率为0%的垂直位移

图 2-22（续）

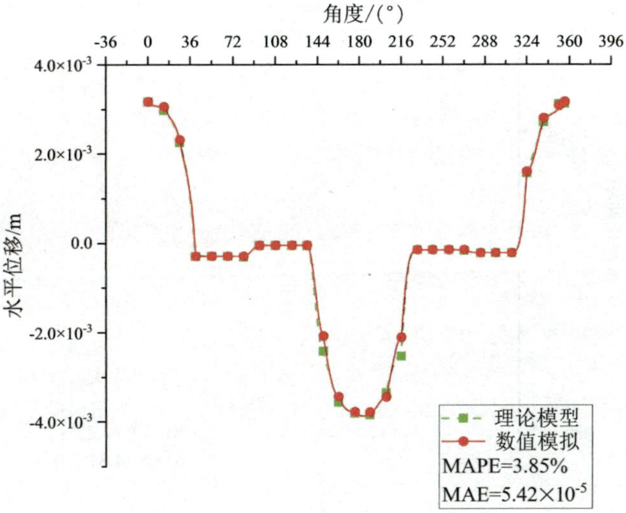

(f) 双硐开采充填率为0%的水平位移

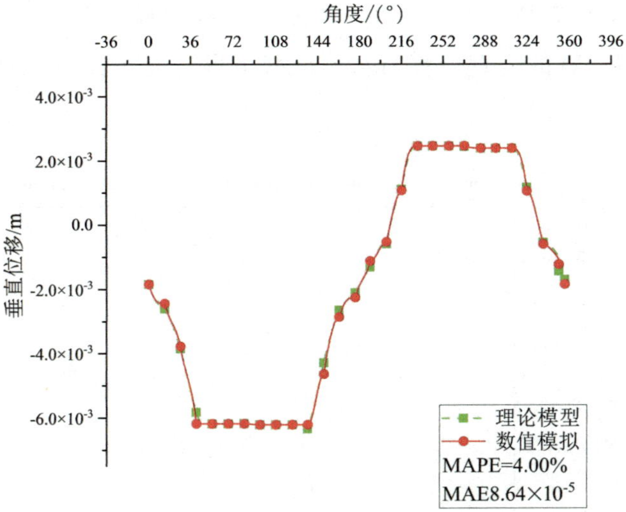

(g) 双硐开采充填率为100%的垂直位移

图 2-22(续)

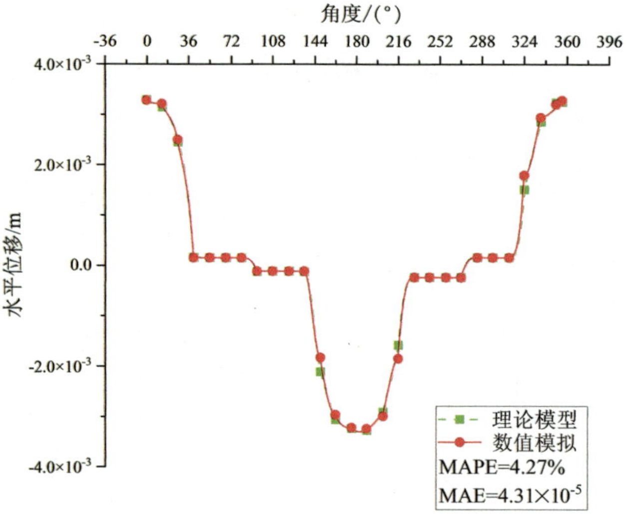

(h) 双硐开采充填率为 100%的水平位移

图 2-22 (续)

此外,为了解充填率为 0%和 100%之间的采硐壁位移区别,基于本书所建理论模型计算的垂直位移与水平位移结果进行比较,结果见图 2-23。

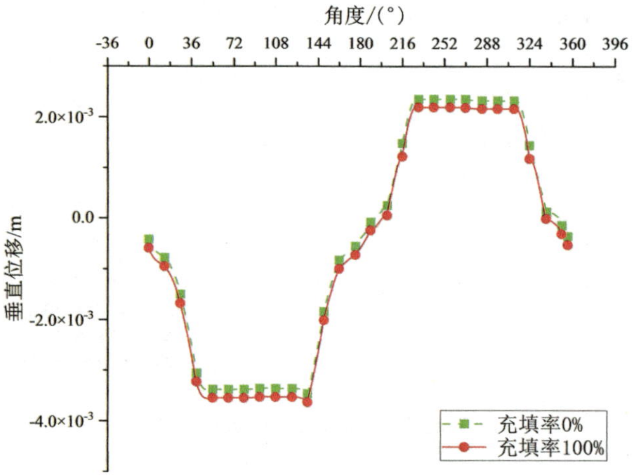

(a) 单硐开采的垂直位移

图 2-23 充填率为 0%和 100%之间的采硐壁位移比较

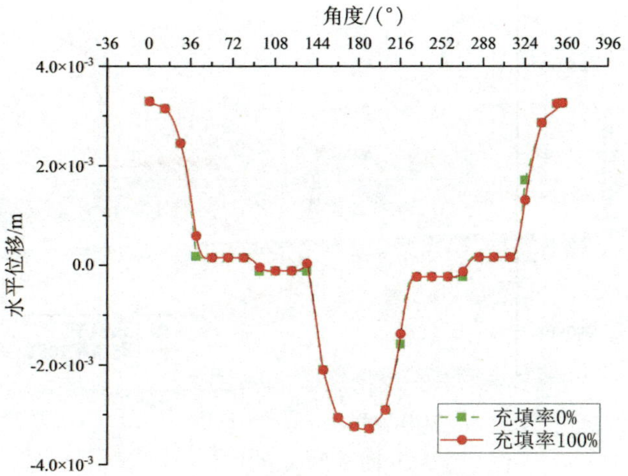

(b) 单硐开采的水平位移

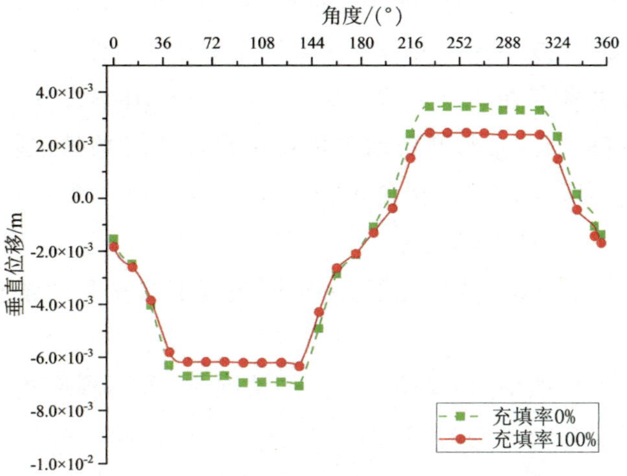

(c) 双硐开采的垂直位移

图 2-23（续）

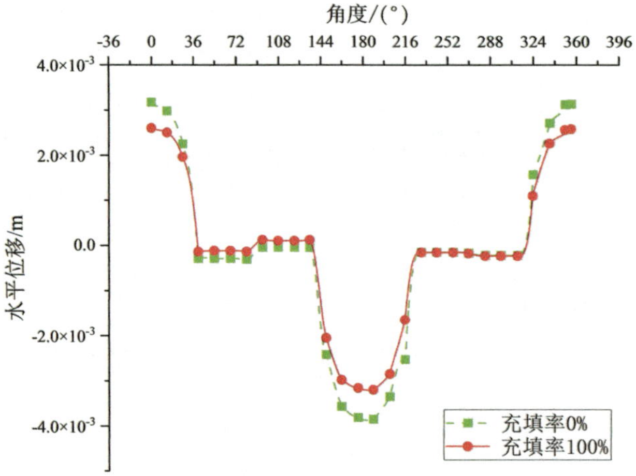

(d) 双硐开采的水平位移

图 2-23（续）

由图 2-23(a)和图 2-23(b)可知，在单硐开采充填率为 0%和 100%的情况下，采硐顶底板下沉量与两帮移进量均不存在明显差异。由图 2-23(c)和图 2-23(d)可知，在双硐开采充填率为 0%和 100%的情况下，采硐顶底板下沉量与两帮移进量存在明显差异。在单硐开采充填率为 0%和 100%的情况下，采硐顶底板下沉量与两帮移进量均不存在明显差异，是采硐较整个计算区域而言较小所导致的。在较大的开采区域开掘一个采硐，其所产生的位移量本身就小，因此充填与不充填的效果自然不明显，也因此，在单硐开采充填率为 0%和 100%的情况下，采硐顶底板下沉量与两帮移进量均不存在明显差异。

在双硐开采充填率为 0%和 100%的情况下，采硐顶底板下沉量与两帮移进量之所以存在明显差异，是因为双硐开采存在应力叠加以及采硐之间的相互影响，因此充填与不充填将存在明显差异。由图 2-23(c)和图 2-23(d)可知，在充填率为 100%的情况下，顶底板下沉量和两帮移近量明显低于充填率为 0%的情况。该结果与图 2-21(e)至图 2-21(h)的数值模拟结果相吻合。这进一步说明本书建立的理论模型在计算煤柱采硐围岩位移方面是准确与可靠的。

(3) 煤柱采硐塑性区分界线计算结果与分析

本书经过计算得到煤柱采硐塑性区分界线曲线后，为让其能够与 $FLAC^{3D}$ 软件中的塑性区分界线做比较。本书对模型计算得到的塑性区曲线进行处理，使其与 $FLAC^{3D}$ 软件的计算结果在同一坐标系下。因此，让本书模型计算得到的曲线上的每一个点均加上采硐在 $FLAC^{3D}$ 软件中的剖面基准点坐标，即(350,28.3,161.5)。

最终通过本书构建的理论模型计算得到的采硐塑性区分界线，以及通过 $FLAC^{3D}$ 软件的 zone. state 函数提取得到的充填率为 0% 和 100% 的单硐、双硐开采塑性区分界线见图 2-24。数值模拟计算得到的各条件下的塑性区分布见图 2-25。

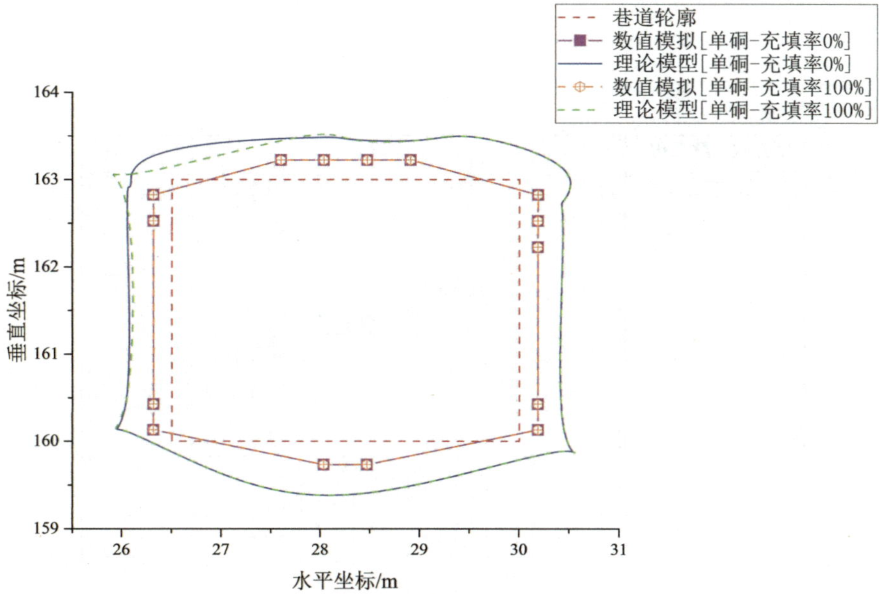

(a)

图 2-24 采硐塑性区分界线

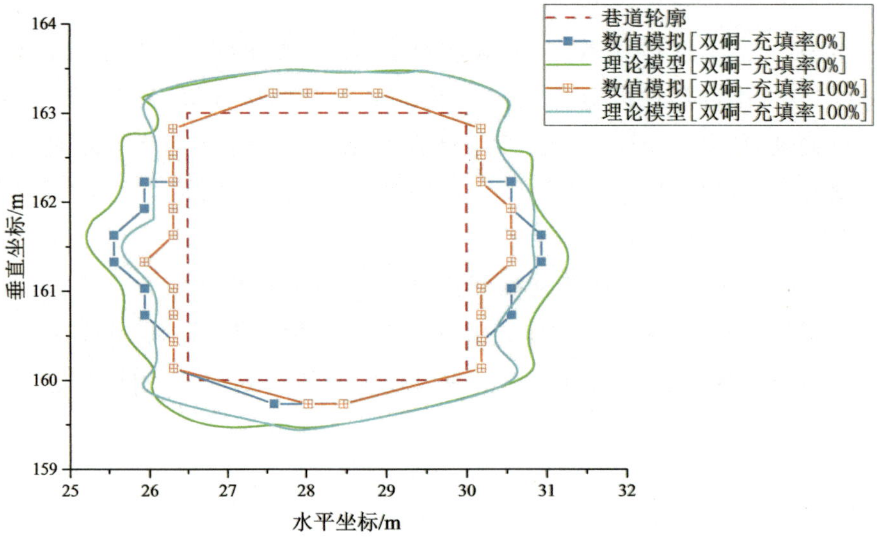

(b)

图 2-24(续)

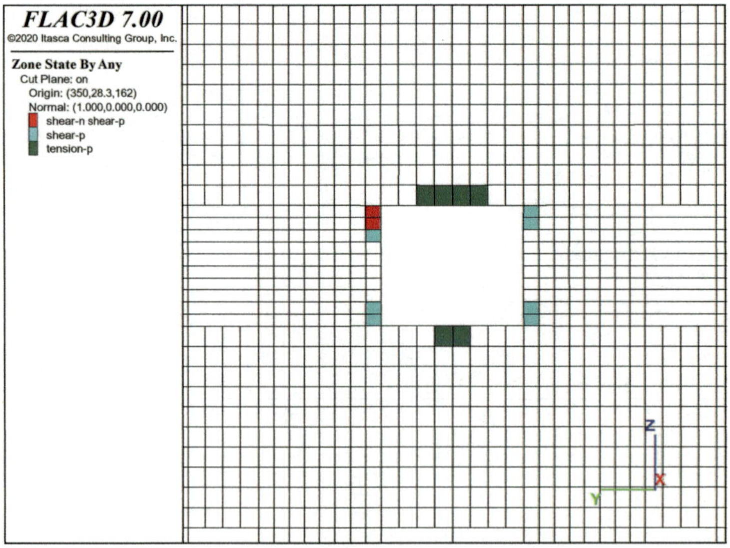

(a) 单硐开采充填率为0%的塑性区分布

图 2-25　数值模拟中的塑性区分布

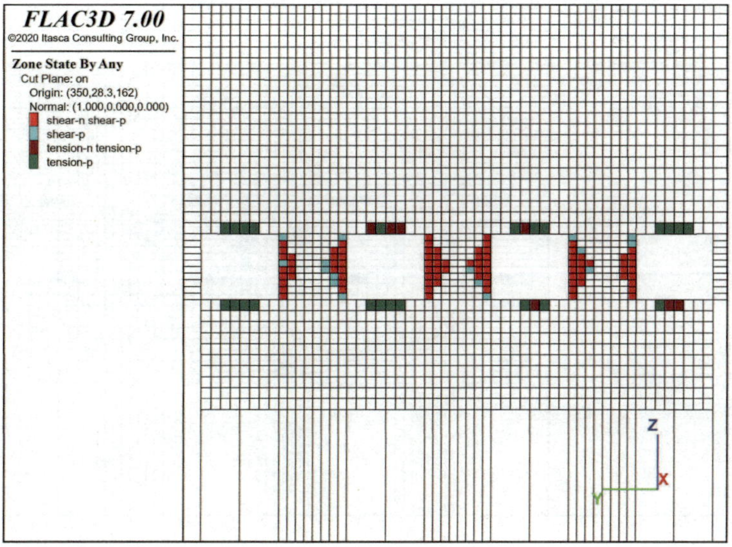

(b) 双硐开采充填率为 0%的塑性区分布

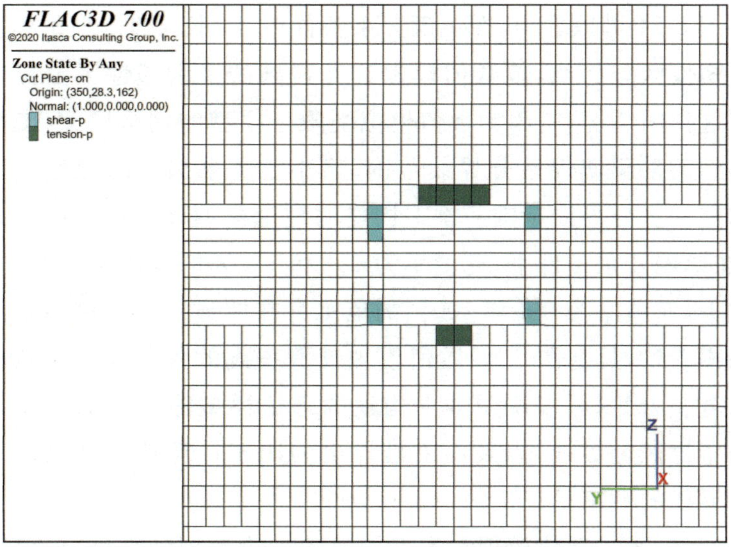

(c) 单硐开采充填率为 100%的塑性区分布

图 2-25 (续)

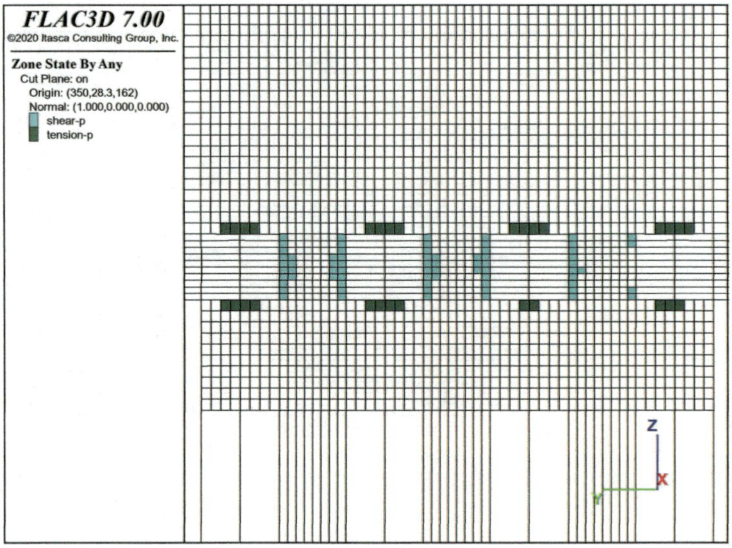

(d) 双硐开采充填率为100%的塑性区分布

图 2-25（续）

通过图 2-24 可以看出，在单硐开采条件下，本书构建的理论模型计算得到的采硐塑性区分界线，较数值模拟计算得到的采硐塑性区分界线大。之所以出现这样的情况，是因为数值模拟受限于模型的网格尺寸，使得数值模拟计算得到的采硐塑性区分界线范围，略小于本书构建的理论模型计算得到的采硐塑性区分界线范围。本书构建的理论模型计算得到的采硐塑性区分界线，在单硐开采条件下，充填率为 0%和 100%的范围基本相同；在双硐开采条件下，充填率为 0%和 100%的范围存在明显差异。该结果与上述的位移结果相一致，且与图 2-25 数值模拟计算得到的各条件下的塑性区分布结果相吻合。由此，可以说明本书构建的理论模型能够准确计算出煤柱采硐围岩的塑性区分界线，以及本书推导出的用于计算塑性区煤柱采硐围岩塑性区分界线的模型是正确的。

综上所述，经过数值模拟与本书构建的理论模型计算结果比较，本书推导建立的理论模型在计算煤柱采硐围岩应力、位移和塑性区分界线方面基本是正确与可靠的，具备一定的应用价值。

2.6 本章小结

本章介绍了复变函数基础理论，并用复变函数中的 Schwarz 交替法，对端帮充填开采中采硐围岩应力、位移解析函数问题进行了详细推导。此外，还基于复变函数弹性解，推导了用于求解矩形采硐围岩塑性破坏区分界线的隐性方程。为验证推导建立的模型的正确性，本章采用 MATLAB 数学计算和 $FLAC^{3D}$ 软件数值模拟对其进行了验证。通过验证结果得知，推导建立的理论模型计算结果与数值模拟结果基本吻合，建立的模型是正确和可靠的。

3 煤柱稳定性评估模型的建立

煤柱稳定性问题是煤炭安全生产中应关注的问题。国内外学者通过多种方式对煤柱稳定性问题进行了大量研究,并取得了一定的成果。相关研究大多从煤柱荷载和煤柱强度的角度对煤柱稳定性进行研究,并在研究过程中形成了煤柱荷载理论和煤柱强度理论两大理论。其中,比较经典的煤柱荷载理论和煤柱强度理论分别有:有效面积理论、压力拱理论等煤柱荷载理论;威尔逊两区约束理论、A. H 威尔逊理论、核区强度不等理论、大板裂隙理论和极限平衡理论等煤柱强度理论。此外,还有部分学者从能量突变角度出发,对煤柱稳定性进行研究,并提出了尖点突变煤柱失稳模型。由于端帮充填开采是在无支护条件下,通过远程操控端帮采煤机械设备对采硐内的煤炭资源进行开采,在该过程中采硐围岩与边坡稳定基本由留设煤柱控制。煤柱稳定性问题对于端帮充填开采尤为重要,故有必要对端帮充填开采条件下的煤柱稳定性进行研究。虽然目前国内专家和学者对煤柱稳定性已进行了大量的研究,并取得了一定的成果,但若直接将其应用于端帮充填开采中,恐难以反映端帮充填开采煤柱失稳的力学机理,也难以对端帮充填开采煤柱稳定性做很好的评估指导。本章鉴于端帮充填开采的特殊性,以及端帮充填开采对煤柱稳定的需求,采用板的稳定性理论中的能量方法研究端帮充填开采煤柱稳定性问题。

煤柱是“采硐顶板-煤柱-采硐底板”整体开采系统的一部分。煤柱的失稳,势必是采动影响下,让其所处的应力环境发生了变化所导致。采动影响让煤柱经历了屈服、垮落等过程,导致其具有承载能力的弹性核区变小,应力增大,进而导致煤柱屈服范围不断扩大,具有承载能力的弹性核区不断减小。当承载能力的弹性核区减小到一定程度时,则煤柱发生失稳。此外,由于端帮开采过程中采硐一般较深,留设煤柱较薄,所以此时可以将其看作一块长且薄的板,可采用板的稳定性理论中的能量方法,研究煤柱稳定性问题。本章采用板的稳定性理论中的能量方法研究煤柱稳定性问题。

3.1 建立端帮充填开采煤柱稳定性力学模型

根据端帮充填开采留设煤柱的特点，将其抽象成由简支、固定和自由边界构成的等厚度矩形薄板，并建立三维直角坐标系（z 方向垂直于 xy 面向里）。因为煤柱一般在煤柱顶底板处强度较弱，且存在由于尺寸效应带来的应力集中较容易发生破坏的现象，所以将煤柱模型的上下边界假设成简支约束边界。模型的右边界为采硐最深处与实体煤相连接，对位移有约束作用，故此将其假设为固支端约束边界。模型的左端为煤柱边坡坡面的外露面，对位移不具约束作用，所以将其设置为自由边界。由于边坡一般呈类似三角形形态，则假设在煤柱上边界受到沿 x 轴的三角荷载，设置该最大荷载为 σ_s。此外，设沿煤柱宽度方向即 z 方向，应力大小不变。设煤柱长度，即采硐深度为 l，煤柱高度为 h，煤柱宽度为 a，煤柱弹性核区宽度为 t，充填体给煤柱提供的侧向应力为 p。其中，当充填率小于 100%时，p 为被动土压力，充填率为 100%时，p 为主动土压力。简化的模型见图 3-1。

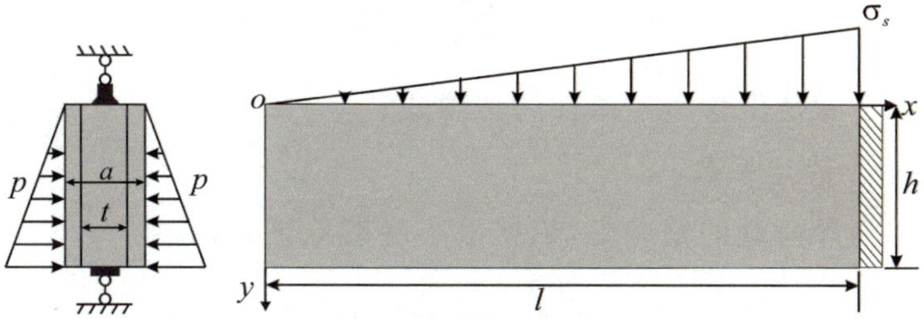

图 3-1 简化的模型

3.2 煤柱稳定性评估模型求解思路

基于板的稳定性理论中的能量方法，建立煤柱稳定性评估模型的思路是，采用能量法求解煤柱的临界荷载。其中，先假设煤柱在一定的荷载下处于平面平衡状态，然后判断其是否稳定，即考虑在施加某一侧向干扰应力进入邻近的某一微弯的平衡状态后，撤去该干扰应力，判断其能否恢复到原来的平衡状态。若不能恢复，则认为之前的状态为处于失稳状态的平衡；若能够恢复，则认为之前的状态处于稳定的平衡状态。该过程从能量角度来解释，则为进入弯曲平衡状态时，势能是否增加的问题。若势能增加，则煤柱处于稳定的平衡状态，因为该状态下势能为极小值；若势能减少，则煤柱处于不稳定的平衡状态，因为该状态下势能为极大值；若势能不变，则处于极限平衡状态，因为该状态下势能的减小恰好等于形变势能的增加，形变势能的增加是煤柱形变过程中荷载所做的功，所以此时的荷载为临界荷载。也因此，可以用能量法求解临界荷载。由此，用能量方法求解临界荷载的条件为：煤柱从平面平衡状态进入邻近的某一弯曲平面状态时，荷载所做的功 W 等于煤柱形变势能的增加，形变势能的增加等于煤柱全部弯曲的形变势能 V_ε。该过程功能方程为：

$$V_\varepsilon - W = 0 \tag{3-1}$$

由于在挠度问题中，形变势能与荷载做功均与挠度 $\bar{\omega}$(即，煤柱形变量)相关。因而可认为煤柱在微弯状态下的挠度方程为满足位移边界条件的多项式，如：

$$\bar{\omega} = \sum_{m=1}^{\infty} A_m \chi_m \tag{3-2}$$

式中 χ_m——满足位移边界条件的多项式；

A_m——待定系数。

为得到临界荷载的精确解，依据最小势能原理，可得：

$$\frac{\partial (V_\varepsilon - W)}{\partial A_m} = 0 \tag{3-3}$$

由式(3-3)可得 m 个关于 A_m 的齐次线性方程，此时为使挠度 $\bar{\omega}$ 具有非零解，则须令 A_m 同样具有非零解，所以 m 个关于 A_m 的齐次线性方程组行列式须为 0。这样就可以推导出关于临界荷载的方程，进而确定临界荷载。由此可以判断，当作用于煤柱上方的荷载大于临界荷载时，则认为煤柱发生失稳。鉴于目前主要通过安全系数(Fos)直观体现煤柱的稳定性，所以可将临界荷载 σ_s 除以煤柱上方荷载 σ_m。通过此，即可得到以安全系数(Fos)为评估标准指标的煤柱稳定性评估模型，并通过上述的求解过程，最终得到煤柱稳定性评估模型。

3.3 推导求解煤柱稳定性评估模型

在 3.2 中，已对求解煤柱稳定性评估模型的思路进行了简要的叙述，现按照上述思路，利用能量方法推导求解煤柱稳定性评估模型。

图 3-1 中，煤柱的上下两边为简支约束边界，左边为自由边界，右边为固支约束，因此矩形煤柱必满足边界条件：

$$\begin{cases} \tilde{\omega}_{x=l}=0, \quad \left.\dfrac{\partial \tilde{\omega}}{\partial x}\right|_{x=l}=0, \quad M_{x=0}=0, \quad V_{x=0}=0 \\ \tilde{\omega}_{y=0}=0, \quad \tilde{\omega}_{y=h}=0, \quad M_{y=0}=0, \quad M_{y=h}=0 \end{cases} \tag{3-4}$$

此时可设煤柱的挠度表达式为：

$$\tilde{\omega} = \sum_{m=1}^{\infty} A_m x^4 \left(\frac{x-l}{l}\right)^{m+1} \sin\left(\frac{y}{h}\pi\right) \tag{3-5}$$

对式(3-5)取两项式，则得到可得到式(3-6)。由于式(3-6)能够满足煤柱所有位移边界，且能够满足煤的内力边界条件，即煤柱上下边界处的弯矩为 0，而右边界处弯矩和剪力均不为 0。因此，煤柱的挠度表达式可为：

$$\tilde{\omega}=A_1 x^4 \left(\frac{x-l}{l}\right)^2 \sin\frac{y}{h}+A_2 x^4 \left(\frac{x-l}{l}\right)^3 \sin\frac{y}{h} \tag{3-6}$$

对式(3-6)求偏导可得：

$$\frac{\partial \tilde{\omega}}{\partial x}=[(2l-3x)2lA_1-(4l-7x)(l-x)A_2](l-x)l^{-3}x^3\sin\left(\frac{y}{h}\pi\right) \tag{3-7}$$

$$\frac{\partial^2 \tilde{\omega}}{\partial x^2}=[6(A_1-A_2)l^3+10(3A_2-2A_1)l^2x+$$
$$15(A_1-3A_2)lx^2+21A_2x^3]2x^2l^{-3}\sin\left(\frac{\pi y}{h}\right) \tag{3-8}$$

$$\frac{\partial \tilde{\omega}}{\partial y}=\pi h^{-1}l^{-3}x^4(l-x)^2[A_1 l+A_2(x-l)]\cos\left(\frac{\pi y}{h}\right) \tag{3-9}$$

$$\frac{\partial^2 \tilde{\omega}}{\partial y^2}=-\pi^2 h^{-2}l^{-3}x^4(l-x)^2[A_1 l+A_2(x-l)]\sin\left(\frac{\pi y}{h}\right) \tag{3-10}$$

$$\frac{\partial \tilde{\omega}}{\partial x\partial y}=\pi h^{-1}l^{-3}x^3(l-x)[2A_1 l(2l-3x)-A_2(4l-7x)(l-x)]\cos\left(\frac{\pi y}{h}\right) \tag{3-11}$$

$$\begin{cases} V_\varepsilon = \dfrac{D}{2}\iint\left[\left(\dfrac{\partial^2\tilde{\omega}}{\partial x^2}\right)^2 + \left(\dfrac{\partial^2\tilde{\omega}}{\partial y^2}\right)^2 + 2\mu\dfrac{\partial^2\tilde{\omega}}{\partial x^2}\dfrac{\partial^2\tilde{\omega}}{\partial y^2} + 2(1-\mu)\left(\dfrac{\partial^2\tilde{\omega}}{\partial x\partial y}\right)\right]\mathrm{d}x\mathrm{d}y \\ D = \dfrac{Et^3}{12(1-\mu^2)} \end{cases} \tag{3-12}$$

式中 E——弹性模量，GPa；

μ——泊松比；

t——煤柱弹性核区宽度，m。

将式(3-7)至式(3-11)代入矩形煤柱的形变势能表达式(3-12)，求其积分可得到式(3-13)。

$$V_\varepsilon = \frac{Dl^5}{180\ 180h^3}[312h^4(33A_1^2 - 11A_1A_2 + 3A_2^2) + 4h^2l^2\pi^2(65A_1^2 - 39A_1A_2 + 9A_2^2) + l^4\pi^4(7A_1^2 - 5A_1A_2 + A_2^2)] \tag{3-13}$$

由于煤柱所受荷载如图 3-1 所示，因此其面内应力分布可表示为：

$$\begin{cases} \sigma_x = p \\ \sigma_y = \dfrac{\sigma_s x}{l} \\ \tau_{xy} = 0 \end{cases} \tag{3-14}$$

由式(3-14)可将煤柱面内力写成：

$$\begin{cases} N_x = -pt \\ N_y = -\dfrac{\sigma_s t x}{l} \\ N_{xy} = 0 \end{cases} \tag{3-15}$$

将式(3-7)至式(3-14)代入煤柱面内力公式(3-15)，求其积分可得：

$$W = -\frac{1}{2}\iint N_x\left(\frac{\partial\tilde{\omega}}{\partial x}\right)^2 + N_y\left(\frac{\partial\tilde{\omega}}{\partial y}\right)^2 + 2N_{xy}\frac{\partial\tilde{\omega}}{\partial x}\frac{\partial\tilde{\omega}}{\partial y}\mathrm{d}x\mathrm{d}y \tag{3-16}$$

$$W = \frac{[32pth^2l^7(65A_1^2 - 39A_1A_2 + 9A_2^2) + 3l^9\pi^2 t\sigma_s(24A_1^2 - 16A_1A_2 + 3A_2^2)]}{2\ 882\ 880h} \tag{3-17}$$

令$\dfrac{\partial(V_\varepsilon - W)}{\partial A_1} = 0$，则有：

$$\frac{\partial(V_\varepsilon - W)}{\partial A_1} = A_1\left[\frac{Dl^5(10\ 296h^4 + 260h^2l^2\pi^2 + 7l^4\pi^4)}{90\ 090h^3} - \right.$$

$$\frac{tl^7(260pth^2+9t\sigma_s l^2\pi^2)}{180\ 180h}\Bigg]+$$

$$A_2\left[\frac{tl^7(26ph^2+\sigma_s l^2\pi^2)}{60\ 060h}-\frac{Dl^5(3\ 432h^4+156h^2l^2\pi^2+5l^4\pi^4)}{180\ 180h^3}\right]=0 \tag{3-18}$$

令$\frac{\partial(V_\varepsilon-W)}{\partial A_2}=0$,则有:

$$\frac{\partial(V_\varepsilon-W)}{\partial A_2}=A_1\Bigg[\frac{tl^7(26ph^2+\sigma_s l^2\pi^2)}{60\ 060h}-$$

$$\frac{Dl^5(3\ 432h^4+156h^2l^2\pi^2+5l^4\pi^4)}{180\ 180h^3}\Bigg]+$$

$$A_2\left[\frac{Dl^5(936h^4+36h^2l^2\pi^2+l^4\pi^4)}{90\ 090h^3}-\frac{tl^7(32ph^2+\sigma_s l^2\pi^2)}{160\ 160h}\right]=0 \tag{3-19}$$

由式(3-18)和式(3-19)易知,式(3-18)和式(3-19)是关于 A_1 和 A_2 的齐次线性方程,为使挠度函数 $\bar{\omega}$ 有非 0 解。因此 A_1 和 A_2 须有非零解,所以让(3-18)和式(3-19)组成的方程组系数行列式等于 0。为计算方便,设(3-18)和式(3-19)组成的关于 A_1 和 A_2 的方程组的系数为:

$$X_1=\frac{Dl^5(10\ 296h^4+260h^2l^2\pi^2+7l^4\pi^4)}{90\ 090h^3}-\frac{tl^7(260pth^2+9t\sigma_s l^2\pi^2)}{180\ 180h} \tag{3-20}$$

$$X_2=\frac{tl^7(26ph^2+\sigma_s l^2\pi^2)}{60\ 060h}-\frac{Dl^5(3\ 432h^4+156h^2l^2\pi^2+5l^4\pi^4)}{180\ 180h^3} \tag{3-21}$$

$$X_3=\frac{tl^7(26ph^2+\sigma_s l^2\pi^2)}{60\ 060h}-\frac{Dl^5(3\ 432h^4+156h^2l^2\pi^2+5l^4\pi^4)}{180\ 180h^3} \tag{3-22}$$

$$X_4=\frac{Dl^5(936h^4+36h^2l^2\pi^2+l^4\pi^4)}{90\ 090h^3}-\frac{tl^7(32ph^2+\sigma_s l^2\pi^2)}{160\ 160h} \tag{3-23}$$

则:

$$\begin{vmatrix} X_1 & X_2 \\ X_3 & X_4 \end{vmatrix}=0 \tag{3-24}$$

求解式(3-25)的方程,则可得煤柱稳定性临界荷载:

$$\sigma_s=\frac{1}{3\ 000\pi^2h^2l^4t}\{25\ 896Dh^4+5\pi^4Dl^4-198h^2l^2(pth^2-2D\pi^2)-$$

$$[D^2(456\ 446\ 016h^8+9\ 427\ 392\pi^2h^6l^2+46\ 368\pi^4h^4l^4+$$

$$56\pi^6h^2l^6+l^8\pi^6)-4Dpth^4l^2(1\ 178\ 424h^4+$$
$$12\ 996\pi^2h^2l^2+7\pi^4l^4)+12\ 996p^2t^2h^8l^4]^{\frac{1}{2}}\} \tag{3-25}$$

式中 h——煤柱高度，m；

l——开采深度，m；

D——抗弯刚度，N·m^2；

p——充填体为煤柱提供的侧向应力，充填率小于 100%时，p 为被动土压力，计算公式见式(2-128)；充填率为 100%时，p 为主动土压力，计算公式见式(2-129)；

t——煤柱弹性核区宽度。

设煤柱上覆岩层荷载为 σ_m，则端帮充填开采煤柱稳定性系数 Fos 为：

$$Fos=\frac{\sigma_s}{\sigma_m} \tag{3-26}$$

端帮开采中，为确保端帮稳定，一般要求煤柱安全系数 Fos 大于1.3[81]。所以当 Fos 大于 1.3 时认为煤柱稳定，当 Fos 小于 1.3 时则认为煤柱处于危险状态。此外，有文献表明煤柱弹性核区率(即，煤柱弹性区宽度在煤柱中的占比)达 65%以上时，煤柱处于稳定状态，一旦煤柱弹性核区率低于 65%时，煤柱会发生失稳[43,82]。因此，可将这两个条件结合起来，以形成最终的煤柱稳定性评估模型。因此，评估端帮充填开采煤柱是否稳定，须从两方面进行评估：① 安全系数 Fos 是否大于 1.3；② 煤柱弹性核区率是否在 65%以上。最终通过此，形成端帮充填开采煤柱稳定性评估模型。

3.4 煤柱稳定性评估模型的合理性验证

3.4.1 验证思路

在上述研究中，虽然已经通过理论分析和数学推导得到了端帮充填开采煤柱稳定性评估模型，但模型的合理性有待验证。一般对评估模型的最好验证方式是现场应用与实践，但鉴于目前国内外基本没有端帮充填开采工作面，甚至关于端帮充填开采实践的研究也鲜有报道。所以，本章采用相关报道中的端帮非充填开采实践工作面参数及其相关参数，对本章提出并建立的端帮充填开采煤柱稳定性评估模型的合理性进行验证。非充填条件下的端帮开采,其本质是一种充填率为 0%的特殊端帮充填开采。此外,本章建立的模型不仅适用于评估充填条件下的端帮开采煤柱稳定性,还在建立模型时将充填率为 0%的特殊端帮充填开采条件考虑在内,使其适用于评估充填率为 0%的特殊端帮充填开采。故,本章采用相关报道中的端帮非充填开采实践工作面参数及其相关参数,对本章提出并建立的端帮充填开采煤柱稳定性评估模型的合理性进行验证。

王东等研究了霍林河北矿进行端帮开采时煤柱的稳定状况,并给出该矿的详细地质概况、参数以及采硐布置情况。[44]因此,本章采用王东等关于霍林河北矿地质参数以及采硐布置情况,对本章提出并建立的端帮充填开采煤柱稳定性评估模型的合理性进行验证。

首先,将霍林河北矿的地质参数代入基于复变函数建立的用于计算解矩形采硐围岩应力、位移以及塑性区分界线的模型,并将其编写成 MATLAB 程序。通过此,计算出煤柱弹性区宽度以及煤柱弹性核区率和煤柱上的荷载。其次,在计算出煤柱弹性区宽度后,将其与岩层以及采硐相关的参数代入计算安全系数 Fos 的式(3-26),实现对安全系数的计算。最后,将计算结果与文献中的开采实践煤柱稳定情况进行比较,实现评估模型的验证。

3.4.2 霍林河北矿概况

霍林河北矿为褐煤露天矿,其内主要赋存 14 号、17 号、19 号和 21 号煤层。上述煤层是霍林河北矿的主采煤层。煤层东西倾向,在南北方向呈近水平分布。为回收端帮压煤,于该矿西帮下布置国产的 LDC100 端帮采煤机打硐对 21 号煤层进行回采,采硐断面为矩形,硐宽 2 m,硐高 2.5 m,采深为100 m,采硐间留设煤柱宽度为 4 m。其中 21 号煤层平均厚度为 15 m,西帮坡高约为 100 m,边坡角为 26°,台阶坡面角 60°,顶底板以砂岩为主。霍林河北矿煤岩物理力学参数见表 3-1。研究时该煤矿已完成 7 个采硐开采,文献显示,在该开采条件下,端帮采煤机在回采过程中没有发生压埋事故,煤柱整体稳定性良好,可保证端帮采煤机进行正常回采工作。

表 3-1 霍林河北矿煤岩物理力学参数[44]

岩层	密度 /kg·m^{-3}	体积模量 /GPa	剪切模量 /GPa	黏聚力 /MPa	内摩擦角 /(°)	抗拉强度 /MPa
基底砂岩	2 010	13.50	11.20	2.18	23	3.40
21 号煤层	1 270	3.86	1.48	—	—	1.46
粉砂岩	2 090	17.20	14.70	2.35	25	2.60
粗砂岩	1 990	12.20	10.70	2.12	22	3.60
表土	2 671	19.40	15.20	0.24	20	1.34

3.4.3 验证结果分析

3.4.2 已经明晰了用于验证本章提出并建立的评估模型的霍林河北矿地质条件、煤岩物理力学参数以及采硐布置情况。文献表明，煤柱塑性破坏宽度最大的区域既不是在采硐底部，也不是在硐口，而是在距采硐中部偏内的区域。本章为计算出煤柱弹性区宽度和煤柱弹性核区率下限值，首先对该区域的弹性区宽度以及煤柱弹性核区率进行了计算；其次将计算得到煤柱弹性区宽度代入式(3-25)作为开采 100 m 时的弹性区宽度 t 的值；再次计算出煤柱的最小临界荷载以及煤柱安全系数下限值；最后依据煤柱弹性核区率和煤柱安全系数下限值作为最终评估指标。整个采硐煤柱弹性核区率和煤柱安全系数必然在下限值之上，故可以准确评估帮端开采煤柱的稳定性情况。

本章将霍林河北矿端帮开采工作面采硐中部偏内的 5 m、15 m 和 25 m，即在距硐口 55 m、65 m 和 75 m 处的煤柱弹性区宽度和煤柱弹性核区率参数代入编写的 MATLAB 程序。经过计算，结果为在距硐口 55 m、65 m 和 75 m 处的煤柱塑性区均为 3.27 m，塑性宽度均为 0.72 m。所以，在距硐口 55 m、65 m 和 75 m 处煤柱弹性区宽度和煤柱弹性核区率均为 81.75%，大于 65%。同时，计算得出在距硐口 100 m 处的煤柱上覆岩层平均荷载为 1.73 MPa。将霍林河北矿煤岩物理力学参数代入式(3-25)，计算得到距硐口 100 m 处煤柱临界荷载为 7. 55 MPa。依据式(3-26)可知，霍林河北矿端帮开采工作面开采深度为 100 m 时，煤柱安全系数为 4. 36，大于 1. 3。所以依据煤柱弹性核区率和煤柱安全系数可以得出霍林河北矿端帮开采按照硐宽 2 m，硐高 2. 5 m，采深为 100 m，采硐间留设煤柱宽度为 4 m 进行开采，应不会发煤柱失稳且煤柱稳定性应为良好的结论。该结论与文献中的端帮开采实践案例相一致，由此可验证本章提出并建立的评估模型是合理的，具备一定的运用前景。

3.5 本章小结

本章基于板的稳定性理论中的能量方法研究了煤柱稳定性问题，并基于板的稳定性理论中的能量方法推导了煤柱稳定的临界荷载计算公式。同时，为与目前主要通过安全系数（*Fos*）直观评估煤柱稳定的主流方法相统一，本章还提出了用煤柱的临界荷载（σ_s）除以煤柱上方的荷载（σ_m）等于安全系数（*Fos*）的安全系数计算方法。此外，为充分保证评估模型的安全性与准确性，本章提出将煤柱弹性核区率作为评估模型的一部分。本章建立的评估模型评估端帮充填开采煤柱是否稳定时须从两方面来评估：① 安全系数 *Fos* 是否大于 1. 3；② 煤柱弹性核区率是否在 65%以上。为验证本章建立的评估模型的合理性，采用文献中端帮开采实践案例对评估模型进行了验证，验证结果为模型评估合理且与实际相符，模型具有良好的运用前景。

4 煤柱稳定性影响因素分析及煤柱留设一般方法

现有研究所建立的模型大多是围绕煤柱高度、煤柱宽度、开采深度、充填率以及充填体性质等因素展开研究。因此，影响煤柱稳定性的主要因素有煤柱高度、煤柱宽度、开采深度、充填率、充填体性质。因此，本章将从煤柱高度、煤柱宽度、充填率以及充填体性质等因素对煤柱稳定性的影响进行分析研究。由于在端帮充填开采过程中，充填率势必贯穿整个研究与实践始终，因此本章主要研究“充填率-煤柱高度”“充填率-煤柱宽度”“充填率-采深”分别对煤柱稳定性的影响，以及充填体性质对煤柱稳定性的影响，以实现对端帮充填开采煤柱稳定性影响因素的分析。

虽然在前述章节为了与目前主要通过安全系数（Fos）直观评估煤柱稳定的主流方法相统一，本书提出了用煤柱的临界荷载（σ_s）除以煤柱上方的荷载（σ_m）等于安全系数（Fos）的安全系数计算方法。不难发现，临界荷载（σ_s）为分子且占主导地位，因此当临界荷载较大时，安全系数（Fos）必然较大。所以，在分析煤柱稳定性影响因素时，可以用煤柱弹性核区率和临界荷载（σ_s）作为重要的分析指标。所以本章主要用煤柱弹性核区率和临界荷载（σ_s）作为重要的分析指标。

本章在明晰端帮充填开采影响因素后，对其进行总结，并依据总结给出端帮充填开采煤柱留设方法以及相应的充填方式和合理的充填率范围。

4.1 煤柱稳定性影响因素分析

4.1.1 充填率与煤柱高度对煤柱稳定性的影响

煤柱弹性核区率和临界荷载（σ_s）是评估煤柱稳定性的重要指标。所以本书利用 MATLAB 软件计算了煤柱弹性模量 $E=2.7$ GPa、泊松比 $\mu=0.25$、充填体黏聚力 $c_{\text{backfill}}=0.12$ MPa、上覆岩层 $H=150$ m、开采深度 $l=350$ m、煤柱宽度 3 m、充填率为 0%～99%、煤柱高度 2.5～5 m 的条件下，煤柱弹性核区率和临界荷载随充填率和煤柱高度的变化情况。经过计算得到"充填率-煤柱高度"对煤柱弹性核区率的影响以及"充填率-煤柱高度"对煤柱临界荷载(σ_s)的影响。煤柱弹性核区率随充填率和煤柱高度的变化情况见图 4-1，煤柱临界荷载随充填率和煤柱高度的变化情况见图 4-2。

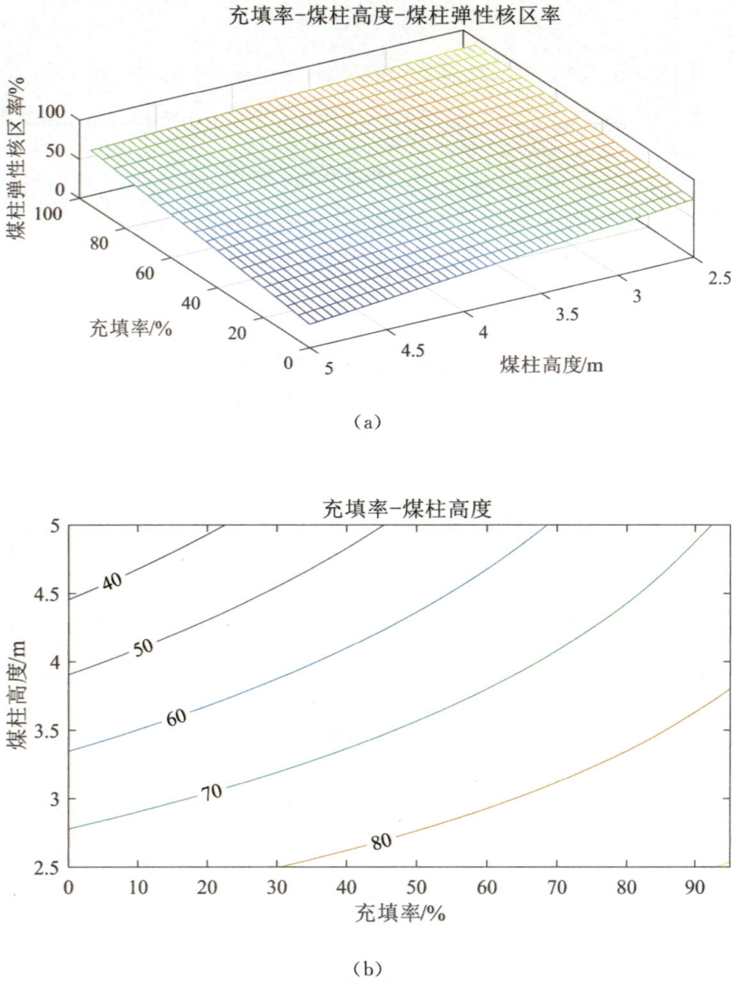

图 4-1　煤柱弹性核区率随充填率和煤柱高度的变化情况

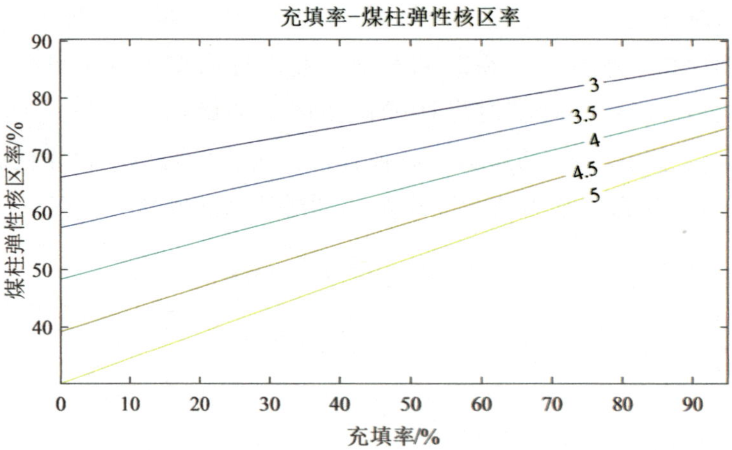
充填率-煤柱弹性核区率
煤柱弹性核区率/%
充填率/%
90
80
70
60
50
40
0
10
20
30
40
50
60
70
80
90
3
3.5
4
4.5
5

（c）

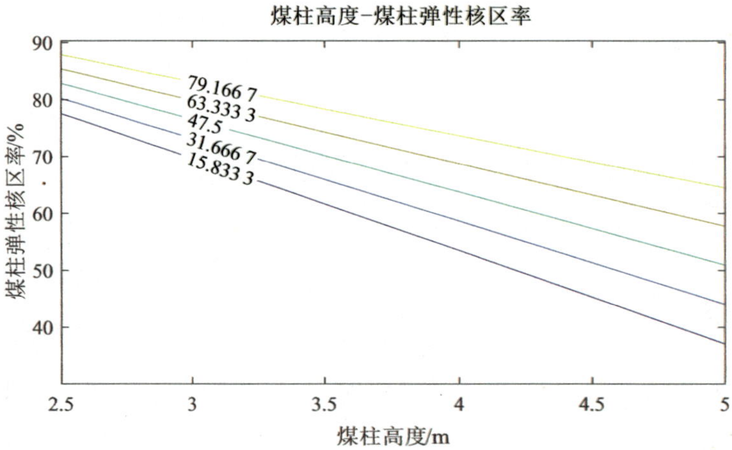
煤柱高度-煤柱弹性核区率
煤柱弹性核区率/%
煤柱高度/m
90
80
70
60
50
40
2.5
3
3.5
4
4.5
5
79.166 7
63.333 3
47.5
31.666 7
15.833 3

（d）

图 4-1（续）

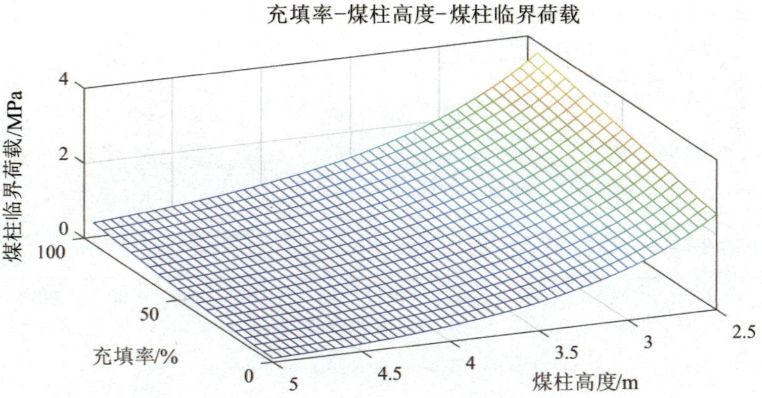

(a)

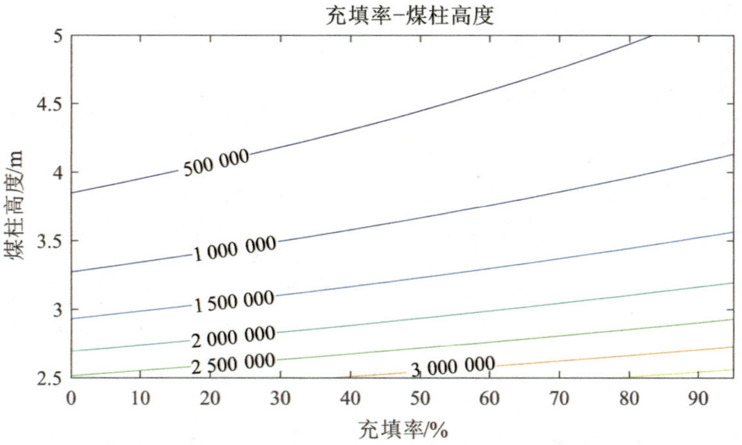

(b)

图 4-2 煤柱临界荷载随充填率和煤柱高度的变化情况

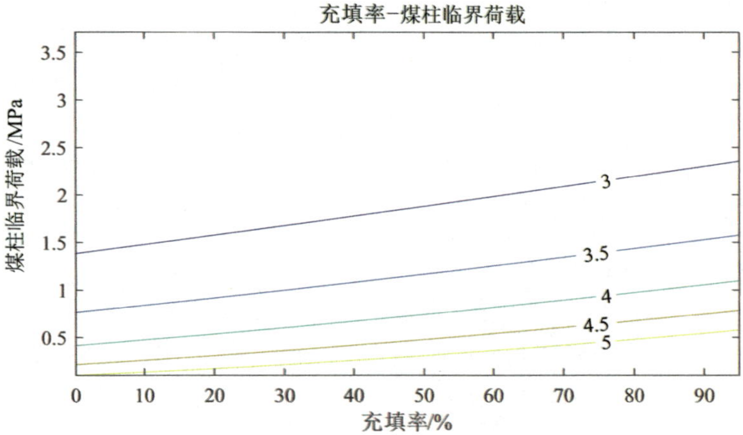

(c)

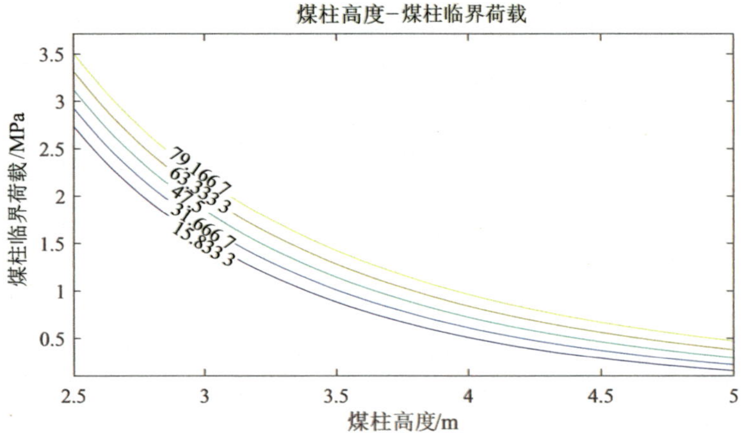

(d)

图 4-2（续）

由图 4-1(a)可知，煤柱弹性核区率整体随充填率的增大而增大，随煤柱高度的减小而增大。该趋势与基本实际工程相符。因为充填的主要目的是希望充填进入采空区后，会为支撑煤柱提供侧向应力，使煤柱由受双轴应力状态变成受三轴应力状态，从而起到抑制煤柱塑性区扩展的作用。

通过图 4-2(b)可知，想获得一定的煤柱弹性核区率，较矮的煤柱在较小的充填率下即可获得，较高的煤柱则需要较大的充填率才可以获得。这说明，与留设较高的煤柱相比，充填对于留设较矮的煤柱，更加容易产生抑制煤柱塑性区扩展的效果，即在充填条件下，煤柱弹性核区率对于较矮的煤柱具有较高的敏感性。同时，通过图 4-1(b)中煤柱弹性核区率等高线由上而下、从左到右的间隔呈逐步增大的趋势可知：煤柱核区率随充填率的增加，对煤柱高度的敏感性逐步减弱，随着煤柱高度的减小，对充填率的敏感性逐步减小。这一点通过图 4-1(c)和图 4-1(d)可以清楚看出。在图 4-1(c)中，煤柱等高线斜率随着煤柱高度减小而减小，说明煤柱弹性核区率随煤柱高度减小，对充填率的敏感性逐步减小。在图 4-1(d)中，充填率等高线斜率随着充填率减小而增大，说明煤柱弹性核区率随充填率的增加，对煤柱高度的敏感性逐步减小。总的可概括为，充填对于较矮的煤柱，在弹性核区率方面，没有对于较高的煤柱显著。

上述规律与工程实际基本相符。不难想象，在煤柱高度较小时，在极小的充填率下已实现抑制煤柱塑性区扩展的良好作用，使得可抑制煤柱塑性区扩展的空间变得有限。此时，即使再继续充填也很难实现大幅度抑制煤柱塑性区扩展的作用，所以其抑制煤柱塑性区扩展的幅度势必降低，进而使得煤柱弹性核区率不会对充填率产生较大的敏感性。相反，当煤柱高度较大、充填率较小时并不能实现抑制煤柱塑性区扩展的良好作用，使得其依然有较大的可抑制煤柱塑性区扩展的空间，因此继续充填势必进一步提高抑制煤柱塑性区扩展的作用，也因此使得煤柱弹性核区率依然对充填率产生较大的敏感性。从充填率角度看，当充填率达到一定范围后，充填体对抑制任何高度的煤柱塑性区扩展的作用基本相同，并且可抑制煤柱塑性区扩展的空间变得有限。此时煤柱弹性核区率势必会随充填率的增加，对煤柱高度的敏感性变小，出现了煤柱弹性核区率随煤柱高度减小，对充填率的敏感性逐步减小以及煤柱弹性核区率随充填率的增加，对煤柱高度的敏感性逐步减小的规律。同时，通过图 4-1(c)和图 4-1(d)可知，在煤柱高度一定的条件下，煤柱弹性核区率随充填率增大呈线性增长。在充填率一定的条件下，煤柱弹性核区率随煤柱高度增大呈线性衰减。此外，通过图 4-1(c)和图 4-1(d)可知，在该计算条件下，若想要让煤柱高度为 2.5～5 m 范围内的煤柱弹性核区率均达到煤柱稳定所需的 65%，充填率须达到 90%以上。

由图 4-2(a)可知，煤柱临界荷载整体随充填率的增加而增加，随着煤柱的高度减小而增加。该趋势与图 4-1(a)相一致。这说明煤柱临界荷载与煤柱弹性核区率呈正相关。之所以出现这样的现象，是因为在工程实际过程中起承载作用的一般为处于弹性区的煤岩体。煤柱弹性核区率的增加，其本质为处于弹性区的煤柱宽度占煤柱宽度比率的增加，所以其煤柱临界荷载必然增加。同时，通过图 4-2(a)至图 4-2(d)可发现，各图中的等高线斜率基本无变化，说明煤柱临界荷载分别与煤柱高度和充填率的敏感度不会随着充填率和煤柱高度变化而发生变化。此外，通过图 4-2(a)和图 4-2(d)则可知在煤柱高度一定的条件下，煤柱临界荷载随充填率增大呈现线性增长；在充填率一定的条件下，煤柱临界荷载随煤柱高度增大呈指数衰减。

4.1.2 充填率与煤柱宽度对煤柱稳定性的影响

为研究充填率与煤柱宽度对煤柱稳定性的影响，本书利用 MATLAB 软件计算了煤柱弹性模量 $E=2.7$ GPa、泊松比 $\mu=0.25$、煤柱高度 $h=3$ m、充填体黏聚力 $c_{backfill}=0.12$ MPa、上覆岩层高度 $H=150$ m、开采深度 $l=350$ m、充填率为 0%～99%、煤柱宽度 2.0～3.5 m 的条件下，煤柱弹性核区率和临界荷载随充填率和煤柱高度的变化情况。经过计算得到“充填率-煤柱宽度”对煤柱弹性核区率的影响，以及“充填率-煤柱宽度”对煤柱临界荷载(σ_s)的影响。煤柱弹性核区率随充填率和煤柱宽度的变化情况见图 4-3，煤柱临界荷载随充填率和煤柱宽度的变化情况见图 4-4。

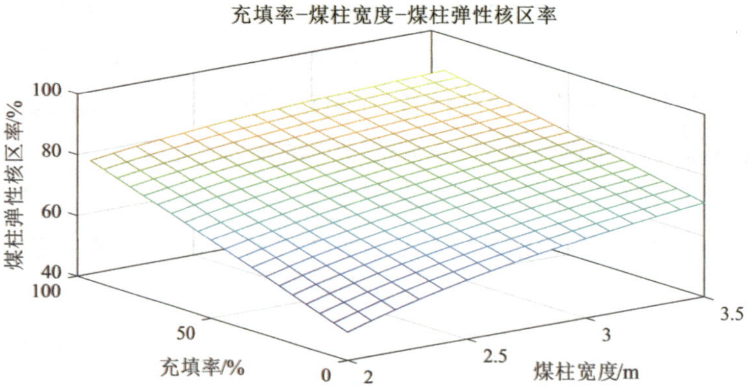

(a)

图 4-3 煤柱弹性核区率随充填率和煤柱宽度的变化情况

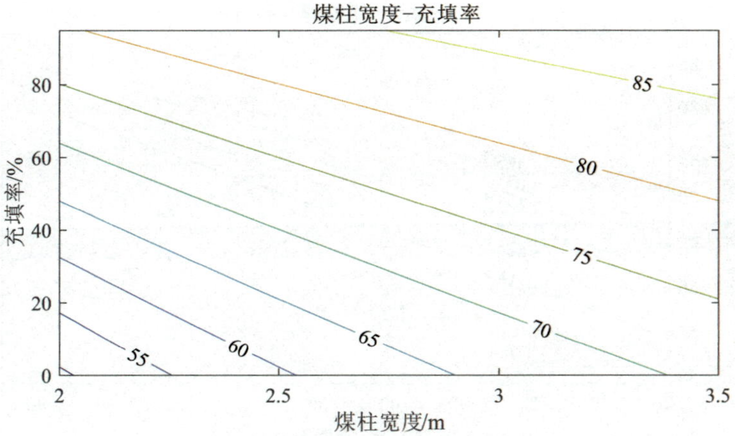
煤柱宽度-充填率
充填率/%
煤柱宽度/m
85
80
75
70
65
60
55
0
20
40
60
80
2
2.5
3
3.5

(b)

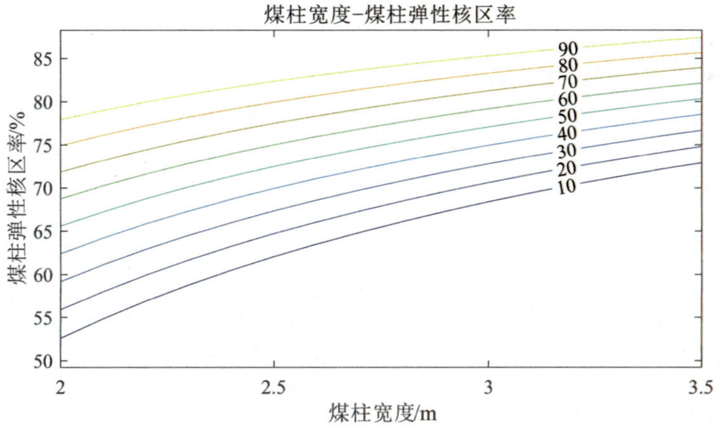
煤柱宽度-煤柱弹性核区率
煤柱弹性核区率/%
煤柱宽度/m
90
80
70
60
50
40
30
20
10
50
55
60
65
70
75
80
85
2
2.5
3
3.5

(c)

图 4-3（续）

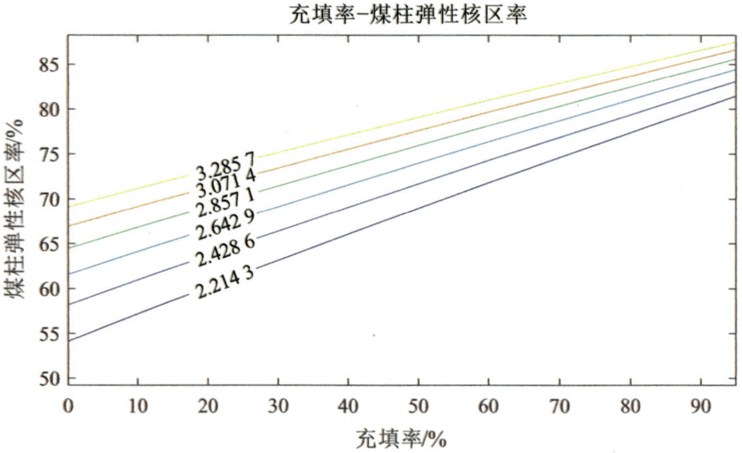

(d)

图 4-3（续）

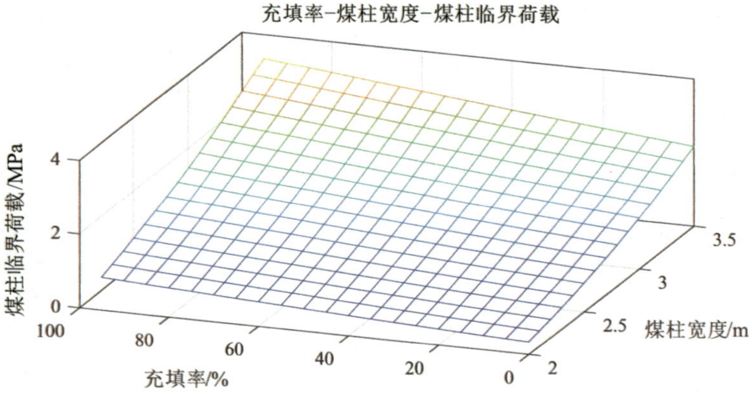

(a)

图 4-4　煤柱临界荷载随充填率和煤柱宽度的变化情况

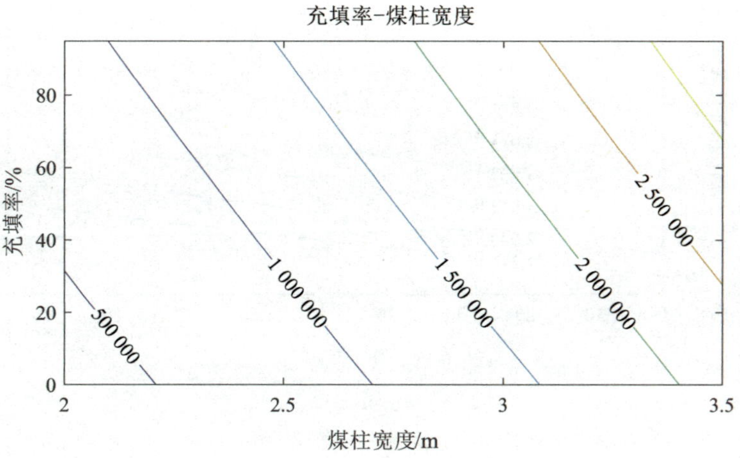
充填率-煤柱宽度
充填率/%
煤柱宽度/m
500 000
1 000 000
1 500 000
2 000 000
2 500 000
0
20
40
60
80
2
2.5
3
3.5

(b)

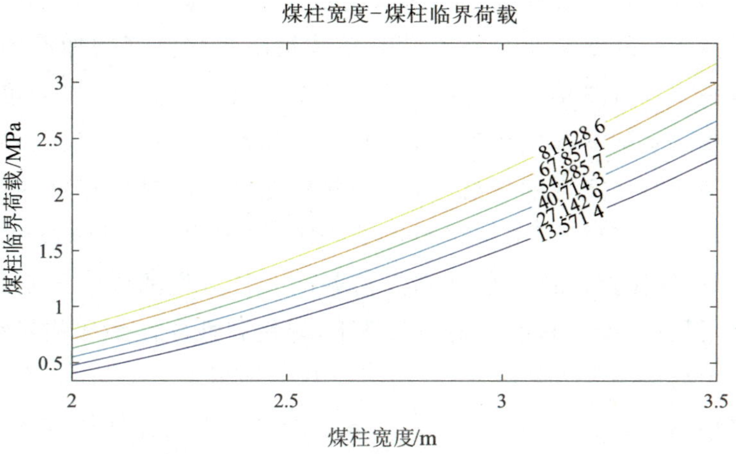
煤柱宽度-煤柱临界荷载
煤柱临界荷载/MPa
煤柱宽度/m
81.428 6
67.857 1
54.285 7
40.714 3
27.142 9
13.571 4
0.5
1
1.5
2
2.5
3
2
2.5
3
3.5

(c)

图 4-4（续）

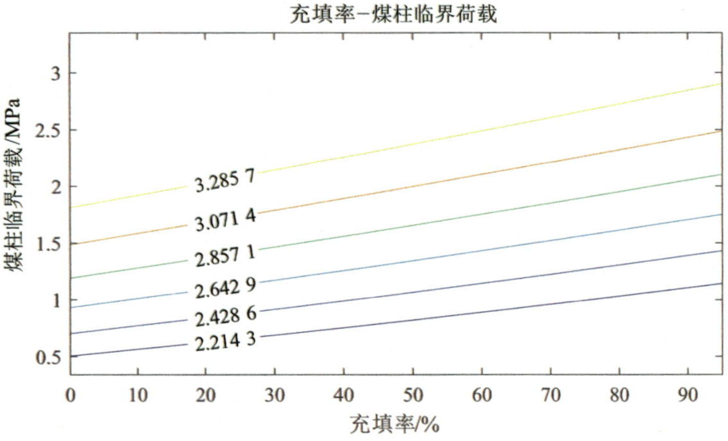

(d)

图 4-4（续）

通过图 4-3(a)和图 4-4(a)可知，煤柱弹性核区率和煤柱临界荷载整体均随煤柱宽度增加而增大，且趋势基本一致。出现这样的现象与趋势是由于，煤柱较宽时，其势必具备更高的承载能力，同时也不容易发生塑性破坏，所以煤柱弹性核区率和煤柱临界荷载整体均随煤柱宽度增加而增大，并且趋势基本一致。由图 4-3(b)至图 4-3(d)和图 4-4(b)至图 4-4(d)可知，各图中的等高线斜率基本未发生变化，说明煤柱弹性核区率和煤柱临界荷载分别与充填率和煤柱宽度的敏感性，不会随着充填率和煤柱宽度的变化而变化。同时，由图 4-3(b)至图 4-3(d)和图 4-4(b)至图 4-4(d)可知，在充填率一定的条件下，煤柱弹性核区率和临界荷载随煤柱宽度的增大分别呈对数增长和指数增长；在煤柱高度一定的条件下，煤柱弹性核区率和临界荷载随充填率的增大均呈线性增长。此外，由图 4-3(b)至图 4-3(d)可知，在该计算条件下，若想要让煤柱宽度为 2.0～3.5 m 范围内的煤柱弹性核区率均达到煤柱稳定所需的 65％，充填率须达到 90％以上。

4.1.3　充填率与开采深度对煤柱稳定性的影响

为研究充填率与开采深度对煤柱稳定性的影响，本书利用 MATLAB 软件计算了煤柱弹性模量 E=2.7 GPa、泊松比 μ=0.25、煤柱高度 h=3 m、煤柱宽度 3 m、边坡角为 26°、坡高 150 m、充填体黏聚力 $c_{backfill}=0.12$ MPa、充填率为 0%～99%、开采深度 200～350 m 的条件下，煤柱弹性核区率和临界荷载随充填率和煤柱高度的变化情况。经过计算得到“充填率-开采深度”对煤柱弹性核区率的影响以及“充填率-开采深度”对煤柱临界荷载(σ_s)的影响。煤柱弹性核区率随充填率和开采深度的变化情况见图 4-5，煤柱临界荷载随充填率和开采深度的变化情况见图 4-6。

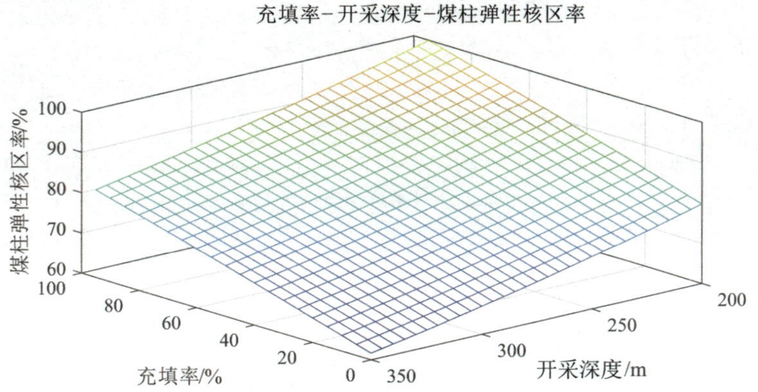

(a)

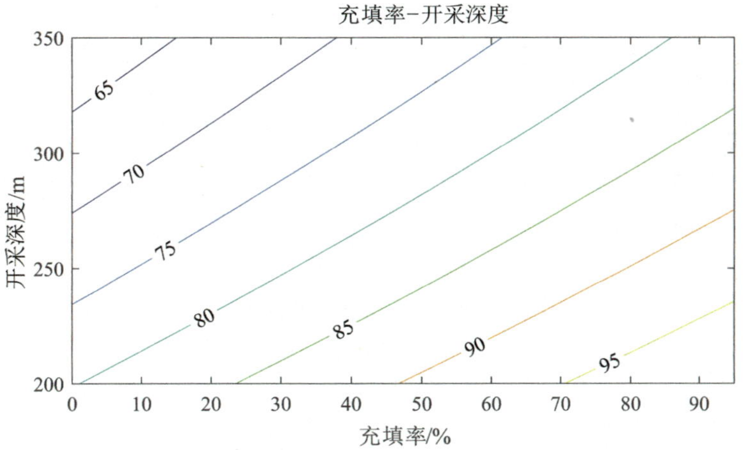

(b)

图 4-5 煤柱弹性核区率随充填率和开采深度的变化情况

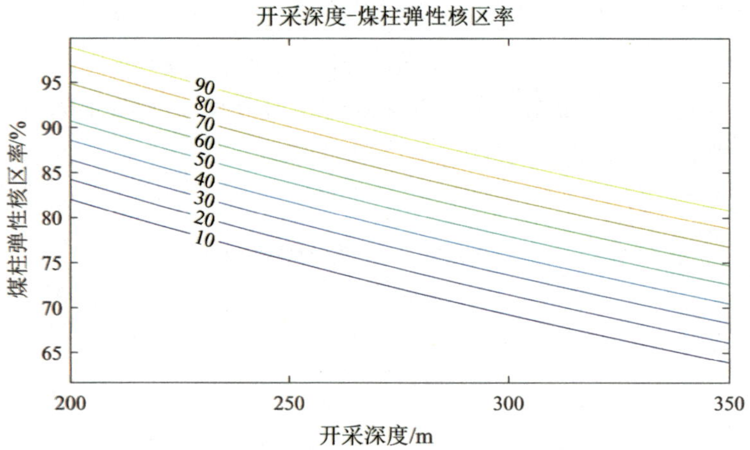
开采深度-煤柱弹性核区率
煤柱弹性核区率/%
开采深度/m
90
80
70
60
50
40
30
20
10
95
90
85
80
75
70
65
200
250
300
350

（c）

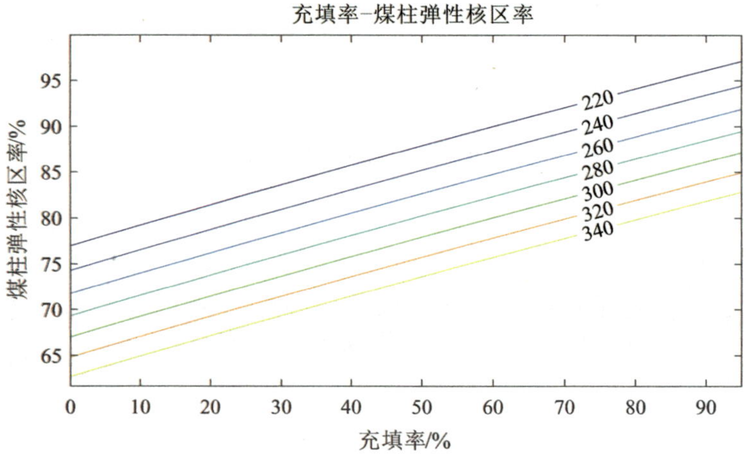
充填率-煤柱弹性核区率
煤柱弹性核区率/%
充填率/%
220
240
260
280
300
320
340
95
90
85
80
75
70
65
0
10
20
30
40
50
60
70
80
90

（d）

图 4-5（续）

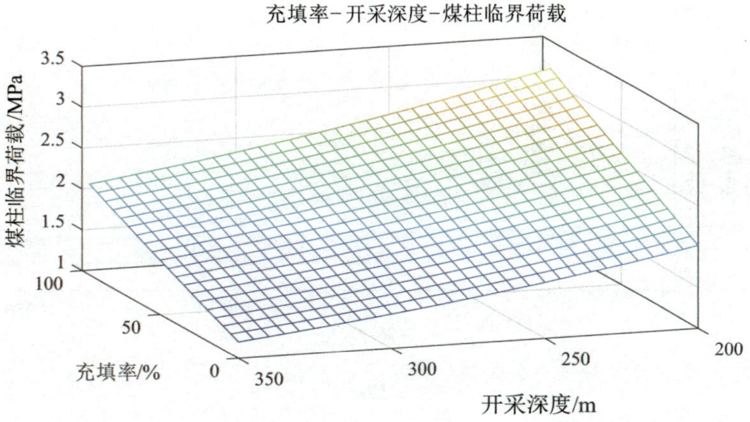

(a)

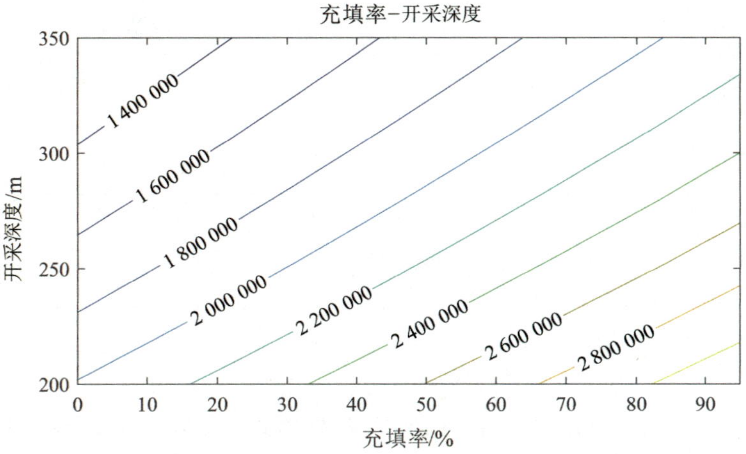

(b)

图 4-6　煤柱临界荷载随充填率和开采深度的变化情况

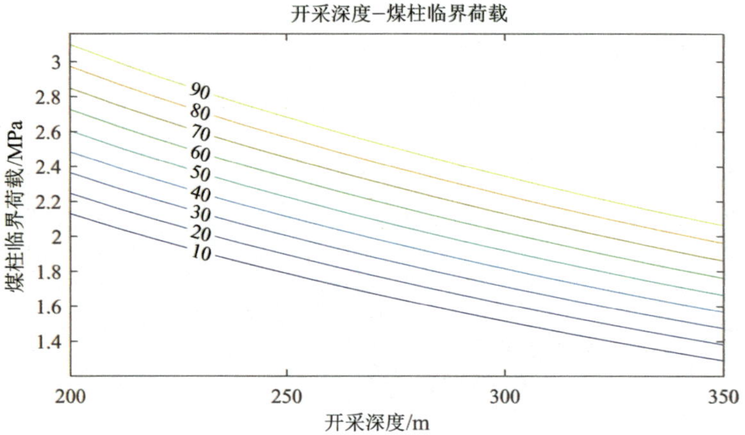

(c)

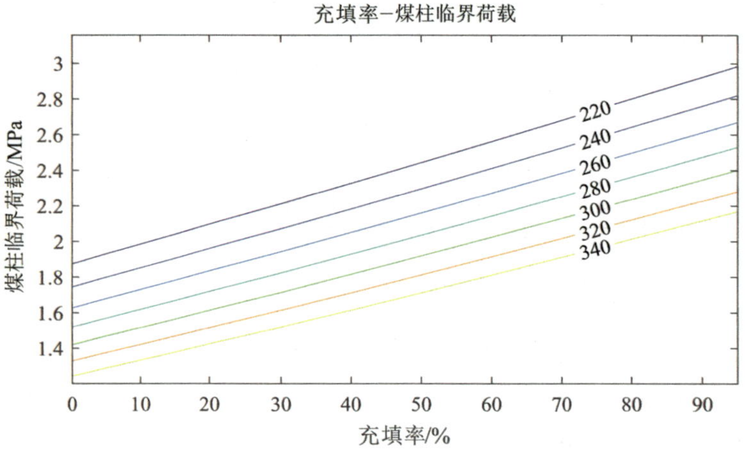

(d)

图 4-6（续）

通过图 4-5(a)和图 4-6(a)可知，在煤柱宽度、边坡高度以及岩层物理力学参数等条件一定的情况下，煤柱弹性核区率与煤柱临界荷载整体随着充填率的增大而增大，随着开采深度的增大而减小。该趋势与基本与工程实际相符。因为端帮位于边坡下，边坡的自重应力大小分布情况呈三角形分布，所以随着开采深度的逐步加深，其煤柱上的荷载势必同步逐步增大；在煤柱宽度一定的情况下，煤柱弹性核区率势必会逐步减小。煤柱弹性核区率减小说明煤柱中具有承载能力的区域变小了,所以出现了在煤柱宽度、上覆岩层高度以及岩层物理力学参数等条件一定的情况下,煤柱弹性核区率与煤柱临界荷载整体随着充填率的增大而增大,随着开采深度的增大而减小的趋势。同时,通过图 4-5(b)至图 4-5(d)和图 4-6(b)至图 4-6(d)可以看出,各等高线的斜率以及变化方向均相同,说明煤柱弹性核区率与煤柱极限荷载具有非常强的相关性。通过图 4-5(b)至图 4-5(d)和图 4-6(b)至图 4-6(d)中各等高线的斜率可以看出,煤柱弹性核区率和煤柱临界荷载分别与充填率和开采深度的敏感性,不会随着充填率和开采深度的变化而变化。通过图 4-5(b)至图 4-5(d)和图 4-6(b)至图 4-6(d)可知,煤柱弹性核区率和临界荷载在充填率一定的条件下随开采深度的增大呈线性衰减,在开采深度一定的条件下,其均随着充填率的增加呈线性增长。此外,通过图 4-5(b)至图 4-5(d)可知,在该计算条件下,若想要让煤柱弹性核区率均达到煤柱稳定所需的 65%,开采深度须小于 320 m。

4.1.4 煤柱高度与煤柱宽度对煤柱稳定性的影响

留设煤柱高度与宽度一直以来都是端帮开采重点关注的一个问题,为明晰煤柱高度与煤柱宽度对煤柱稳定性的影响。本书利用 MATLAB 软件计算了煤柱弹性模量 $E=2.7$ GPa、泊松比 $\mu=0.25$、煤柱充填率为 50%、充填体黏聚力 $c_{\text{backfill}}=0.12$ MPa、开采深度 350 m、上覆岩层高度 $H=150$ m 的条件下,煤柱弹性核区率和临界荷载随煤柱宽度和煤柱高度的变化情况。经过计算得到"煤柱宽度-煤柱高度"对煤柱弹性核区率的影响以及"煤柱宽度-煤柱高度"对煤柱临界荷载(σ_s)的影响。煤柱弹性核区率随煤柱宽度和煤柱高度的变化情况见图 4-7,煤柱临界荷载随煤柱宽度和煤柱高度的变化情况见图 4-8。

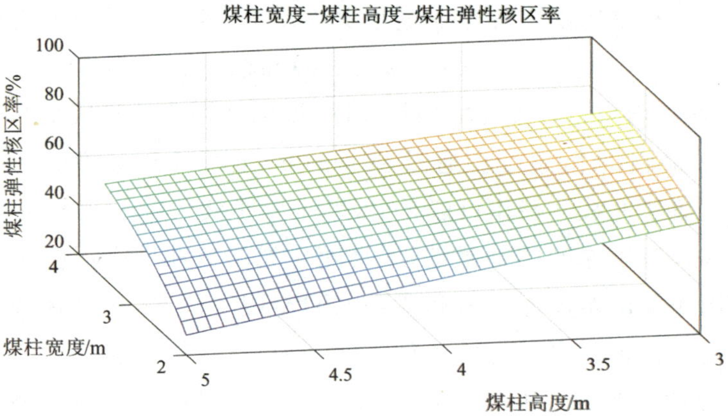

(a)

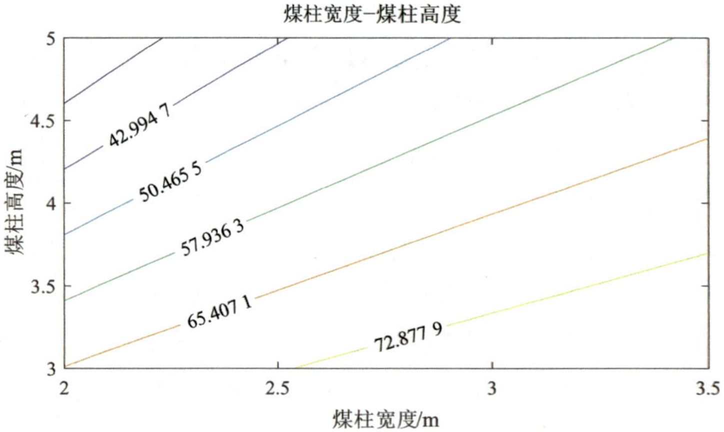

(b)

图 4-7　煤柱弹性核区率随煤柱宽度和煤柱高度的变化情况

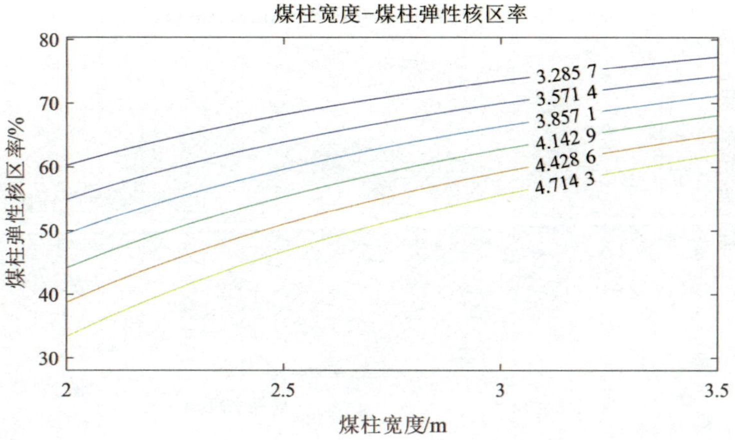

煤柱宽度-煤柱弹性核区率
煤柱弹性核区率/%
煤柱宽度/m
3.285 7
3.571 4
3.857 1
4.142 9
4.428 6
4.714 3
80
70
60
50
40
30
2
2.5
3
3.5

(c)

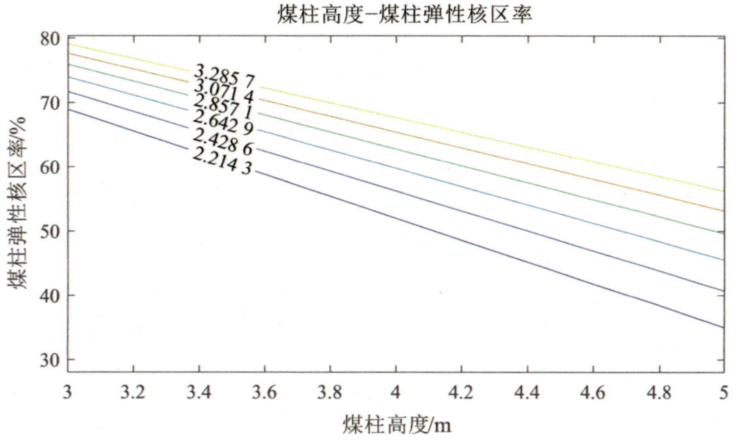

煤柱高度-煤柱弹性核区率
煤柱弹性核区率/%
煤柱高度/m
3.285 7
3.071 4
2.857 1
2.642 9
2.428 6
2.214 3
80
70
60
50
40
30
3
3.2
3.4
3.6
3.8
4
4.2
4.4
4.6
4.8
5

(d)

图 4-7（续）

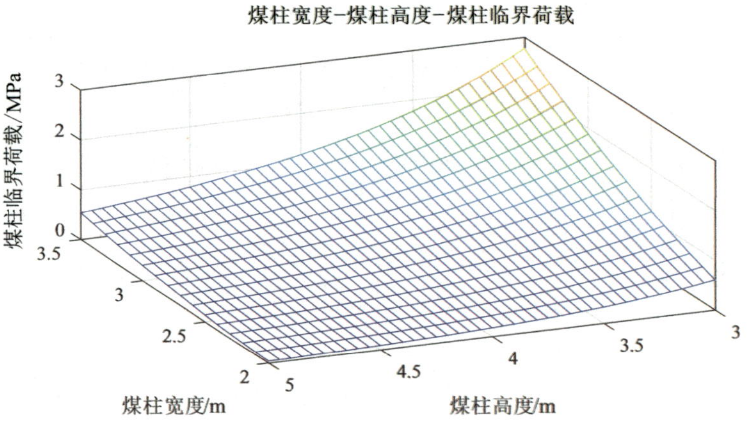

(a)

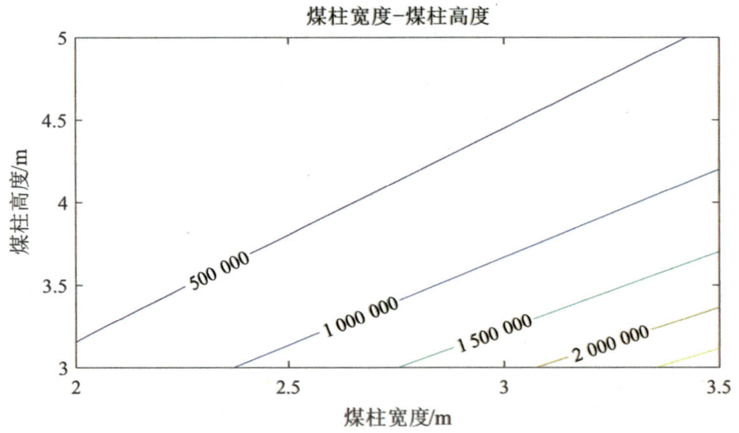

(b)

图 4-8 煤柱临界荷载随煤柱宽度和煤柱高度的变化情况

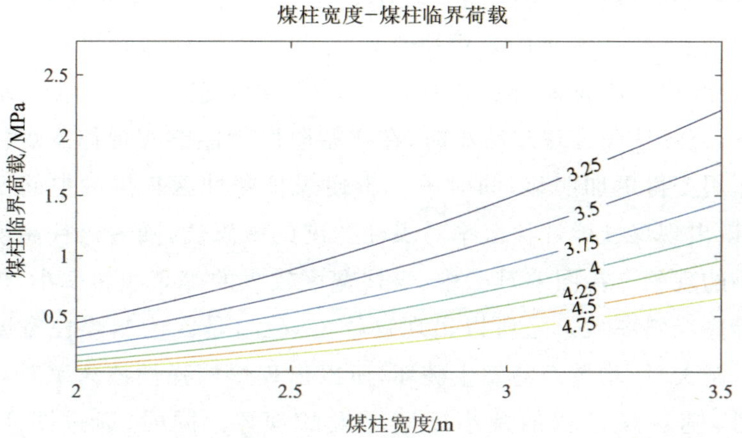

(c)

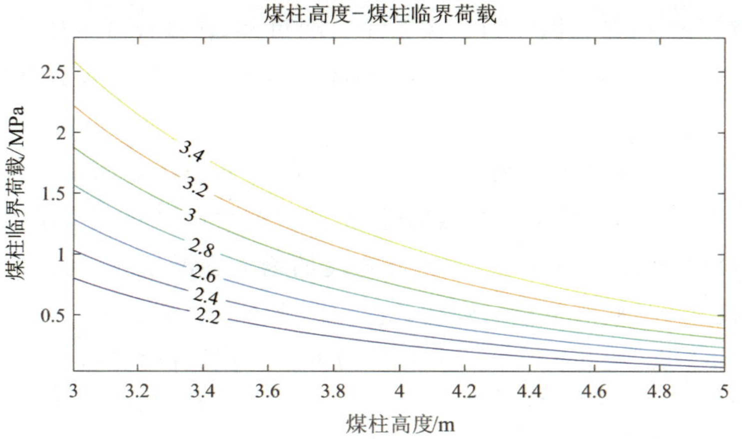

(d)

图 4-8（续）

通过图 4-7(a)和图 4-8(a)可知，煤柱弹性核区率和煤柱临界荷载整体均随着煤柱高度和煤柱宽度增加而减小。图 4-7(b)中的煤柱弹性核区率等高线，从上到下、从左到右间距逐渐增大，说明煤柱弹性核区率对煤柱宽度的敏感性，随着煤柱高度的减小逐渐减小；煤柱弹性核区率对煤柱高度的敏感性，随着煤柱宽度的减小逐渐增大。该规律可以通过图 4-7(c)和图 4-7(d)观察到。在图 4-7(c)中，煤柱高度较大的煤柱等高线斜率较大，而煤柱高度较小的煤柱等高线斜率较小。之所以出现这样的现象，是因为在煤柱高度较小时，在极小的充填率下已实现了良好的抑制煤柱塑性区扩展的作用，导致进一步抑制煤柱塑性区扩展的空间变得有限。在一定的充填率条件下，当煤柱高度逐步减小时，在初始阶段就能够实现抑制煤柱塑性区扩展的作用变得更加明显，同时进一步使煤柱塑性区扩展的空间变得更加有限，所以出现煤柱弹性核区率对煤柱宽度的敏感性，随着煤柱高度的减小逐渐减小的现象。在图4-7(d)中，煤柱宽度较大的等高线斜率小，煤柱宽度较小的等高线斜率大。之所以出现这样的现象，是因为当煤柱宽度越小和煤柱高度越大时，均越容易发生破坏，所以出现煤柱弹性核区率对煤柱高度的敏感性，随着煤柱宽的减小逐渐增大的现象。同时，通过图4-7(c)和图4-7(d)可知，在煤柱高度一定的情况下，煤柱弹性核区率随煤柱宽度增大呈对数增长；在煤柱宽度一定的情况下，煤柱弹性核区率随煤柱高度增大呈线性衰减。此外，通过图4-7(c)和图4-7(d)可知，在该计算条件下要达到煤柱稳定所需的弹性核区率65%，煤柱高度须不大于3.2 m，煤柱宽度须不小于2.2 m。

图4-8(b)中的临界荷载等高线，从上到下、从左到右间距越来越小，说明煤柱临界荷载对煤柱宽度的敏感性，随煤柱高度的减小逐渐增大；煤柱临界荷载对煤柱高度的敏感性，随煤柱宽度的增大逐渐增大。由之前的分析可知，煤柱宽度和煤柱高度与煤柱弹性核区率和煤柱临界荷载紧密相关，在一定条件下，煤柱宽度越大以及煤柱高度越小、煤柱弹性核区率和煤柱临界荷载会越大，所以会出现煤柱临界荷载对煤柱宽度的敏感性，随煤柱高度的减小逐渐增大以及煤柱临界荷载对煤柱高度的敏感性，随煤柱宽度的增大逐渐增大的规律。这些规律可由图4-8(c)和图4-8(d)看出。在图4-8(c)中，煤柱宽度较小的等高线斜率较大，而煤柱宽度较大的等高线斜率较小。在图4-8(d)中，煤柱高度较大的等高线斜率较大，而煤柱高度较小的等高线斜率较小。所以说明煤柱临界荷载对煤柱宽度的敏感性，随煤柱高度的减小逐渐增大，煤柱临界荷载对煤柱高度的敏感性，随煤柱宽度的增大逐渐增大。此外，通过图4-8(c)和图4-8(d)可知，在煤柱高度一定的条件下，煤柱临界荷载随煤柱宽度呈指数增长，在煤柱宽度一定的条件下，煤柱临界荷载随煤柱高度呈指数衰减。

4.1.5 开采深度与煤柱高度对煤柱稳定性的影响

为研究充填率与开采深度对煤柱稳定性的影响，本书利用 MATLAB 软件计算了煤柱弹性模量 $E=2.7$ GPa、泊松比 $\mu=0.25$、煤柱宽度 3 m、边坡角为 26°、坡高 150 m、充填率为 50%、充填体黏聚力 $c_{\text{backfill}}=0.12$ MPa、煤柱高度为 2.5～5 m、开采深度 200～350 m 的条件下，煤柱弹性核区率和临界荷载随充填率和煤柱高度的变化情况。经过计算得到“开采深度-煤柱高度”对煤柱弹性核区率的影响以及“开采深度-煤柱高度”对煤柱临界荷载(σ_s)的影响。煤柱弹性核区率随开采深度和煤柱高度的变化情况见图 4-9，煤柱临界荷载随开采深度和煤柱高度的变化情况见图 4-10。

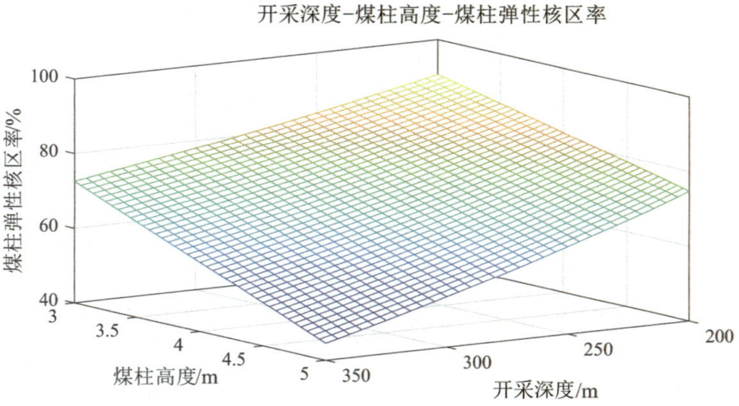

(a)

图 4-9 煤柱弹性核区率随开采深度和煤柱高度的变化情况

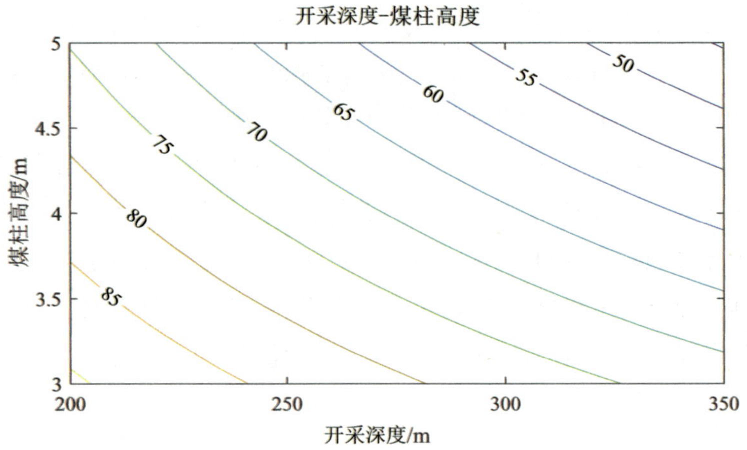
开采深度-煤柱高度
煤柱高度/m
开采深度/m
5
4.5
4
3.5
3
200
250
300
350
50
55
60
65
70
75
80
85

(b)

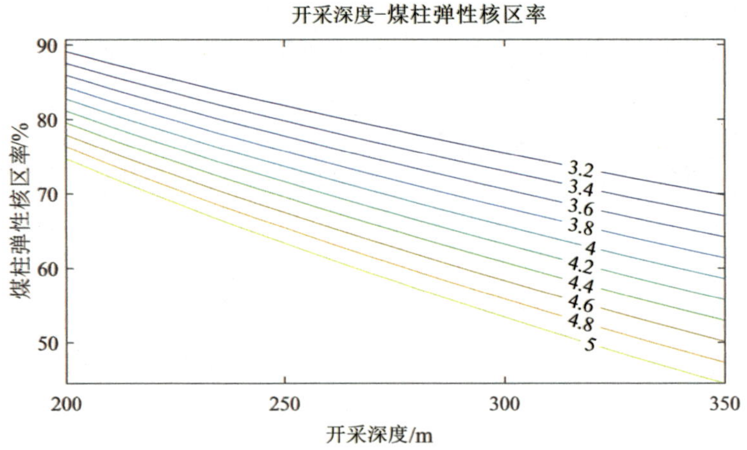
开采深度-煤柱弹性核区率
煤柱弹性核区率/%
开采深度/m
90
80
70
60
50
200
250
300
350
3.2
3.4
3.6
3.8
4
4.2
4.4
4.6
4.8
5

(c)

图 4-9（续）

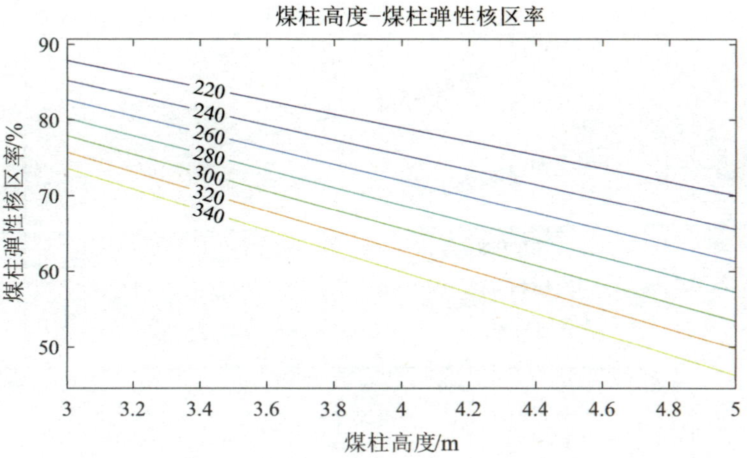

(d)

图 4-9(续)

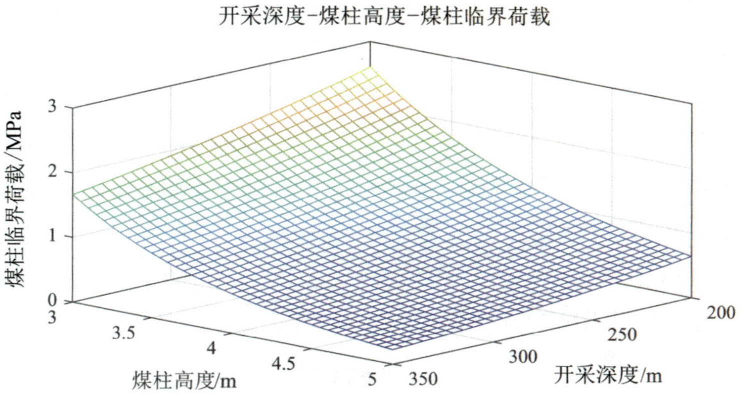

(a)

图 4-10 煤柱临界荷载随开采深度和煤柱高度的变化情况

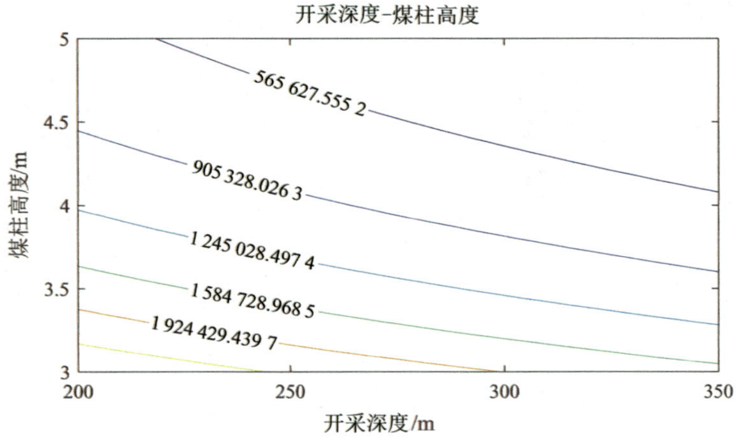
开采深度-煤柱高度
5
4.5
4
3.5
3
200
250
300
350
煤柱高度/m
开采深度/m
565 627.555 2
905 328.026 3
1 245 028.497 4
1 584 728.968 5
1 924 429.439 7

(b)

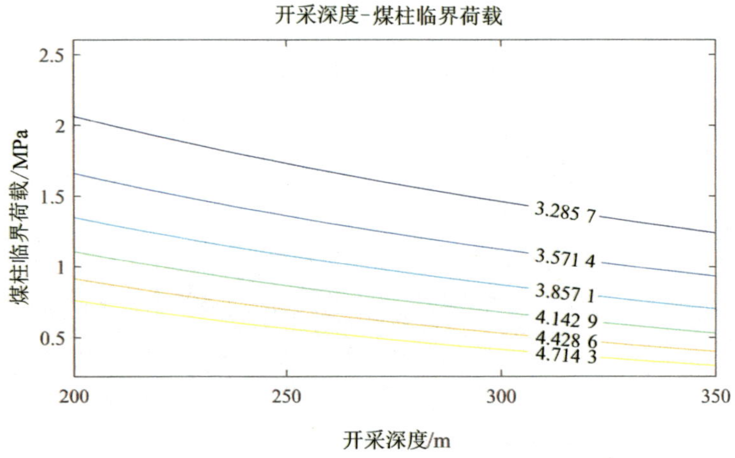
开采深度-煤柱临界荷载
2.5
2
1.5
1
0.5
200
250
300
350
煤柱临界荷载/MPa
开采深度/m
3.285 7
3.571 4
3.857 1
4.142 9
4.428 6
4.714 3

(c)

图 4-10（续）

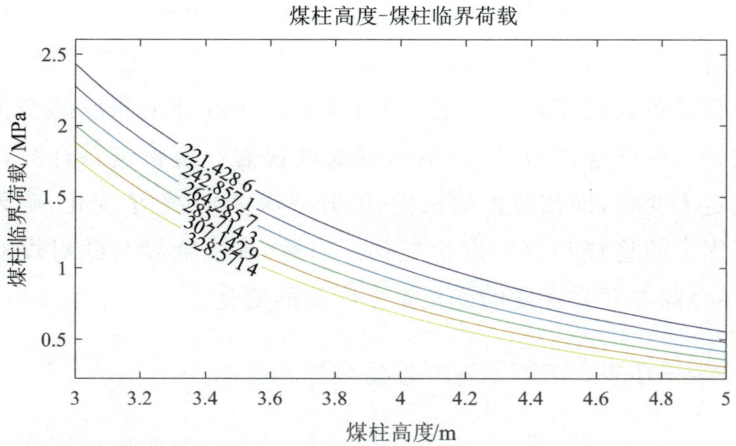

(d)

图 4-10（续）

由图 4-9(a)和图 4-10(a)可知，煤柱弹性核区率与煤柱临界荷载整体均随开采深度和煤柱高度的增大而减小。通过图 4-9(b)中的煤柱弹性核区率等高线间距变化，并结合图 4-9(c)和图 4-9(d)中的煤柱高度等高线和开采深度等高线斜率，可看出煤柱弹性核区率等高线间隔虽然变化不大，但图 4-9(c)和图 4-9(d)中的煤柱高度等高线和开采深度等高线斜率发生了一定的变化。这说明煤柱弹性核区率对开采深度和煤柱高度的敏感性会分别随着煤柱高度和开采深度发生变化。其中，图 4-9(c)中，煤柱高度较大的等高线斜率大，煤柱高度较小的煤柱等高线斜率小，说明煤柱弹性核区率对开采深度的敏感性会随着煤柱高度增大而增大。而图 4-9(d)中，开采深度较大的等高线斜率明显大于开采深度较小的等高线斜率，说明煤柱弹性核区率对煤柱高度的敏感性会随着开采深度的增大而增大。同时，通过图 4-9(c)和图 4-9(d)可知，在煤柱高度和开采深度一定时，煤柱弹性核区率会随着开采深度和煤柱高度的增大呈线性衰减。此外，通过图 4-9(c)和图 4-9(d)可知，在该计算条件下要达到煤柱稳定所需的弹性核区率 65%，开采深度为 350 m 时，煤柱高度不应该大于 3.4 m。

图 4-10(b)中的煤柱临界荷载等高线间距从上到下逐渐减小，以及

图 4-10(c)中煤柱高度较大的煤柱等高线斜率较小,而煤柱高度较小的煤柱等高线斜率较大,说明煤柱临界荷载对开采深度的敏感性,随着煤柱高度的增大而逐渐减小。图 4-10(d)的开采深度等高线斜率并未发生明显的变化,说明煤柱临界荷载对煤柱高度敏感性,并不会随着开采深度的变化发生明显的变化。之所以这样,是因为本书将煤柱视为一薄板进行计算,因此,在其条件固定不变时,即使薄板的长度(即开采深度)发生了变化,临界荷载变化将按照固定的趋势和幅度发生变化。因此,煤柱临界荷载对煤柱高度敏感性,并不会随着开采深度的变化发生明显的变化。

4.1.6 充填体性质和充填率对煤柱稳定性的影响

在端帮进行充填开采时,充填体性质是一个必须考虑的问题。因为充填体性质不同,充填成本也不同。充填体性质主要分两大类,一类是黏性充填体,另外一类是非黏性充填体。充填体性质主要通过充填体的黏聚力来体现,且充填体的强度随黏聚力的增大而增大。当充填体黏聚力为 0 时为非黏性充填体;当充填体黏聚力不为 0 时,则为黏性充填体。4.1.1 至 4.1.5 均基于充填体性质为黏性充填体进行研究的。为研究充填体性质和充填率对煤柱稳定性的影响,本部分利用 MATLAB 软件计算了煤柱弹性模量 $E=2.7$ GPa、泊松比 $\mu=0.25$、开采深度 $l=350$ m、上覆岩层高度 $H=150$ m、充填体黏聚力为 0～0.12 MPa、充填率为 0%～99%的条件下,煤柱弹性核区率和临界荷载随煤柱宽度和煤柱高度的变化情况。经过计算得到“充填体黏聚力-充填率”对煤柱弹性核区率的影响,以及“充填体黏聚力-充填率”对煤柱临界荷载(σ_s)的影响。煤柱弹性核区率随充填率和充填体黏聚力的变化情况见图 4-11,煤柱临界荷载随充填率和充填体黏聚力的变化情况见图 4-12。

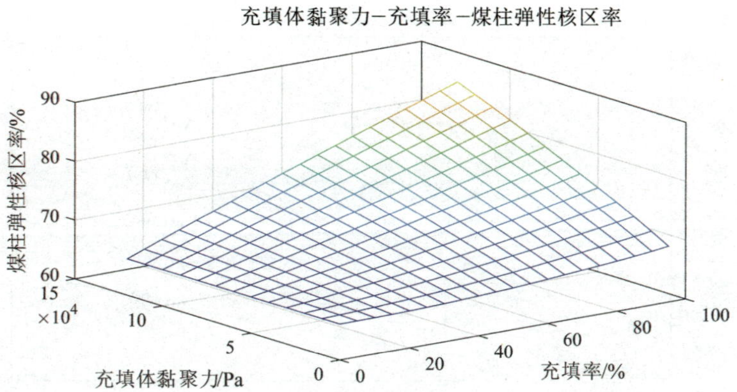

(a)

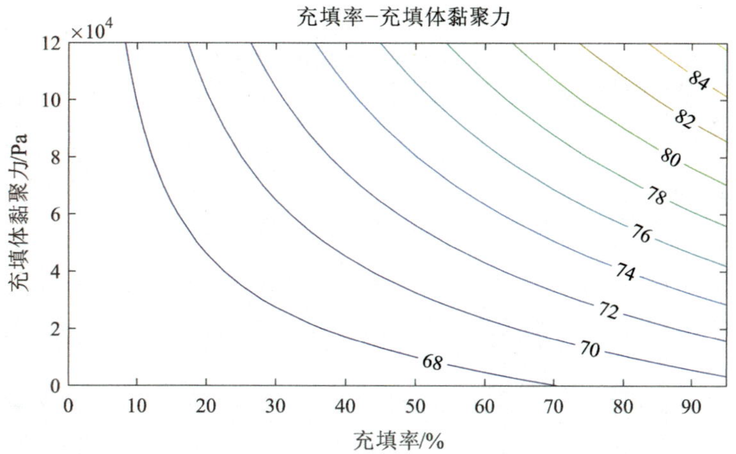

(b)

图 4-11 煤柱弹性核区率随充填率和充填体黏聚力的变化情况

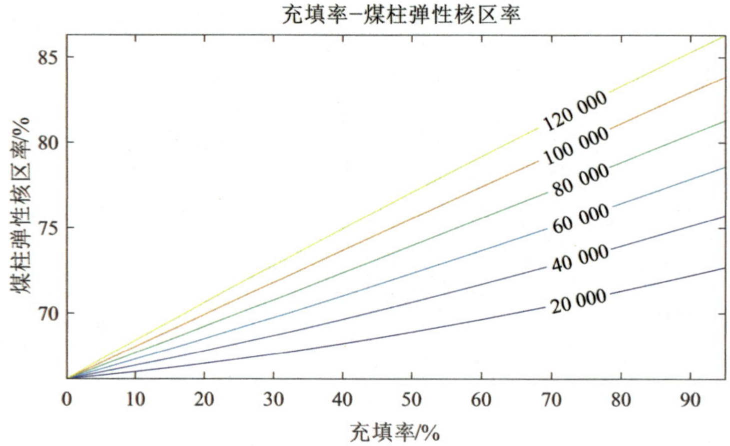
充填率–煤柱弹性核区率
煤柱弹性核区率/%
85
80
75
70
120 000
100 000
80 000
60 000
40 000
20 000
0
10
20
30
40
50
60
70
80
90
充填率/%

(c)

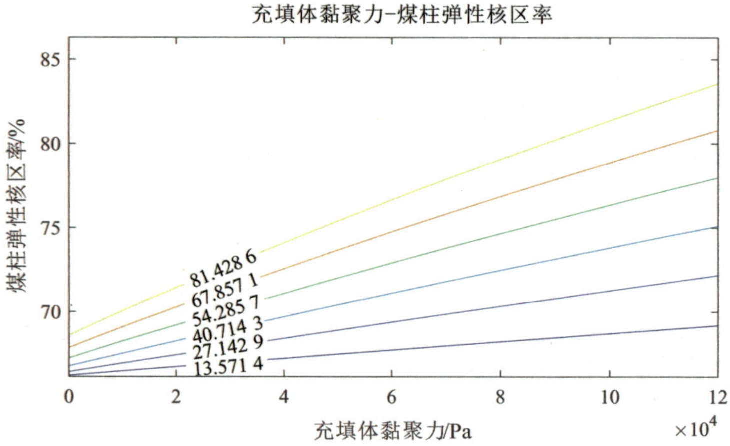
充填体黏聚力–煤柱弹性核区率
煤柱弹性核区率/%
85
80
75
70
81.428 6
67.857 1
54.285 7
40.714 3
27.142 9
13.571 4
0
2
4
6
8
10
12
充填体黏聚力/Pa
×10^4

(d)

图 4-11（续）

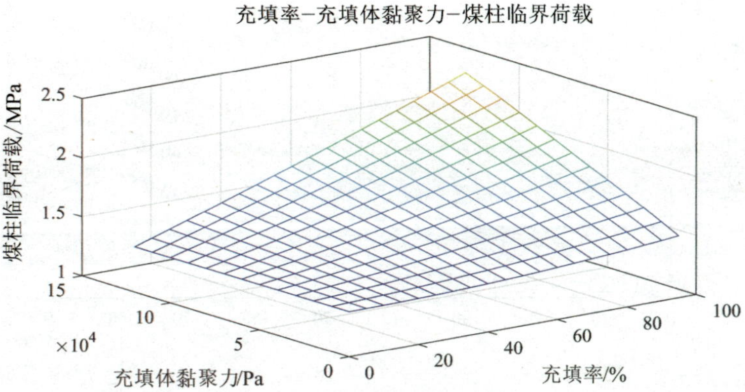

(a)

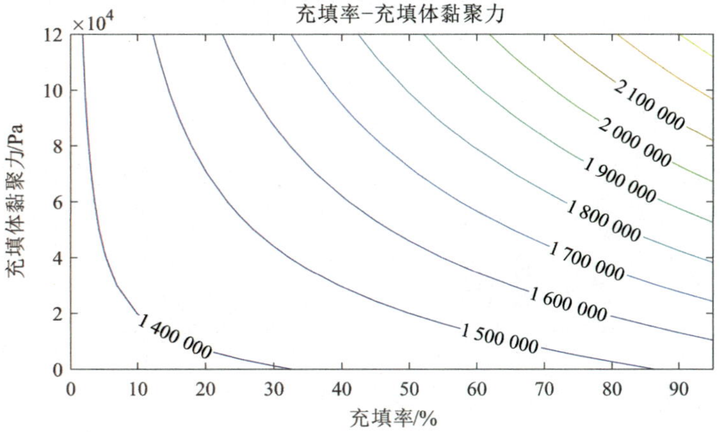

(b)

图 4-12　煤柱临界荷载随充填率和充填体黏聚力的变化情况

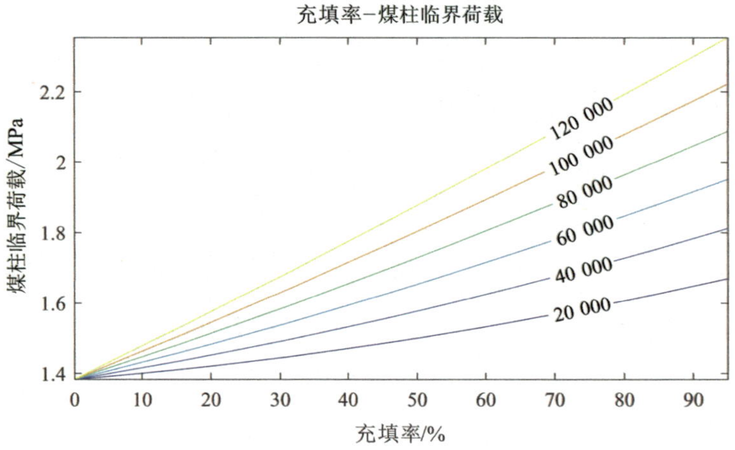

(c)

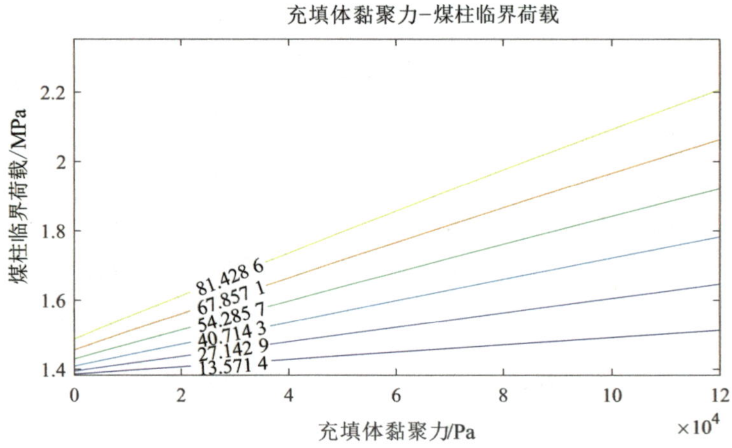

(d)

图 4-12（续）

通过图 4-11 和图 4-12 可知，充填体黏聚力与充填率对煤柱弹性核区率和煤柱临界荷载的影响程度与趋势一致，且煤柱弹性核区率和煤柱临界荷载均随着充填体的黏聚力和充填率的增大而增大，并在一定条件下与充填体的黏聚力和充填率呈线性增长。依据图 4-11(c)、图 4-12(c)和图 4-11(d)和图 4-12(d)中的充填体黏聚力强度等高线和充填率等高线斜率可知，煤柱弹性核区率和煤柱临界荷载对充填率的敏感性随充填体黏聚力的增大而增大,对黏聚力的敏感性随充填率的增大而增大。这意味着在开采过程中想要达到抑制塑性区扩展的效果和提高煤柱临界荷载的途径有两个:一个是提高充填体强度(即充填体内聚),这样即可在较小的充填率条件下达到抑制塑性区扩展的效果,并提高煤柱临界荷载;另一个是即使在充填体强度较小时,想达到抑制塑性区扩展的效果,并提高煤柱临界荷载的目的,可在保证足够的充填率后实现。由图 4-11(c)和图 4-11(d)可知,煤柱弹性核区率要达煤柱稳定所需的 65%,无黏性充填比黏性充填需要更高的充填率才达到。在该计算条件下,无黏性充填须保证充填率达 70%以上才能够保证煤柱弹性核区率在 65%以上,而黏性充填则仅需充填率达到 50%以上即可让煤柱弹性核区率在 65%以上。

4.2 煤柱留设一般方法

通过 4.1 的研究,已基本明晰了影响端帮开采煤柱稳定性的因素主要有充填率、煤柱高度、煤柱宽度、开采深度和充填体性质。因此,在留设煤柱时应重点从上述因素出发,从工程实际情况出发,并基于实际情况做优化。在留设煤柱过程中涉及工程实际的参数,主要有开采煤层厚度、煤层赋存深度、煤岩物理参数以及机械设备限制。其中,开采煤层厚度、煤层赋存深度、煤岩物理参数是无法更改,所以首先须对开采煤层厚度、煤层赋存深度、煤岩物理参数做细致的分析,然后结合目前机械设备的现状进行初步设计。在工程实际中一般希望能够将端帮压煤尽可能地提取出来。在煤柱稳定的前提下,留设的煤柱尺寸越小越好。同时,能够一次采全高的尽可能采取一次采全高设计,尽可能让机械设备的能力得到最大利用。目前的连续端帮采煤机最大采高为 3 m,最大采深为 350 m,故可先按照开采深度为 350 m、开采高度为 3 m 进行煤柱留设计算研究。在 4.1 中,通过计算在开采深度 $l=350$ m、煤柱高度为 3 m(即采高为 3 m)、上覆岩层高度 $H=150$ m、充填率为 50%的条件下要达到煤柱稳定所需的弹性核区率 65%的煤柱宽度不得小于 2.2 m。此时,若为进一步减小煤柱尺寸,则可以考虑提高充填率和增强充填体强度来达到减小留设煤柱尺寸的目的。在 4.1 中通过计算研究发现,随着充填率的提高和充填强度的增强,的确可以为煤柱提供用以抑制煤柱塑性区发展的侧向支护应力。由此，可以考虑提高充填率，进一步优化煤柱留设尺寸。除按照上述方法来解决端帮充填开采煤柱留设问题外，还可以依据4.1中影响煤柱稳定性的规律考虑其他情况，然后逐步优化，最终得到最优的煤柱留设尺寸。

4.3 本章小结

为了解影响煤柱的因素，本章从充填率、煤柱高度、煤柱宽度、开采深度和充填体性质方面对煤柱稳定性进行了计算分析研究，经过计算得知，在一定条件下，煤柱稳定性随充填率的增大、煤柱高度的减小、煤柱宽度的增大和开采深度的减小而增强。同时，黏性充填较非黏性充填更容易让煤柱趋于稳定，且在本章的计算条件中，无黏性充填须保证充填率达70%以上才能够保证煤柱弹性核区率在65%以上，而黏性充填则仅需充填率达到50%以上即可让煤柱弹性核区率在65%以上。此外，本章在明晰了影响煤柱的因素后，还给出了煤柱留设的一般方法。

5 结论与展望

5.1 结论

针对目前国内外鲜有专家和学者运用力学理论方法系统地研究端帮充填开采以及端帮充填开采煤柱稳定性问题的现状，本书运用理论推导、数值模拟和影响因素分析等方法和手段对端帮充填开采煤柱稳定性进行了研究并得出以下六点结论。

(1) 本书基于复变函数推导得出了能够计算煤柱采硐围岩应力、位移的解析函数以及计算煤柱采硐围岩塑性区分界线和塑性宽度的隐函数。

(2) 为验证本书基于复变函数推导得出的能够计算煤柱采硐围岩应力、位移的解析函数以及计算煤柱采硐围岩塑性区分界线和塑性宽度的隐函数的正确性和计算的准确性，本书基于安太堡露天矿地质条件做了验证计算。验证计算结果显示，本书建立并推导得到的解析函数和隐函数计算出的采硐围岩应力、位移和采硐围岩塑性区分界线与数值模拟计算结果相吻合，且误差在5%以内。

(3) 为能够对煤柱稳定性进行评估，本书基于板的稳定性理论中的能量方法推导了煤柱稳定的临界荷载计算公式。为与通过安全系数(*Fos*)直观评估煤柱稳定性的主流方法相统一，本书提出了用煤柱的临界荷载(σ_s)除以煤柱上方的荷载(σ_m)等于安全系数(*Fos*)的端帮充填开采煤柱安全系数计算方法。

(4) 为充分保证评估模型的安全性与准确性，本书提出将煤柱弹性核区率作为评估模型的一部分，并将其与煤柱安全系数相结合，以形成端帮充填开采煤柱稳定性评估模型。使用该评估模型评估端帮充填开采煤柱是否稳定时，须从两方面来评估：① 安全系数 *Fos* 是否大于1.3；② 煤柱弹性核区率是否在65%以上。

(5) 为验证本书建立的煤柱稳定性评估模型的合理性,本书采用了文献报道中的端帮开采实践案例对评估模型进行了验证,验证结果为模型评估合理且与实际相符。

(6) 为了解影响煤柱的因素,本书从充填率、煤柱高度、煤柱宽度、开采深度和充填体性质对煤柱稳定性进行了计算分析研究。经过计算发现,在一定条件下,煤柱稳定性随充填率的增大、煤柱高度的减小、煤柱宽度的增大和开采深度的减小而增强。同时,黏性充填较非黏性充填更容易让煤柱趋于稳定,且在本书的计算条件下无黏性充填须保证充填率达70%以上才能够保证煤柱弹性核区率在65%以上,而黏性充填则仅需充填率达到50%以上即可让煤柱弹性核区率在65%以上。此外,本书在明晰了影响煤柱的因素后,给出了煤柱留设的一般方法。

5.2 展望

端帮充填开采是一个十分有意义的研究方向,为了使端帮充填开采在未来能够得到很好的应用,未来本书后续可能从以下两个方向展开进一步研究。

(1) 端帮充填开采“煤柱-边坡”协同稳定研究,这样将进一步揭示煤柱与边坡之间的关系。

(2) 端帮充填开采三维边坡稳定性研究,应考虑三维状态的边坡稳定,将使得端帮充填开采更加接近实际情况。

参考文献/References

[1] LOONEY B. Statistical review of world energy 2024 [R]. London: BP,2024.

[2] SHIMADA H, CHEN Y L, HAMANAKA A, et al. Application of highwall mining system to recover residual coal in end-walls[J]. Procedia earth and planetary science,2013,6:311-318.

[3] BRENT G F. Quantifying eco-efficiency within life cycle management using a process model of strip coal mining[J]. International journal of mining,reclamation and environment,2011,25(3):258-273.

[4] MATSUI K,SHIMADA H,SASAOKA T,et al. Highwall stability due to punch mining at opencut coal mines[J]. International journal of surface mining,reclamation and environment,2004,18(3):185-204.

[5] DIXIT S K,PRADHAN M. Highwall mining in India[M]//Mine planning and equipment selection. Cham:Springer International Publishing,2014:175-187.

[6] KUZNETSOVA L V, ANFYOROV B A. Combined geotechnology potentials in the process of coal deposits integrated development[J]. IOP conference series:earth and environmental science,2019,377(1):012003.

[7] MATSUI K, SHIMADA H, KRAMADIBRATA S, et al. Some considerations of highwall mining systems in coal mines[C]. Proceedings of the 17 international mining congress and exhibition in Turkey. Ankara:

IMCET,2001:19-22.
[8] WANG R,YAN S,BAI J B,et al. Theoretical analysis of damaged width and instability mechanism of rib pillar in open-pit highwall mining[J]. Advances in civil engineering,2019,2019(1):6328702.
[9] CHEN Y L,SHIMADA H,SASAOKA T,et al. Research on exploiting residual coal around final end-walls by highwall mining system in China[J]. International journal of mining,reclamation and environment,2013,27(3):166-179.
[10] CHEN Y L,CAI Q X,SHANG T,et al. Mining system for remaining coal of final highwall[J]. Journal of mining science,2011,47(6):771-777.
[11] 王双明,孙强,乔军伟,等. 论煤炭绿色开采的地质保障[J]. 煤炭学报,2020,45(1):8-15.
[12] BHATTACHARYA M,RAFIQ S,BHATTACHARYA S. The role of technology on the dynamics of coal consumption-economic growth: new evidence from China[J]. Applied energy,2015,154:686-695.
[13] ÖGE Í F. Prediction of top coal cavability character of a deep coal mine by empirical and numerical methods[J]. Journal of mining science,2018,54(5):793-803.
[14] 宋子岭. 实施绿色开采 促进露天煤矿可持续发展[J]. 中国煤炭,2020,46(3):40-46.
[15] 李涛,肖双双. 露天矿端帮采煤机开采参数设计方法[J]. 煤炭工程,2020,52(11):23-27.
[16] 刘光伟,宋佳琛,李鹏,等. 单一薄煤层露天开采新工艺分析[J]. 煤炭科学技术,2016,44(12):8-14.
[17] 王韶辉,才庆祥,刘福明. 中国露天采煤发展现状与建议[J]. 中国矿业,2014,23(7):83-87.
[18] 张小峰. 我国连续采煤机端帮开采技术[J]. 煤炭技术,2015,34(6):28-30.
[19] 黄刘涛. 端帮开采对于煤炭开采的积极意义[J]. 中国煤炭工业,2014

(9):66-67.

[20] 高岩.端帮开采技术在中国的发展前景[J].内蒙古煤炭经济,2011(3):7-8.

[21] ROSS C,CONOVER D,BAINE J. Highwall mining of thick,steeply dipping coal-a case study in geotechnical design and recovery optimization[J]. International journal of mining science and technology,2019,29(5):777-780.

[22] 殷志祥,董慧.基于边坡稳定性的 SHM 开采端帮特厚煤层影响参数研究[J].应用基础与工程科学学报,2015,23(1):56-67.

[23] WANG F T,ZHANG C. Reasonable coal pillar design and remote control mining technology for highwall residual coal resources[J]. Royal society open science,2019,6(4):181817.

[24] ELMOUTTIE M,KAREKAL S. A framework for geotechnical hazard analysis in highwall mining entries[J]. Procedia engineering,2017,191:1203-1210.

[25] SASAOKA T,KARIAN T,HAMANAKA A,et al. Application of highwall mining system in weak geological condition[J]. International journal of coal science and technology,2016,3(3):311-321.

[26] HUANG J,MENG F B,WANG G,et al. Simulation research for the influence of mining sequence on coal pillar stability under highwall mining method[J]. Geofluids,2021(1):8864339.

[27] HARTCHER P,CASE G. The experience of addcar in highwall mining operations[C]//NAJ A,BOB K. Proceedings of the 2019 coal operators conference. University of Wollongong:Research Online,2019:103-116.

[28] PORATHUR J L,ROY P P,SHEN B,et al. Highwall mining:world scenarios[M]//Highwall mining. Balkema:CRC Press,2017:1-10.

[29] 陈彦龙,才庆祥,周伟,等.露天煤矿拉斗铲作业效率研究[J].采矿与安全工程学报,2009,26(2):221-224.

[30] CAO W,SHENG Y,QIN Y H,et al. Grey relation projection model

for evaluating permafrost environment in the Muli coal mining area, China [J]. International journal of mining, reclamation and environment, 2010, 24(4): 363-374.

[31] 陈彦龙,吴豪帅.露天矿端帮开采下的支撑煤柱突变失稳机理研究[J].中国矿业大学学报,2016,45(5):859-865.

[32] LIER J S. Backfill in highwall mining: an assessment of the possibilities in West Bokaro, India [D]. Delft: Delft University of Technology, 2014.

[33] 刘文岗,王雷石,富强.SHM端帮开采技术及其应用的关键问题[J].煤炭工程,2012,44(6):1-4.

[34] 徐志远,才庆祥,尚涛.端帮采煤方法及系统布置的研究[J].采矿与安全工程学报,2006,23(4):406-410.

[35] 尚涛,才庆祥,车兆学.安家岭露天矿端帮采煤方法及系统布置的研究[J].露天采矿技术,2007,22(5):4-6.

[36] 周亚博.黑岱沟露天矿首采区西端帮下煤层开采可行性研究[D].徐州:中国矿业大学,2014.

[37] 孟建华,张兆琏.SHM端帮联合采煤机赴美现场考察报告[J].露天采矿技术,2007,22(2):5-6.

[38] 马进功.连续采煤机短壁机械化开采发展现状研究[J].煤炭科学技术,2020,48(9):180-188.

[39] 彭洪阁,才庆祥,周伟,等.露天煤矿靠帮开采端帮稳定性关键影响因素研究[J].中国矿业,2008,17(5):71-74.

[40] 董慧.端帮采煤对露天矿边坡稳定性影响研究[D].阜新:辽宁工程技术大学,2014.

[41] 张忠超.端帮开挖影响下沿帮排土场边坡稳定性研究[D].北京:煤炭科学研究总院,2017.

[42] 喻梅.端帮压煤条带开采下煤柱及坡体稳定性机制研究[D].徐州:中国矿业大学,2018.

[43] 王瑞,闫帅,柏建彪,等.端帮开采下煤柱破坏宽度计算及失稳机制研究[J].岩土力学,2019,40(8):3167-3180.

[44] 王东，姜聚宇，韩新平，等. 褐煤露天矿端帮开采边坡支撑煤柱稳定性研究[J]. 中国安全科学学报，2017，27(12)：62-67.

[45] 吴豪帅. 动静载荷下端帮开采中的条带支撑煤柱的稳定性研究[D]. 徐州：中国矿业大学，2018.

[46] 李文明. 露井联采合理边坡保护煤柱宽度确定[J]. 露天采矿技术，2014，29(10)：20-24.

[47] 邵明利，陈秀荣. 露天矿边帮采煤留设煤柱技术[J]. 露天采矿技术，2014，29(11)：44-46.

[48] 姚恩德，王智荣，乔新敏. 露井联合端帮膏体充填开采边坡稳定研究[J]. 煤炭科技，2013，34(1)：17-19.

[49] 张飞，袁文，刘兴邦，等. 端帮采煤中废石充填对边坡稳定性的影响[J]. 煤炭技术，2016，35(12)：145-146.

[50] PORATHUR J L, KAREKAL S, PALROY P. Web pillar design approach for highwall mining extraction[J]. International journal of rock mechanics and mining sciences，2013，64：73-83.

[51] SCHMIDT D. Highwall paragon：commonwealth mining[J]. Coal age，2015，12(119)：26-29.

[52] LUO Y. Highwall mining：design methodology，safety and suitability [J]. Coal and energy research bureau final report，2014，4.

[53] SHEN B. Highwall mining stability[C]//Proceedings of the Taishan academic forum-project on mine disaster prevention and control. Octorber 17-20，2014. Qingdao，China. Atlantis Press，2014：25-37.

[54] BOEUT S，LAOWATTANABANDIT P，FUJII Y. Extracting residual coal by auger highwall mining at Mae Tan Coal Mine，Thailand[C]// Proceedings of spring meeting of MMIJ hokkaido branch. Sapporo：Hokkaido University，2017：59-60.

[55] ZIPF R K. Analysis of practical ground control issues in highwall mining[C]//Society for Mining，Metallurgy and Exploration Inc. Proceedings of the 23rd International Conference on Ground Control in Mining. West Virginia：CDC，2004：210-219.

[56] SHEN B, DUNCAN FAMA M E. Review of highwall mining experience in Australia and a case study[J]. Australian geomechanics, 2001,36(2):25-32.

[57] PRAKASH A,KUMAR A,SINGH K B. Highwall Mining:a critical appraisal[J]. Minetech,2015,36(3):17-30.

[58] PERRY, RAFFALDI, HARRIS. Influence of highwall mining progression on web and barrier pillar stability[J]. Mining engineering, 2015,67(3):59-67.

[59] VANDERGRIFT T,GARCIA J. Highwall mining in a Multiple-Seam, Western United States setting design and performance[C]. PENG S S, MARK C, FINFINGER G, et al. 24th International Conference on Ground Control in Mining. West Virginia:AAI,2005:2-4.

[60] FAMA M, SHEN B, MACONOCHIE P. Optimal design and monitoring of layout stability for highwall mining[R]. 2001.

[61] WAGNER H. Determination of the complete load-deformation characteristics of coal pillars[C]. Proceedings of the 3rd congress of the international society of rock mechanics. US: National academy of sciences,1974:1076-1081.

[62] SHEOREY P R. Pillar strength considering in situ stresses[J]. Minetech,2000,21(3/4):45-49.

[63] CHRISTOPHER M. Analysis of retreat mining pillar stability[D]. Pennsylvania:Pennsylvania State University,1987.

[64] ZIPF R K. Catastrophic collapse of highwall web pillars and preventative design measures[C]. PENG S S,MARK C. Proceedings of the 18th International Conference on Ground Control in Mining. West Virginia:SME,1999.

[65] GALVIN J M. The UNSW pillar design methodology and considerations for using this and other empirical pillar system design approaches[C]. Proceedings 3rd International Workshop on Coal Pillar Mechanics and Design,2010.

[66] HUME R G,SEARLE G K. Improved recovery in highwall mining using backfill[C]. BLOSS M. Proceedings of international symposium on mining with backfill. Qld:BHP,1998:197-205.

[67] SASAOKA T,KARIAN T,HAMANAKA A,et al. Application of highwall mining system in weak geological condition[J]. International journal of coal science and technology,2016,3(3):311-321.

[68] 吕爱钟,张路青. 地下隧洞力学分析的复变函数方法[M]. 北京:科学出版社,2007.

[69]MUSKHELISHVILI N I. Some basic problems of the mathematical theory of elasticity[M]. Cham:Springer Netherlands,1977.

[70] 顿志林,高家美. 弹性力学及其在岩土工程中的应用[M]. 北京:煤炭工业出版社,2003.

[71] 陈子荫. 围岩力学分析中的解析方法[M]. 北京:煤炭工业出版社,1994.

[72] MIKHLIN S G. Method of successive approximation in solutions to biharmonic equations[J]. Applications of mathematics,2017,62(4):297-317.

[73] SOBOLEV S L. Schwarz's algorithm in elasticity theory[M]//Selected Works of S. L. Sobolev. Boston,MA:Springer US,2006:399-403.

[74] 王茜. 城门洞与圆形洞室相互影响的围岩应力场弹性解析解研究[D]. 西安:西安理工大学,2011.

[75] 李磊. 大断面托顶煤巷道灾变机制与控制技术研究[D]. 徐州:中国矿业大学,2013.

[76] 陈成. 矩形巷道围岩受力与变形破坏特征研究[D]. 淮南:安徽理工大学,2018.

[77] SHEN B,FAMA M D. Geomechanics and highwall mining[J]. World coal,2001,10(2):35-38.

[78] DONOVAN J G,KARFAKIS M G. Design of backfilled thin-seam coal pillars using earth pressure theory[J]. Geotechnical and geological

engineering,2004,22(4):627-642.

[79] 张承客,李宁,胡海霞.非静水压力下圆形隧洞围岩塑性区分析[J].西北农林科技大学学报(自然科学版),2015,43(4):215-222.

[80] WANG H W,POULSEN B A,SHEN B T,et al. The influence of roadway backfill on the coal pillar strength by numericalinvestigation [J]. International journal of rock mechanics and mining sciences,2011,48(3):443-450.

[81] ZIPF R K Jr,MARK C. Ground control for highwall mining in the United States[J]. International journal of surface mining,reclamation and environment,2005,19(3):188-217.

[82] GAO W,GE M M. Stability of a coal pillar for strip mining based on an elastic-plastic analysis[J]. International journal of rock mechanics and mining sciences,2016,87:23-28.

附录 Appendix

$$a_1=a_2=a_3=a_4=a_5=a_6=a_7=a_8=0;$$

$$a_9=\gamma_1 R\left(B+\frac{\mathrm{i}p}{2\pi}\ln\frac{\sigma_{1A}}{\sigma_{1B}}\right);$$

$$a_{10}=\frac{\mathrm{i}p}{70\sigma_{1A}\sigma_{1B}(1+\kappa)\pi}\{35\sigma_{1A}\sigma_{1B}(\kappa-1)(z_{1A}-z_{1B})\ln\sigma_{1A}+$$
$$(1+\kappa)[\sigma_{1A}R(35+7\beta_5\sigma_{1A}^5\sigma_{1B}+5\beta_7\sigma_{1A}^7\sigma_{1B}+35\beta_1\sigma_{1B}(\sigma_{1A}-\sigma_{1B})-$$
$$7\beta_5\sigma_{1B}^5-5\beta_7\sigma_{1B}^8)+35\sigma_{1A}\sigma_{1B}z_{1B}\ln\frac{\sigma_{1B}}{\sigma_{1A}}-35\sigma_{1B}R]+$$
$$35\sigma_{1A}\sigma_{1B}(\kappa-2)(z_{1B}-z_{1A})\ln\gamma_1\}$$

$$a_{11}=\frac{\mathrm{i}}{24\sigma_{1A}^2\sigma_{1B}^2(1+\kappa)\pi}\{6\beta_3 Rp\sigma_{1A}^4\sigma_{1B}^2(1+\kappa)-6Rp\sigma_{1B}^2(1+\kappa)+$$
$$3\beta_5 Rp\sigma_{1A}^6\sigma_{1B}^2(1+\kappa)+2\beta_7\sigma_{1A}^8\sigma_{1B}^2(1+\kappa)+$$
$$12p\sigma_{1A}\sigma_{1B}^2(z_{1A}-\kappa z_{1A}+2\kappa z_{1B})-$$
$$\sigma_{1A}^2(1+\kappa)[Rp(6\beta_3\sigma_{1B}^4-6+3\beta_5\sigma_{1B}^6+2\beta_7\sigma_{1B}^8)-$$
$$24R\sigma_{1B}^2\pi\mathrm{i}(\beta_1 B+B')+12p\sigma_{1B}z_{1B}]+$$
$$12Rp\sigma_{1A}^2\sigma_{1B}^2(1+\kappa)\left(\beta_1\ln\frac{\sigma_{1A}}{\sigma_{1B}}+\ln\frac{\sigma_{1B}}{\sigma_{1A}}\right)\}$$

$$a_{12}=\frac{\mathrm{i}p}{60\sigma_{1A}^{3}\sigma_{1B}^{3}(1+\kappa)\pi}\{30\beta_3R\sigma_{1A}^{4}\sigma_{1B}^{3}(1+\kappa)-10R\sigma_{1B}^{3}(1+\kappa)-30\beta_1R\sigma_{1A}^{2}\sigma_{1B}^{3}(1+\kappa)+6\beta_7R\sigma_{1A}^{8}\sigma_{1B}^{3}(1+\kappa)+\sigma_{1A}^{3}(1+\kappa)[2R(5+15\beta_1\sigma_{1B}^{2}-15\beta_3\sigma_{1B}^{4}-3\beta_7\sigma_{1B}^{8})-15\sigma_{1B}z_{1B}]+15\sigma_{1A}\sigma_{1B}^{3}(z_{1A}-\kappa z_{1A}+2\kappa z_{1B})\}$$

$$a_{13}=\frac{\mathrm{i}}{24\sigma_{1A}^{4}\sigma_{1B}^{4}(1+\kappa)\pi}\{6\beta_5\sigma_{1A}^{6}\sigma_{1B}^{4}-3Rp\sigma_{1A}^{4}(1+\kappa)-6\beta_1Rp\sigma_{1A}^{2}\sigma_{1B}^{4}(1+\kappa)+3\beta_7Rp\sigma_{1A}^{8}\sigma_{1B}^{4}(1+\kappa)+4p\sigma_{1A}\sigma_{1B}^{4}(z_{1A}-\kappa z_{1A}+2\kappa z_{1B})+\sigma_{1A}^{4}(1+\kappa)[Rp(3+6\beta_1\sigma_{1B}^{2}-6\beta_5\sigma_{1B}^{6}-3\beta_7\sigma_{1B}^{8})+24\pi\mathrm{i}BR\beta_3\sigma_{1B}^{4}-4p\sigma_{1B}z_{1B}]+12\beta_3Rp\sigma_{1A}^{4}\sigma_{1B}^{4}(1+\kappa)\ln\frac{\sigma_{1A}}{\sigma_{1B}}\}$$

$$a_{14}=\frac{\mathrm{i}p}{120\sigma_{1A}^{5}\sigma_{1B}^{5}(1+\kappa)\pi}\{60\beta_5R\sigma_{1A}^{6}\sigma_{1B}^{5}(1+\kappa)-12R\sigma_{1B}^{5}(1+\kappa)-20\beta_1R\sigma_{1A}^{2}\sigma_{1B}^{5}(1+\kappa)-60\beta_3R\sigma_{1A}^{4}\sigma_{1B}^{5}(1+\kappa)+\sigma_{1A}^{5}(1+\kappa)[12R+20R\sigma_{1B}^{2}(\beta_1+3\beta_3\sigma_{1B}^{2}-3\beta_5\sigma_{1B}^{4})-15\sigma_{1B}z_{1B}]+15\sigma_{1A}\sigma_{1B}^{5}(z_{1A}-\kappa z_{1A}+2\kappa z_{1B})\}$$

$$a_{15}=\frac{\mathrm{i}}{120\sigma_{1A}^{6}\sigma_{1B}^{6}(1+\kappa)\pi}\{30\beta_7Rp\sigma_{1A}^{8}\sigma_{1B}^{6}(1+\kappa)-10Rp\sigma_{1B}^{6}(1+\kappa)-15\beta_1Rp\sigma_{1A}^{2}\sigma_{1B}^{6}(1+\kappa)-30\beta_3Rp\sigma_{1A}^{4}\sigma_{1B}^{6}(1+\kappa)+12p\sigma_{1A}\sigma_{1B}^{6}(z_{1A}-\kappa z_{1A}+2\kappa z_{1B})+\sigma_{1A}^{6}(1+\kappa)[5R((2+3\beta_1\sigma_{1B}^{2}+6\beta_3\sigma_{1B}^{2}-6\beta_7\sigma_{1B}^{8})p+24iB\beta_5\sigma_{1B}^{6}\pi)-12p\sigma_{1B}^{2}z_{1B}]+60\beta_5Rp\sigma_{1A}^{6}\sigma_{1B}^{6}(1+\kappa)\ln\frac{\sigma_{1A}}{\sigma_{1B}}\}$$

$$a_{16}=\frac{\mathrm{i}p}{420\sigma_{1A}^{7}\sigma_{1B}^{7}(1+\kappa)\pi}\{210\beta_5\sigma_{1A}^{6}\sigma_{1B}^{7}-30R\sigma_{1B}^{7}(1+\kappa)-42\beta_1R\sigma_{1A}^{2}\sigma_{1B}^{7}(1+\kappa)-70\beta_3R\sigma_{1A}^{4}\sigma_{1B}^{7}(1+\kappa)+210\beta_7R\sigma_{1A}^{8}\sigma_{1B}^{7}(1+\kappa)+\sigma_{1A}^{7}(1+\kappa)[30R+42\beta_1R\sigma_{1A}^{2}+70\sigma_{1B}^{4}R(\beta_3+3\beta_5\sigma_{1B}^{2}-3\beta_7\sigma_{1B}^{4})-35\sigma_{1B}z_{1B}]+35\sigma_{1A}\sigma_{1B}^{7}(z_{1A}-\kappa z_{1A}+2\kappa z_{1B})\}$$

$$a_{17}=\frac{\mathrm{i}}{336\sigma_{1A}^{8}\sigma_{1B}^{8}(1+\kappa)\pi}\{24p\sigma_{1A}\sigma_{1B}^{8}(z_{1A}-\kappa z_{1A}+2\kappa z_{1B})-$$

$$21Rp\sigma_{1B}^{8}(1+\kappa)-28\beta_1 Rp\sigma_{1A}^{2}\sigma_{1B}^{8}(1+\kappa)-$$
$$42\beta_3 Rp\sigma_{1A}^{4}\sigma_{1B}^{8}(1+\kappa)-84\beta_5 Rp\sigma_{1A}^{6}\sigma_{1B}^{8}(1+\kappa)+$$
$$24p\sigma_{1A}\sigma_{1B}^{8}(z_{1A}-\kappa z_{1A}+2\kappa z_{1B})+$$
$$\sigma_{1A}^{8}(1+\kappa)[7Rp(3+4\beta_1\sigma_{1B}^{2}+6\beta_3\sigma_{1B}^{4}+12\beta_5\sigma_{1B}^{6})+336iBR\beta_7\sigma_{1B}^{8}\pi-$$
$$24p\sigma_{1B}z_{1B}]+168\beta_7 Rp\sigma_{1A}^{8}\sigma_{1B}^{8}(1+\kappa)\ln\frac{\sigma_{1A}}{\sigma_{1B}}\bigg\}$$

$$a_{18}=\frac{ip}{5\,040\sigma_{1A}^{9}\sigma_{1B}^{9}(1+\kappa)\pi}\{-280R\sigma_{1B}^{9}(1+\kappa)-$$
$$360\beta_1 R\sigma_{1A}^{2}\sigma_{1B}^{9}(1+\kappa)-504\beta_3 R\sigma_{1A}^{4}\sigma_{1B}^{9}(1+\kappa)-$$
$$840\beta_5 R\sigma_{1A}^{6}\sigma_{1B}^{9}(1+\kappa)-2\,520\beta_7 R\sigma_{1A}^{8}\sigma_{1B}^{9}(1+\kappa)+$$
$$\sigma_{1A}^{9}(1+\kappa)[360\beta_1 R\sigma_{1B}^{2}+$$
$$56R(5+9\beta_1\sigma_{1B}^{4}+15\beta_5\sigma_{1B}^{6}+45\beta_7\sigma_{1B}^{8})-315\sigma_{1B}z_{1B}]-$$
$$315\sigma_{1A}\sigma_{1B}^{9}[(\kappa-1)z_{1A}-2\kappa z_{1B}]\}$$

$$a_{19}=\frac{ip}{720\sigma_{1A}^{10}\sigma_{1B}^{10}(1+\kappa)\pi}\{-36R\sigma_{1B}^{10}(1+\kappa)-45\beta_1 R\sigma_{1A}^{2}\sigma_{1B}^{10}(1+\kappa)-$$
$$60\beta_3 R\sigma_{1A}^{4}\sigma_{1B}^{10}(1+\kappa)-90\beta_5 R\sigma_{1A}^{6}\sigma_{1B}^{10}(1+\kappa)-180\beta_7 R\sigma_{1A}^{8}\sigma_{1B}^{10}(1+\kappa)+$$
$$\sigma_{1A}^{10}(1+\kappa)[(36R+30\beta_1 R\sigma_{1B}^{2}+60\beta_3 R\sigma_{1B}^{4}+90\beta_5 R\sigma_{1B}^{6}+180\beta_7 R\sigma_{1B}^{8})-$$
$$40\sigma_{1B}z_{1B}]+40\sigma_{1A}\sigma_{1B}^{10}(z_{1A}-\kappa z_{1A}+2\kappa z_{1B})\}$$

$$b_1=b_2=b_3=b_4=b_5=b_6=b_7=b_8=0;$$
$$b_9=B(1-2R)$$
$$b_{10}=-\frac{iRp(\sigma_{1A}-\sigma_{1B})}{14\sigma_{1A}\sigma_{1B}\pi}$$
$$b_{11}=\frac{i\beta_7^{4}Rp(\sigma_{1A}-\sigma_{1B})(\sigma_{1A}+\sigma_{1B})}{28\sigma_{1A}^{2}\sigma_{1B}^{2}\pi}+B\beta_1\beta_7^{4}(2R-1)$$
$$b_{12}=-\frac{i(\sigma_{1A}-\sigma_{1B})Rp}{294\beta_7^{2}\sigma_{1A}^{3}\sigma_{1B}^{3}\pi}\{-15\beta_5\beta_7\sigma_{1A}^{2}\sigma_{1B}^{2}+7\beta_7^{2}\sigma_{1A}^{2}+7\beta_7^{2}\sigma_{1A}\sigma_{1B}+$$
$$7\beta_7\sigma_{1B}^{2}[\beta_7+3\sigma_{1A}^{2}(\beta_5+\beta_1\beta_7)]\}$$
$$b_{13}=\frac{1}{392\beta_7^{3}}\bigg\{-\frac{i\beta_7(\sigma_{1A}-\sigma_{1B})(\sigma_{1A}+\sigma_{1B})Rp}{\sigma_{1A}^{4}\sigma_{1B}^{4}\pi}[7\beta_7^{2}\sigma_{1A}^{2}+(7\beta_7\sigma_{1B}^{2}(\beta_7+$$
$$2\beta_5\sigma_{1A}^{2}+2\beta_1\beta_7\sigma_{1A}^{2})-10\beta_5\beta_7\sigma_{1A}^{2}\sigma_{1B}^{2})]-392B\beta_3\beta_7^{3}(2R-1)\}$$

$$b_{14}=-\frac{\mathrm{i}Rp(\sigma_{1A}-\sigma_{1B})}{10\ 290B\sigma_{1A}^{5}\sigma_{1B}^{5}\pi}\{375\beta_5^2\beta_7\sigma_{1A}^4\sigma_{1B}^4-35\beta_7\sigma_{1A}^2\sigma_{1B}^2[5\beta_5\beta_7\sigma_{1A}^2+$$

$$5\beta_5\beta_7\sigma_{1A}\sigma_{1B}+(5\beta_5\beta_7+9\beta_3\beta_7\sigma_{1A}^2+15\beta_5^2\sigma_{1A}^2+15\beta_5\beta_1\beta_7\sigma_{1A}^2)\sigma_{1B}^2]+$$

$$49\beta_7^2[3\beta_7\sigma_{1A}^4+3\beta_7\sigma_{1A}^3\sigma_{1B}+\sigma_{1A}^2\sigma_{1B}^2(3\beta_7+5\beta_5\sigma_{1A}^2+5\beta_1\beta_7\sigma_{1A}^2)+$$

$$\sigma_{1A}\sigma_{1B}^3(3\beta_7+5\beta_5\sigma_{1A}^2+5\beta_1\beta_7\sigma_{1A}^2)+$$

$$(3\beta_7+5\sigma_{1A}^2\beta_5+5\beta_1\beta_7\sigma_{1A}^2+15\beta_1\beta_5\sigma_{1A}^4+15\beta_3\beta_7\sigma_{1A}^4)\sigma_{1B}^4]\}$$

$$b_{15}=-\frac{1}{8\ 232\beta_7^4}\left\{\frac{\mathrm{i}\beta_7R}{\sigma_{1A}^6\sigma_{1B}^6\pi}[150\beta_5^2\beta_7p\sigma_{1A}^4\sigma_{1B}^4(\sigma_{1A}^2-\sigma_{1B}^2)-\right.$$

$$21\beta_7\sigma_{1A}^2\sigma_{1B}^2p(\sigma_{1A}^2-\sigma_{1B}^2)(5\beta_5\beta_7\sigma_{1A}^2+(5\beta_5\beta_7+6\beta_3\beta_7\sigma_{1A}^2+10\beta_5^2\sigma_{1A}^2+$$

$$10\beta_5\beta_1\beta_7\sigma_{1A}^2)\sigma_{1B}^2)+49\beta_7^2((\sigma_{1A}^2-\sigma_{1B}^2)(2\beta_7\sigma_{1A}^2+2\beta_7\sigma_{1A}^2\sigma_{1B}^2+$$

$$3\beta_5\sigma_{1A}^4\sigma_{1B}^2+3\beta_1\beta_7\sigma_{1A}^4\sigma_{1B}^2+2\beta_7\sigma_{1B}^4+3\beta_7\sigma_{1A}^2\sigma_{1B}^4+3\beta_1\beta_7\sigma_{1A}^2\sigma_{1B}^4+$$

$$6\beta_1\beta_5\sigma_{1A}^4\sigma_{1B}^4+6\beta_3\beta_7\sigma_{1A}^4\sigma_{1B}^4)p-24\mathrm{i}\sigma_{1A}^6\sigma_{1B}^6\pi)]+24B(2R-1)+$$

$$\left.7\beta_5\beta_7[5\beta_3(7\beta_7-6)+49\beta_7^3]+\frac{588\mathrm{i}\beta_7^3Rp}{\pi}\ln\frac{\sigma_{1A}}{\sigma_{1A}}\right\}$$

$$b_{16}=-\frac{\mathrm{i}p}{72\ 030\beta_7^4\sigma_{1A}^7\sigma_{1B}^7(1+\kappa)\pi}\{-1\ 875\beta_5^3\beta_7R\sigma_{1A}^6\sigma_{1B}^6(\sigma_{1A}-\sigma_{1B})(1+\kappa)+$$

$$175\beta_5\beta_7R\sigma_{1A}^4\sigma_{1B}^4(\sigma_{1A}-\sigma_{1B})(1+\kappa)[5\beta_5\beta_7\sigma_{1A}^2+5\beta_5\beta_7\sigma_{1A}\sigma_{1B}+$$

$$(5\beta_5\beta_7+18\beta_3\beta_7\sigma_{1A}^2+15\beta_5^2\sigma_{1A}^2+15\beta_1\beta_5\beta_7\sigma_{1A}^2)\sigma_{1B}^2]-$$

$$245\beta_7^2R\sigma_{1A}^2\sigma_{1B}^2(1+\kappa)(\sigma_{1A}-\sigma_{1B})[3\beta_5\beta_7\sigma_{1A}^4+3\beta_5\beta_7\sigma_{1A}^3\sigma_{1B}+$$

$$\sigma_{1A}^2\sigma_{1B}^2(3\beta_5\beta_7+\sigma_{1A}^2(3\beta_3\beta_7+5\beta_5^2+5\beta_1\beta_5\beta_7))+$$

$$\sigma_{1A}\sigma_{1B}^3(3\beta_5\beta_7+\sigma_{1A}^2(3\beta_3\beta_7+5\beta_5^2+5\beta_1\beta_7))+$$

$$\sigma_{1A}\sigma_{1B}^3(3\beta_5\beta_7+\sigma_{1A}^2(3\beta_3\beta_7+5\beta_5^2+5\beta_1\beta_5\beta_7))+$$

$$\sigma_{1B}^2(3\beta_5\beta_7+\sigma_{1A}^2(3\beta_3\beta_7+5\beta_5^2+5\beta_1\beta_5\beta_7)+$$

$$3\sigma_{1A}^4(3\beta_3\beta_5+5\beta_1\beta_5^2+\beta_1\beta_7+3\beta_1\beta_3\beta_7+5\beta_3\beta_5\beta_7))]+$$

$$49\beta_7^3[\beta_7R(1+\kappa)(\sigma_{1A}-\sigma_{1B})(15\sigma_{1A}\sigma_{1B}^5+15\sigma_{1B}^6+$$

$$3\sigma_{1A}^3\sigma_{1B}^3(5+7\beta_1\sigma_{1B}^2)+3\sigma_{1A}^2\sigma_{1B}^4(5+7\beta_1\sigma_{1B}^2)+$$

$$\sigma_{1A}^5\sigma_{1B}(15+21\beta_1\sigma_{1B}^2+35\beta_3\sigma_{1B}^4)+\sigma_{1A}^4\sigma_{1B}^2(15+21\beta_1\sigma_{1B}^2+35\beta_3\sigma_{1B}^4)+$$

$$\sigma_{1A}^6(15+21\beta_1\sigma_{1B}^2+35\beta_3\sigma_{1B}^4+105\beta_5\sigma_{1B}^6))+$$

$$7\beta_5\sigma_{1A}^2\sigma_{1B}^2R(\sigma_{1A}-\sigma_{1B})(1+\kappa)(3\sigma_{1A}^4+3\sigma_{1A}^3\sigma_{1B}+$$

$$\sigma_{1A}^2\sigma_{1B}^2(3+5\beta_1\sigma_{1A}^2)+\sigma_{1A}\sigma_{1B}^3(3+5\beta_1\sigma_{1A}^2)+$$

$$\sigma_{1B}^{4}(3+5\beta_1\sigma_{1A}^{2}+15\beta_3\sigma_{1A}^{4}))+105\sigma_{1A}^{7}\sigma_{1B}^{7}(2\kappa-1)(\bar{z}_{1A}-\bar{z}_{1B})]\}$$

$$b_{17}=\frac{1}{57\ 624\beta_7^{5}}\{24B+343\beta_6^{3}[\beta_7(\beta_1^{2}-1)(2R-1)+\beta_7(\beta_1^{2}+7\beta_7^{2}-1-$$

$$2\beta_1^{2}R-14\beta_7^{2}R)]-\frac{\mathrm{i}\beta_7}{\sigma_{1A}^{6}\sigma_{1B}^{6}}[150\beta_5^{3}Rp\sigma_{1A}^{4}\sigma_{1B}^{4}(1-\kappa)2\beta_7(\sigma_{1A}^{2}-\sigma_{1B}^{2})]-$$

$$105\beta_5^{2}\beta_7Rp\sigma_{1A}^{2}\sigma_{1B}^{2}(1+\kappa)2\beta_7(\sigma_{1A}^{2}-\sigma_{1B}^{2})[\sigma_{1B}^{2}+\sigma_{1A}^{2}(1+2\beta_1\sigma_{1B}^{2})]+7\beta_5\beta_7$$

$$(1+\kappa)[180\beta_3\beta_7Rp\sigma_{1A}^{4}\sigma_{1B}^{4}(\sigma_{1A}^{2}-\sigma_{1B}^{2})+147\beta_7^{2}p\sigma_{1A}^{2}\sigma_{1B}^{2}(\sigma_{1A}^{2}-\sigma_{1B}^{2})$$

$$(\beta_1\sigma_{1A}^{2}+\sigma_{1B}^{2}\beta_1+2\beta_3\sigma_{1A}^{2}\sigma_{1B}^{2}+2\beta_7\sigma_{1A}^{2}\sigma_{1B}^{2})-7\beta_7p\sigma_{1B}^{2}(\sigma_{1A}^{2}-\sigma_{1B}^{2})$$

$$(10\beta_7\sigma_{1A}^{4}+10\beta_7\sigma_{1A}^{2}\sigma_{1B}^{2}+15\beta_1\beta_7\sigma_{1A}^{4}\sigma_{1B}^{2}+10\beta_7\sigma_{1B}^{4}+15\beta_1\beta_7\sigma_{1A}^{2}\sigma_{1B}^{4}+$$

$$18\beta_3\sigma_{1A}^{4}\sigma_{1B}^{4}+30\beta_3\beta_7\sigma_{1A}^{4}\sigma_{1B}^{4})+840\mathrm{i}B'\beta_7\beta_{11}\sigma_{1A}^{6}\sigma_{1B}^{6}\pi]+98\beta_1\beta_7^{2}R(1+\kappa)$$

$$[p(\sigma_{1A}^{2}-\sigma_{1B}^{2})(7\beta_7^{2}\sigma_{1A}^{4}+7\beta_7^{2}\sigma_{1A}^{2}\sigma_{1B}^{2}+7\beta_7^{2}\sigma_{1A}^{4}-21\sigma_{1A}^{4}\sigma_{1B}^{4}-3\beta_7\sigma_{1A}^{4}\sigma_{1B}^{4}-$$

$$21\beta_3\beta_7\sigma_{1A}^{4}\sigma_{1B}^{4})-84\mathrm{i}B'\beta_7\sigma_{1A}^{6}\sigma_{1B}^{6}\pi]+147\beta_3\beta_7^{2}Rp\sigma_{1A}^{2}\sigma_{1B}^{2}(\sigma_{1A}^{4}-\sigma_{1B}^{4})(1+\kappa)$$

$$[7\beta_7(\beta_7-1)-3\beta_7]+4\ 116\beta_7^{3}p\sigma_{1A}^{5}\sigma_{1B}^{5}[\bar{z}_{1A}\sigma_{1B}(\kappa-1)+2\sigma_{1B}\bar{z}_{1B}-$$

$$\sigma_{1A}\bar{z}_{1B}(1+\kappa)]+\frac{588\mathrm{i}Rp\beta_7^{3}(5\beta_5-7\beta_1\beta_7)}{\pi}\ln\frac{\sigma_{1A}}{\sigma_{1B}}\}$$

$$b_{18}=-\frac{\mathrm{i}p}{1\ 512\ 630\beta_7\sigma_{1A}^{9}\sigma_{1B}^{9}(1+\kappa)\pi}\{-11\ 250\beta_5^{4}R\sigma_{1A}^{8}\sigma_{1B}^{8}(1-\kappa)(\sigma_{1A}-\sigma_{1B})+$$

$$108045\beta_7^{5}R\sigma_{1A}^{8}\sigma_{1B}^{8}(\sigma_{1A}-\sigma_{1B})(1+\kappa)+525\beta_5^{2}\beta_7R\sigma_{1A}^{6}\sigma_{1B}^{6}(\sigma_{1A}-\sigma_{1B})[10\beta_7$$

$$(\sigma_{1A}^{2}+\sigma_{1A}\sigma_{1B}+\sigma_{1B}^{2}+3\beta_1\sigma_{1A}^{2}\sigma_{1B}^{2})-9\beta_3\sigma_{1A}^{2}\sigma_{1B}^{2}](1+\kappa)+343\beta_7^{4}R(1+\kappa)$$

$$[35\sigma_{1A}^{9}-45\beta_1\sigma_{1A}^{2}\sigma_{1B}^{9}-63\beta_3\sigma_{1B}^{9}-105\beta_5\sigma_{1A}^{6}\sigma_{1B}^{9}+\sigma_{1A}^{9}(-35+45\beta_1\sigma_{1B}^{2}+$$

$$63\beta_3\sigma_{1B}^{4}+105\beta_5\sigma_{1B}^{6})]+735\beta_7^{2}\sigma_{1A}^{4}\sigma_{1B}^{4}[(27\beta_3^{2}R\sigma_{1A}^{4}\sigma_{1B}^{4}(1+\kappa)(\sigma_{1A}-$$

$$\sigma_{1B})-2\beta_5^{2}(\sigma_{1A}-\sigma_{1B})(3\sigma_{1A}\sigma_{1B}^{3}+3\sigma_{1B}^{4}+3\sigma_{1A}^{3}\sigma_{1B}+5\beta_1\sigma_{1A}^{3}\sigma_{1B}^{3}+3\sigma_{1A}^{2}\sigma_{1B}^{2}+$$

$$5\beta_1\sigma_{1A}^{2}\sigma_{1B}^{4}+3\sigma_{1B}^{4}+5\beta_1\sigma_{1A}^{4}\sigma_{1B}^{2}+15\beta_3\sigma_{1A}^{4}\sigma_{1B}^{4})]R(1+\kappa)+3\beta_5R\sigma_{1A}^{2}\sigma_{1B}^{2}$$

$$(1+\kappa)[3\beta_3(\sigma_{1A}-\sigma_{1B})(\sigma_{1A}\sigma_{1B}+\sigma_{1B}^{2}+\sigma_{1A}^{2}(1+3\beta_1\sigma_{1B}^{2})]+$$

$$\sigma_{1A}^{2}\sigma_{1B}^{2}(3\beta_1R(1+\kappa)(\sigma_{1A}-\sigma_{1B})+35\sigma_{1A}\sigma_{1B}(2\kappa-1)(\bar{z}_{1B}-\bar{z}_{1A}))]+$$

$$147\beta_7^{3}\sigma_{1A}^{2}\sigma_{1B}^{2}[210\beta_5^{2}R\sigma_{1A}^{6}\sigma_{1B}^{6}(\sigma_{1A}-\sigma_{1B})(1+\kappa)]+2\beta_5R(1+\kappa)[90\sigma_{1B}^{7}-$$

$$21\beta_1\sigma_{1A}^{2}\sigma_{1B}^{7}-35\beta_3\sigma_{1A}^{4}\sigma_{1B}^{7}+\sigma_{1A}^{7}(21\beta_1\sigma_{1B}^{2}+35\beta_3\sigma_{1B}^{4}-90)]-$$

$$21\sigma_{1A}^{2}\sigma_{1B}^{2}[15\beta_3^{2}R\sigma_{1A}^{4}\sigma_{1B}^{5}(\sigma_{1A}-\sigma_{1B})(1+\kappa)+\beta_3R(1+\kappa)(-17\sigma_{1B}^{5}-$$

$$5\beta_1\sigma_{1A}^{2}\sigma_{1B}^{5}+17\sigma_{1A}^{5}+5\beta_1\sigma_{1A}^{5}\sigma_{1B}^{2})+5\beta_1^{2}R\sigma_{1A}^{4}\sigma_{1B}^{4}(\sigma_{1A}-\sigma_{1B})(1+\kappa)]-$$

$$25\beta_1R\sigma_{1A}^{2}\sigma_{1B}^{5}(1+\kappa)+25\beta_1R\sigma_{1A}^{5}\sigma_{1B}^{2}+25\beta_1R\sigma_{1A}^{5}\sigma_{1B}^{2}\kappa-35\beta_1\sigma_{1A}^{5}\sigma_{1B}^{5}(2\kappa-$$

$$1)(\bar{z}_{1A}-\bar{z}_{1B})\}$$

$$b_{19}=\frac{1}{2\ 016\ 840\beta_7^6\sigma_{1A}^{10}\sigma_{1B}^{10}(1+\kappa)\pi}\{-120B\beta_7\sigma_{1A}^{10}\sigma_{1B}^{10}(1-2\kappa)(1+\kappa)\pi$$

$$[3\ 125\beta_5^5-4\ 375\beta_1\beta_5^4\beta_7+3\ 675\beta_1\beta_5^2\beta_7^2(1+3\beta_3)-343\beta_1\beta_7^3(\beta_3(6+9\beta_3-$$

$$7\beta_7)+7\beta_7)-175\beta_5^3\beta_7(\beta_3(60-35\beta_7)+49\beta_7^2)+49\beta_5\beta_7^2(15\beta_3^2(9-$$

$$14\beta_7)+147\beta_3\beta_7^2+35\beta_7(2-2\beta_1^2+7\beta_7^2))]+30\beta_6[625\beta_5^4-875\beta_1\beta_5^3\beta_7+$$

$$490\beta_1\beta_5\beta_7^2(1+3\beta_3)-35\beta_5^2\beta_7\sigma_{1A}^8\sigma_{1B}^8(1-\kappa)(5\beta_3(9-7\beta_7)+49\beta_7^2)+$$

$$49\beta_7^2(\beta_3^2(9-21\beta_7)+7\beta_7(1-\beta_1^2+7\beta_7^2))][20B\beta_5\sigma_{1A}^2\sigma_{1B}^2(1-2R)-$$

$$\mathrm{i}\beta_7Rp(\sigma_{1A}^2-\sigma_{1B}^2)]+105\beta_7^2\sigma_{1A}^6\sigma_{1B}^6(1+\kappa)[35\beta_5\beta_7(6\beta_3+5\beta_1\beta_5)-$$

$$125\beta_5^3-49\beta_7^2(\beta_1+3\beta_1\beta_3+5\beta_3\beta_5)+343\beta_5\beta_7^3][24B\beta_3\sigma_{1A}^4\sigma_{1B}^4(1-2R)$$

$$\pi-\mathrm{i}Rp(\sigma_{1A}^2-\sigma_{1B}^2)(\beta_7\sigma_{1A}^2+\beta_7\sigma_{1B}^2+2\beta_5\sigma_{1A}^2\sigma_{1B}^2)]+5\ 145\mathrm{i}\beta_7^4\sigma_{1A}^2\sigma_{1B}^2$$

$$(7\beta_1\beta_7-5\beta_5)[8\mathrm{i}B\sigma_{1A}^8\sigma_{1B}^8(1+\kappa)\pi+\beta_3Rp\sigma_{1A}^4\sigma_{1B}^4(\sigma_{1A}^4-\sigma_{1B}^4)(1+\kappa)+$$

$$2p\sigma_{1A}^6\sigma_{1B}^6(\beta_1R(\sigma_{1A}^2-\sigma_{1B}^2)(1+\kappa)+\sigma_{1A}\bar{z}_{1B}(1+\kappa)+2\sigma_{1A}\sigma_{1B}(\sigma_{1B}\bar{z}_{1A}-$$

$$\sigma_{1B}\bar{z}_{1A}\kappa-2\bar{z}_{1B}))]+7\ 203\mathrm{i}\beta_7^5p[4\beta_7R(\sigma_{1A}^{10}-\sigma_{1B}^{10})(1+\kappa)+5\sigma_{1A}^2\sigma_{1B}^2$$

$$(2\beta_3R\sigma_{1A}^2\sigma_{1B}^2(\sigma_{1A}^6-\sigma_{1B}^6)(1+\kappa)+\beta_5R(\sigma_{1A}^8-\sigma_{1B}^8)(1+\kappa)+3\beta_1R\sigma_{1A}^4\sigma_{1B}^4$$

$$(\sigma_{1A}^4-\sigma_{1B}^4)(1+\kappa)+2\sigma_{1A}^5\sigma_{1B}^5(-2\sigma_{1A}^3(\kappa-1)(\bar{z}_{1A}-\bar{z}_{1B})+2\sigma_{1A}^2\sigma_{1B}\bar{z}_{1B}$$

$$(1+\kappa)+\sigma_{1A}^3(1+\kappa)(3\sigma_{1B}R+2\bar{z}_{1B})-\sigma_{1A}\sigma_{1B}^2(1+\kappa)(3\sigma_{1B}R+4\bar{z}_{1B})))]+$$

$$245\beta_7^3\sigma_{1A}^4\sigma_{1B}^4(1+\kappa)[25\beta_5^3-35\beta_1\beta_5\beta_7+7\beta_3\beta_7(7\beta_7-3)]$$

$$[24B\beta_1\sigma_{1A}^6\sigma_{1B}^6\pi-\mathrm{i}R(3\beta_5p\sigma_{1A}^2\sigma_{1B}^2(\sigma_{1A}^4-\sigma_{1B}^4)+2\beta_7p(\sigma_{1A}^6-\sigma_{1B}^6)-$$

$$24\mathrm{i}\sigma_{1A}^6\sigma_{1B}^6(2B\beta_1+\beta_{11})\pi)-12\mathrm{i}\sigma_{1A}^6\sigma_{1B}^6Rp\ln\frac{\sigma_{1A}}{\sigma_{1B}}]\}$$

$$c_1=c_2=c_4=c_6=c_8=0$$

$$c_3=-B'\beta_7-\mathrm{i}\beta_7C'-B'\beta_7R+\mathrm{i}\beta_7C'R$$

$$c_5=B'\beta_5-\mathrm{i}\beta_5C'-B'\beta_5R+\mathrm{i}\beta_5C'R$$

$$c_7=B'\beta_3-\mathrm{i}\beta_3C'-B'\beta_3R+\mathrm{i}\beta_3C'R$$

$$c_9=\beta_1B'-\mathrm{i}\beta_1C'-\beta_1B'R+\mathrm{i}\beta_1C'R$$

$$c_{10}=\mathrm{i}p\{(\sigma_{1A}-\sigma_{1B})(1+\kappa)[42+7\beta_7\sigma_{1A}\sigma_{1B}(\sigma_{1A}+\sigma_{1B})(\sigma_{1A}^2-\sigma_{1A}\sigma_{1B}+\sigma_{1B}^2)-$$

$$36R]+42\sigma_{1A}\sigma_{1B}[(z_{1A}-\overline{\kappa z_{1A}}-z_{1B}+\overline{\kappa z_{1B}})\ln(-\gamma_1^{-1})-$$

$$(\bar{z}_{1A}-z_{1A}+\overline{\kappa z_{1A}}+z_{1B}-\bar{z}_{1B}-\overline{\kappa z_{1B}})\ln(-\gamma_1^{-1})]\}$$

$$c_{11}=\frac{1}{56\pi}\Big[\frac{2\mathrm{i}p(R+7)}{\sigma_{1A}^2}-14\mathrm{i}\beta_3 p\sigma_{1A}^2-7\mathrm{i}p\sigma_{1A}^4(\beta_5+\beta_7)+$$

$$2\mathrm{i}p(7+R)\sigma_{1A}^{-2}+56\pi(B'-\mathrm{i}C'+2B\beta_1 R)+$$

$$\mathrm{i}p\sigma_{1A}^{-2}(14\beta_3\sigma_{1B}^2+7\beta_5\sigma_{1B}^6+7\beta_7\sigma_{1B}^6-14-2R+28\sigma_{1B}z_{1A})-$$

$$28\mathrm{i}p\sigma_{1A}^{-1}(1+\kappa)^{-1}(z_{1B}+\kappa z_{1A}+\overline{\kappa z}_{1A}-\overline{\kappa z}_{1B})-28\mathrm{i}\beta_1 p\ln\frac{\sigma_{1B}}{\sigma_{1A}}\Big]$$

$$c_{12}=-\frac{\mathrm{i}p}{2\,940\beta_7\sigma_{1A}^3\sigma_{1B}^3(1+\kappa)\pi}\{294\beta_7^2\sigma_{1A}^3\sigma_{1B}^3(\sigma_{1A}^5-\sigma_{1B}^5)(1+\kappa)+$$

$$60\beta_5 R\sigma_{1A}^2\sigma_{1B}^2(\sigma_{1A}-\sigma_{1B})(1+\kappa)+35\beta_7[14\beta_5\sigma_{1A}^6\sigma_{1B}^3(1+\kappa)+$$

$$42\beta_3 R\sigma_{1A}^4\sigma_{1B}^3(1+\kappa)-2\sigma_{1B}^3(1+\kappa)(7+R)-6\beta_1\sigma_{1A}^2\sigma_{1B}^3(7+R)+$$

$$\sigma_{1A}^3(1+\kappa)(14+7R+62\beta_1\sigma_{1B}^2+6\beta_1 R\sigma_{1B}^2-14\beta_5\sigma_{1B}^2-42\beta_3 R\sigma_{1B}^4+$$

$$21\sigma_{1B}z_{1A})+21\sigma_{1A}\sigma_{1B}^3(z_{1B}+\kappa z_{1A}+\overline{\kappa z}_{1A}-\overline{\kappa z}_{1B})]\}$$

$$c_{13}=-\frac{\mathrm{i}}{1\,176\pi}\Big[294\beta_5 p\sigma_{1A}^2+\frac{12\beta_5 Rp(\sigma_{1A}^2-\sigma_{1B}^2)}{\beta_7\sigma_{1A}^2\sigma_{1B}^2}+2\,352\mathrm{i}\beta_3 RB\pi-$$

$$\frac{21p(7+R)}{\sigma_{1A}^4}-\frac{42\beta_1 p(7+R)}{\sigma_{1A}^2}+$$

$$\frac{7p(21-42\beta_5\sigma_{1B}^6+3R+42\beta_1\sigma_{1B}^2+6R\beta_1\sigma_{1B}^2)-28\sigma_{1B}z_{1A}}{\sigma_{1B}^4}+$$

$$\frac{196p(z_{1B}+\kappa z_{1A}+\overline{\kappa z}_{1A}-\overline{\kappa z}_{1B})}{\sigma_{1A}^3(1+\kappa)}+588\beta_3 p\ln\frac{\sigma_{1B}}{\sigma_{1A}}\Big]$$

$$c_{14}=\frac{\mathrm{i}p}{41\,160\beta_7^2\sigma_{1A}^5\sigma_{1B}^5(1+\kappa)\pi}\{6\,860\beta_7^3\sigma_{1A}^5\sigma_{1B}^5(\sigma_{1A}^3-\sigma_{1B}^3)(1+\kappa)-$$

$$600\beta_5^2 R\sigma_{1A}^4\sigma_{1B}^4(\sigma_{1A}-\sigma_{1B})(1+\kappa)+140\beta_7[2\beta_5 R\sigma_{1A}^2\sigma_{1B}^2(\sigma_{1A}-\sigma_{1B})$$

$$(1+\kappa)(\sigma_{1A}\sigma_{1B}+\sigma_{1B}^2+\sigma_{1A}^2+3\beta_1\sigma_{1A}^2\sigma_{1B}^2)]+$$

$$3\sigma_{1A}^4\sigma_{1B}^4[-3\beta_3 R(\sigma_{1A}-\sigma_{1B})(1+\kappa)+7\sigma_{1A}\sigma_{1B}(z_{1B}-z_{1A})]+$$

$$49\beta_7^2[420\beta_5 R\sigma_{1A}^6\sigma_{1B}^5(1+\kappa)-12\sigma_{1B}^5(1+\kappa)(7+R)-$$

$$20\beta_1\sigma_{1A}^2\sigma_{1B}^2(1+\kappa)(7+R)-60\beta_3\sigma_{1A}^4\sigma_{1B}^5(1+\kappa)(7+R)+$$

$$\sigma_{1A}^5(1+\kappa)(12(7+R)+20\beta_1\sigma_{1B}^2(7+R)+60\beta_3\sigma_{1B}^4(7+R)-$$

$$105\sigma_{1B}(4\beta_5 R\sigma_{1B}^2+z_{1A}))+105\sigma_{1A}\sigma_{1B}^5(z_{1B}+\kappa(z_{1A}+\bar{z}_{1A}-\bar{z}_{1B}))]\}$$

$$c_{15}=\frac{1}{41\,160\beta_7^2\sigma_{1A}^6\sigma_{1B}^6(1+\kappa)\pi}\{300\mathrm{i}\beta_5 Rp\sigma_{1A}^4\sigma_{1B}^4(\sigma_{1A}^2-\sigma_{1B}^2)(1+\kappa)-$$

$$210\mathrm{i}\beta_7 R\sigma_{1A}^2\sigma_{1B}^2(1+\kappa)[(\sigma_{1A}^2-\sigma_{1B}^2)(\beta_5\sigma_{1A}^2+\beta_5\sigma_{1B}^2-3\beta_3\sigma_{1A}^2\sigma_{1B}^2+$$

$$2\beta_1\beta_5\sigma_{1A}^2\sigma_{1B}^2)p+28\mathrm{i}B'\sigma_{1A}^4\sigma_{1B}^4\pi]+49\beta_7^2[10\mathrm{i}p\sigma_{1B}^6(1+\kappa)(7+R)+15\mathrm{i}\beta_1 p\sigma_{1A}^2\sigma_{1B}^6(1+\kappa)(7+R)+30\mathrm{i}\beta_3\sigma_{1A}^4\sigma_{1B}^6(1+\kappa)(7+R)+30\mathrm{i}\beta_3 p\sigma_{1A}^4\sigma_{1B}^6(1+\kappa)(7+R)+\sigma_{1A}^6(1+\kappa)(1\,680BR\beta_5\sigma_{1B}^6\pi-5\mathrm{i}p(2+3\beta_1\sigma_{1B}^2+6\beta_3\sigma_{1B}^4)(7+R)+84\mathrm{i}\sigma_{1B}z_{1A})-84\mathrm{i}p\sigma_{1A}\sigma_{1B}^6(z_{1B}+\kappa z_{1A}+\overline{\kappa z_{1A}}-\overline{\kappa z_{1B}})]-2\,940\mathrm{i}\beta_7 p\sigma_{1A}^6\sigma_{1B}^6(1+\kappa)\left(R\ln\frac{\sigma_{1A}}{\sigma_{1B}}+7\beta_5\beta_7\ln\frac{\sigma_{1A}}{\sigma_{1B}}\right)\}$$

$$c_{16}=\frac{\mathrm{i}p}{144\,060\beta_7^3\sigma_{1A}^7\sigma_{1B}^7(1+\kappa)\pi}\{-1\,500\beta_5^3R\sigma_{1A}^6\sigma_{1B}^6(\sigma_{1A}-\sigma_{1B})(1+\kappa)-72\,030\beta_7^4\sigma_{1A}^7\sigma_{1B}^7(\sigma_{1A}-\sigma_{1B})(1+\kappa)+70\beta_5\beta_7\sigma_{1A}^4\sigma_{1B}^4[10\beta_5R(\sigma_{1A}-\sigma_{1B})(\sigma_{1A}\sigma_{1B}+\sigma_{1B}^2+\sigma_{1A}^2+3\beta_1\sigma_{1A}^2\sigma_{1B}^2)(1+\kappa)]+3\sigma_{1A}^2\sigma_{1B}^2[-9\beta_3R(1+\kappa)(\sigma_{1A}-\sigma_{1B})+35\sigma_{1A}\sigma_{1B}(z_{1B}-z_{1A}))]-49\beta_7^3[-30\sigma_{1B}^7(1+\kappa)(7+R)-42\beta_1\sigma_{1A}^2\sigma_{1B}^7(1+\kappa)(7+R)-70\beta_3\sigma_{1A}^4\sigma_{1B}^7(1+\kappa)(7+R)-210\beta_5\sigma_{1A}^6\sigma_{1B}^7(1+\kappa)(7+R)+\sigma_{1A}^7(1+\kappa)((30+42\beta_1\sigma_{1B}^2+35\beta_3\sigma_{1B}^4+105\beta_5\sigma_{1B}^6)(7+R)-245\sigma_{1B}z_{1A})+245\sigma_{1A}\sigma_{1B}^7(z_{1B}+\kappa z_{1A}+\overline{\kappa z_{1A}}-\overline{\kappa z_{1B}})]+98\beta_7^2R\sigma_{1A}^2\sigma_{1B}^2(1+\kappa)[-2\beta_5(\sigma_{1A}-\sigma_{1B})(3\sigma_{1A}\sigma_{1B}^3+3\sigma_{1B}^3+\sigma_{1A}^3\sigma_{1B}(3+5\beta_1\sigma_{1B}^2)+\sigma_{1A}^2\sigma_{1B}^2(3+5\beta_1\sigma_{1B}^2)+\sigma_{1A}^4(3+5\beta_1\sigma_{1B}^2+15\beta_3\sigma_{1B}^4)]+15\beta_3R\sigma_{1A}^2\sigma_{1B}^2(\sigma_{1A}-\sigma_{1B})(\sigma_{1A}\sigma_{1B}+\sigma_{1B}^2+\sigma_{1A}^2+3\beta_1\sigma_{1A}^2\sigma_{1B}^2)(1+\kappa)+15\sigma_{1A}^4\sigma_{1B}^4(-R\sigma_{1A}\sigma_{1B}(1+\kappa)+\beta_1\sigma_{1A}(R+\kappa R+7\sigma_{1B}z_{1A}-7\sigma_{1B}z_{1B})+14\sigma_{1A}\sigma_{1B}(\kappa-1)(\bar{z}_{1A}-\bar{z}_{1B}))]\}$$

$$c_{17}=\{-600\mathrm{i}\beta_5^3\sigma_{1A}^6(\sigma_{1A}-\sigma_{1B})\sigma_{1B}^6(\sigma_{1A}+\sigma_{1B})(1+\kappa)\rho R+84\mathrm{i}\beta_5\beta_7\sigma_{1A}^4\sigma_{1B}^4(1+\kappa)[(\sigma_{1A}-\sigma_{1B})(\sigma_{1A}+\sigma_{1B})(-9\beta_3\sigma_{1A}^2\sigma_{1B}^2+5\beta_5(\sigma_{1B}^2+\sigma_{1A}^2+2\beta_1\sigma_{1A}^2\sigma_{1B}^2))\rho+140\mathrm{i}\beta_{11}\sigma_{1A}^4\sigma_{1B}^4\pi]R+28\,812\beta_7^4\sigma_{1A}^8\sigma_{1B}^8(1+\kappa)(-\mathrm{i}(\sigma_{1A}-\sigma_{1B})(\sigma_{1A}+\sigma_{1B})\rho+8\beta\pi R)-343\mathrm{i}\beta_7^3\rho[-21\sigma_{1B}^8(1+\kappa)-4\beta_1\sigma_{1A}^2\sigma_{1B}^8(1+\kappa)(7+R)-6\beta_3\sigma_{1A}^4\sigma_{1B}^8(1+\kappa)(7+R)-12\beta_5\sigma_{1A}^6\sigma_{1B}^8(1+\kappa)(7+R)+\sigma_{1A}^8(1+\kappa)(21+2\sigma_{1B}(14\beta_1\sigma_{1B}+21\beta_3\sigma_{1B}^3+42\beta_5\sigma_{1B}^5+2\beta_1\sigma_{1B}R+3\beta_3\sigma_{1B}^3R+6\beta_5\sigma_{1B}^5R-12Z_{1A}))+24\sigma_{1A}\sigma_{1B}^8(Z_{1B}+Z_{1A}\kappa+\overline{Z}_{1A}\kappa-\overline{Z}_{1B}\kappa)]+196\beta_7^2\sigma_{1A}^2\sigma_{1B}^2[3\mathrm{i}\beta_3\sigma_{1A}^2\sigma_{1B}^2(\sigma_{1A}+\sigma_{1B})(\sigma_{1A}-\sigma_{1B})]\}$$

$$c_{18}=\frac{\mathrm{i}p}{12\,101\,040\beta_7^4\sigma_{1A}^9\sigma_{1B}^9(1+\kappa)\pi}\{90\,000\beta_5^4R\sigma_{1A}^8\sigma_{1B}^8(1+\kappa)-864\,360\beta_7^5\sigma_{1A}^8\sigma_{1B}^8(\sigma_{1A}-\sigma_{1B})(1+\kappa)(7+R)-4\,200\beta_5^2\beta_7\sigma_{1A}^6\sigma_{1B}^6[10\beta_5R$$

$$(\sigma_{1A}-\sigma_{1B})(1+\kappa)(\sigma_{1A}\sigma_{1B}+\sigma_{1B}^{2}+\sigma_{1A}^{2}(1+3\beta_{1}\sigma_{1B}^{2}))+3\sigma_{1A}^{2}\sigma_{1B}^{2}$$
$$(-3\beta_{3}R(\sigma_{1A}-\sigma_{1B})(1+\kappa)+35\sigma_{1A}\sigma_{1B}(z_{1B}-z_{1A}))]-$$
$$343\beta_{7}^{4}[280\sigma_{1B}^{9}(1+\kappa)(R-7)-360\beta_{1}\sigma_{1A}^{2}\sigma_{1B}^{9}(1+\kappa)(R+7)-$$
$$504\beta_{3}\sigma_{1A}^{4}\sigma_{1B}^{9}(1+\kappa)(R+7)-840\beta_{5}\sigma_{1A}^{6}\sigma_{1B}^{9}(1+\kappa)(R+7)+$$
$$\sigma_{1A}^{9}(1+\kappa)(-280(R-7)+24\sigma_{1B}^{2}(15\beta_{1}+21\beta_{3}\sigma_{1B}^{2}+35\beta_{5}\sigma_{1B}^{4})$$
$$(R+7)-2\ 205\sigma_{1B}z_{1A})+2\ 205\sigma_{1A}\sigma_{1B}^{9}(z_{1B}+\kappa(z_{1A}-\bar{z}_{1A}-\bar{z}_{1B}))]-$$
$$5\ 880\beta_{7}^{2}\sigma_{1A}^{4}\sigma_{1B}^{4}[-2\beta_{5}^{2}(\sigma_{1A}-\sigma_{1B})(3\sigma_{1A}\sigma_{1B}^{3}+3\sigma_{1B}^{4}+R\sigma_{1A}^{3}\sigma_{1B}(1+\kappa)$$
$$(3+5\beta_{1}\sigma_{1B}^{2})+\sigma_{1A}^{2}\sigma_{1B}^{2}(3+5\beta_{1}\sigma_{1B}^{2})+\sigma_{1A}^{4}(3+5\beta_{1}\sigma_{1B}^{2}+15\beta_{3}\sigma_{1B}^{4}))]\}$$

$$c_{19}=\frac{1}{12\ 101\ 040\beta_{7}^{4}\sigma_{1A}^{10}\sigma_{1B}^{10}(1+\kappa)}\{45\ 000\mathrm{i}\beta_{5}^{4}Rp\sigma_{1A}^{8}\sigma_{1B}^{8}(\sigma_{1A}^{2}-\sigma_{1B}^{2})(1-\kappa)-$$
$$6\ 300\mathrm{i}\beta_{5}^{2}\beta_{7}R\sigma_{1A}^{6}\sigma_{1B}^{6}(1+\kappa)[(\sigma_{1A}^{2}-\sigma_{1B}^{2})(-3\beta_{3}\sigma_{1A}^{2}\sigma_{1B}^{2}+5\beta_{5}\sigma_{1A}^{2}+$$
$$5\beta_{5}\sigma_{1B}^{2}+2\beta_{1}\sigma_{1A}^{2}\sigma_{1B}^{2})p+140\mathrm{i}\beta_{11}\sigma_{1A}^{4}\sigma_{1B}^{4}\pi]-432\ 180\mathrm{i}p\beta_{7}^{5}\sigma_{1A}^{8}\sigma_{1B}^{8}$$
$$(\sigma_{1A}^{2}-\sigma_{1B}^{2})(1+\kappa)(7+R)-2\ 401\mathrm{i}p\beta_{7}^{4}p[-315\beta_{1}\sigma_{1A}^{2}\sigma_{1B}^{10}(1+\kappa)-$$
$$60\beta_{3}\sigma_{1A}^{4}\sigma_{1B}^{10}(1+\kappa)(7+R)-90\beta_{5}\sigma_{1A}^{6}\sigma_{1B}^{10}(1+\kappa)(1+\kappa)(7+R)+36\sigma_{1B}^{10}$$
$$(1+\kappa)(2R-7)+\sigma_{1A}^{10}(1+\kappa)(252-72R+315\beta_{1}\sigma_{1B}^{2}+30\sigma_{1B}^{4}(2\beta_{3}+$$
$$3\beta_{5}\sigma_{1B}^{2})(7+R)-56z_{1A})+280\sigma_{1A}\sigma_{1B}^{10}(z_{1B}+\kappa z_{1A}+\overline{\kappa z}_{1A}-\overline{\kappa z}_{1B})]\}$$

$L_1=c_3$;

$L_2=c_5$;

$L_3=c_7$;

$L_4=a_9+b_9+c_9$;

$L_5=a_{10}+b_{10}+c_{10}$;

$L_6=a_{11}+b_{11}+c_{11}$;

$L_7=a_{12}+b_{12}+c_{12}$;

$L_8=a_{13}+b_{13}+c_{13}$;

$L_9=a_{14}+b_{14}+c_{14}$;

$L_{10}=a_{15}+b_{15}+c_{15}$;

$L_{11}=a_{16}+b_{16}+c_{16}$;

$L_{12}=a_{17}+b_{17}+c_{17}$;

$L_{13}=a_{18}+b_{18}+c_{18}$;

$L_{14}=L_{15}=L_{16}=L_{17}=L_{18}=0$;

$L_{19}=a_{19}+b_{19}+c_{19}$;

$d_1=0$

$d_2=\beta_{17}RR_2^8$

$d_3=8\beta_{17}dRR_2^7$

$d_4=RR_2^6(\beta_{15}+28\beta_{17}d^2+8\beta_{17}\beta_{21}R_2^2)$

$d_5=2dRR_2^5[3\beta_{15}+28\beta_{17}(d^2+\beta_{21}R_2^2)]$

$d_6=RR_2^4[\beta_{13}+15\beta_{15}d^2+70\beta_{17}d^4+6\beta_{21}R_2^2(\beta_{15}+28\beta_{17}d^2)+4\beta_{17}R_2^4(7\beta_{21}^2+2\beta_{23})]$

$d_7=2dRR_2^3[2\beta_{13}+10\beta_{15}d_2+15\beta_{15}\beta_{21}R_2^2+28\beta_{17}(d^4+5\beta_{21}d^2R_2^2+3\beta_{21}^2R_2^4+\beta_{23}R_2^4)]$

$d_8=RR_2^2[\beta_{11}+6\beta_{13}d^2+15\beta_{15}d^4+28\beta_{17}d^6+4R_2^2\beta_{21}\beta_{13}+60R_2^2\beta_{21}\beta_{15}d^2+280R_2^2\beta_{17}\beta_{21}+3R_2^4(5\beta_{21}^2+2\beta_{23})(\beta_{15}+28\beta_{17}d^2)+8R_2^6\beta_{17}(7\beta_{21}^3+7\beta_{21}\beta_{23}+\beta_{25})]$

$d_9=2dRR_2[\beta_{11}+2\beta_{13}d^2+3\beta_{15}d^4+4\beta_{17}d^6+6R_2^2\beta_{21}(\beta_{13}+5\beta_{15}d^2+14\beta_{17}d^4)+5R_2^4(2\beta_{21}^2+\beta_{23})(3\beta_{15}+28\beta_{17}d^2)+28R_2^6\beta_{17}(5\beta_{21}^3+6\beta_{21}\beta_{23}+\beta_{25})-R_2\sigma_1]$

$d_{10}=R[1+\beta_{11}d^2+\beta_{13}d^4+\beta_{15}d^6+\beta_{17}d^8+2R_2^2\beta_{21}(\beta_{11}+6\beta_{13}d^2+15\beta_{15}d^4+28\beta_{17}d^6)+2R_2^4(3\beta_{21}^2+2\beta_{23})(\beta_{13}+15\beta_{15}d^2+70\beta_{17}d^4)+2R_2^6(10\beta_{21}^3+15\beta_{21}\beta_{23}+3\beta_{25})(\beta_{15}+28\beta_{17}d^2)+2R_2^8\beta_{17}(35\beta_{21}^4+84\beta_{21}^2\beta_{23}+14\beta_{23}^2+28\beta_{21}\beta_{25}+4\beta_{27})-d\sigma_1]$

$d_{11}=R_2[2\beta_{11}\beta_{21}dR+6R\beta_{15}\beta_{21}d^5+8R\beta_{17}\beta_{21}d^7+60RR_2^2\beta_{15}\beta_{21}^2d^3+60\beta_{15}\beta_{23}RR_2^2d^3+168\beta_{17}\beta_{21}^2RR_2^2d^5+168\beta_{17}\beta_{23}RR_2^2d^5+60\beta_{15}\beta_{21}^3RR_2^4d+120\beta_{15}\beta_{21}\beta_{23}RR_2^4d+30\beta_{15}\beta_{25}RR_2^4d+560\beta_{17}\beta_{21}^3RR_2^4d^3+1\ 120\beta_{17}\beta_{21}\beta_{23}RR_2^4d^3+280\beta_{17}\beta_{25}RR_2^4d^3+280\beta_{17}\beta_{21}^3RR_2^4d^3+1\ 120\beta_{17}\beta_{21}\beta_{23}RR_2^4d^3+280\beta_{17}\beta_{25}RR_2^4d^3+280\beta_{17}\beta_{21}^3RR_2^6d+840\beta_{17}\beta_{21}^2\beta_{23}RR_2^6d+168\beta_{17}\beta_{23}^2RR_2^6d+168\beta_{17}\beta_{23}^2RR_2^6d+336\beta_{17}\beta_{21}\beta_{25}RR_2^6d+56\beta_{17}\beta_{27}RR_2^6d+$

$4\beta_{13}Rd(\beta_{21}d^2+3R_2^2\beta_{21}^2+3\beta_{23}R_2^2)-\beta_{21}\sigma_1]$

$d_{12}=RR_2^2[(\beta_{21}^2+2\beta_{23})(\beta_{11}+6\beta_{13}d^2+15\beta_{15}d^4+28\beta_{17}d^6)+4R_2^2(\beta_{21}^3+$
$3\beta_{21}\beta_{23}+\beta_{25})(\beta_{13}+15\beta_{15}d^2+70\beta_{17}d^4)R_2^2+(15\beta_{21}^4+60\beta_{21}^2\beta_{23}+$
$15\beta_{23}^2+30\beta_{21}\beta_{25}+2\beta_{27})(\beta_{15}+28\beta_{17}d^2)R_2^4+56R_2^6\beta_{17}(\beta_{21}^5+5\beta_{21}^3\beta_{23}+$
$3\beta_{21}^2\beta_{25}+\beta_{23}\beta_{25}+3\beta_{21}\beta_{23}^2+\beta_{21}\beta_{27})]$

$d_{13}=R_2[2R\beta_{11}\beta_{23}d+6R\beta_{15}\beta_{23}d^5+8R\beta_{17}\beta_{23}d^7+20R_2^2R\beta_{15}\beta_{21}^3d^3+$
$120R_2R\beta_{15}\beta_{21}\beta_{23}d^3+60R_2^2R\beta_{15}\beta_{25}d^3+56R_2^2R\beta_{17}\beta_{21}^3d^5+$
$336R_2^2R\beta_{17}\beta_{21}d^5+168R_2^2R\beta_{17}\beta_{25}d^5+30R_2^4R\beta_{15}\beta_{21}^4d+$
$180R_2^4R\beta_{15}\beta_{21}^2\beta_{23}d+60R_2^4R\beta_{15}\beta_{23}^2d+120R_2^4R\beta_{15}\beta_{21}\beta_{25}d+$
$30R_2^4R\beta_{15}\beta_{27}d+280R_2^4R\beta_{17}\beta_{21}^4d^3+1\,680R_2^4R\beta_{17}\beta_{21}^2\beta_{23}d^3+$
$560R_2^4R\beta_{17}\beta_{23}^2d^3+1\,120R_2^4R\beta_{17}\beta_{21}\beta_{25}d^3+280R_2^4R\beta_{17}\beta_{27}d^3+$
$168R_2^6R\beta_{17}\beta_{21}^5d+1\,120R_2^6R\beta_{17}\beta_{21}^3\beta_{23}d+840R_2^6R\beta_{17}\beta_{21}\beta_{23}^2d+$
$840R_2^6R\beta_{17}\beta_{21}^2\beta_{25}d+336R_2^6R\beta_{17}\beta_{23}\beta_{25}d+336R_2^6R\beta_{17}\beta_{21}\beta_{27}d+$
$4R\beta_{13}d(\beta_{23}d^2+R_2^2\beta_{21}^3+6R_2^2\beta_{21}\beta_{23}+3R_2^2\beta_{25})-\beta_{21}\sigma_1]$

$d_{14}=RR_2[2(2\beta_{21}\beta_{23}+\beta_{25})(\beta_{11}+6\beta_{13}d^2+15\beta_{15}d^4+28\beta_{17}d^6)(\beta_{21}^4+$
$12\beta_{21}^2\beta_{23}+6\beta_{23}^2+12\beta_{21}\beta_{25}+4\beta_{27})(\beta_{13}+15\beta_{15}d^2+70\beta_{17}d^4)R_2^2+$
$6(\beta_{21}^5+10\beta_{21}^3\beta_{23}+10\beta_{21}^2\beta_{25}+5\beta_{23}\beta_{25}+10\beta_{21}\beta_{23}^2+5\beta_{21}\beta_{27})R_2^4(\beta_{15}+$
$28\beta_{17}d^2)+2R_2^6 8\beta_{17}(\beta_{23}^6+10\beta_{21}^4\beta_{23}+10\beta_{21}^3\beta_{25}+12\beta_{12}\beta_{23}\beta_{25}+\beta_{25}^2+$
$2\beta_{23}^3+2\beta_{23}\beta_{27}+15\beta_{21}^2\beta_{23}^2+6\beta_{21}^2\beta_{27})]$

$d_{15}=R_2[2\beta_{11}\beta_{25}dR+6\beta_{15}\beta_{25}d^5R+8\beta_{17}\beta_{25}Rd^7+60\beta_{15}\beta_{21}^2RR_2^2d^3+$
$60\beta_{15}\beta_{23}^2RR_2^2d^3+120\beta_{15}\beta_{21}\beta_{25}RR_2^2d^3+60\beta_{15}\beta_{27}RR_2^2d^3+$
$168\beta_{17}\beta_{21}^2\beta_{23}RR_2^2d^5+168\beta_{17}\beta_{23}^2RR_2^2d^5+336\beta_{17}\beta_{21}\beta_{25}RR_2^2d^5+$
$168\beta_{17}\beta_{27}RR_2^2d^5+6\beta_{15}\beta_{21}^5RR_2^4d+120\beta_{15}\beta_{21}^3\beta_{23}RR_2^4d+$
$180\beta_{15}\beta_{21}\beta_{23}^2RR_2^4d+180\beta_{15}\beta_{21}^2\beta_{25}RR_2^4d+120\beta_{15}\beta_{23}\beta_{25}RR_2^4d+$
$120\beta_{15}\beta_{21}\beta_{27}RR_2^4d+56\beta_{17}\beta_{21}^5RR_2^4d^3+1\,120\beta_{17}\beta_{21}^3\beta_{23}RR_2^4d^3+$
$1\,680\beta_{17}\beta_{21}\beta_{23}^2RR_2^4d^3+1\,680\beta_{17}\beta_{21}^2\beta_{25}RR_2^4d^3+1\,120\beta_{17}\beta_{23}\beta_{25}RR_2^4d^3+$
$1\,120\beta_{17}\beta_{21}\beta_{27}RR_2^4d^3+56\beta_{17}\beta_{21}^6RR_2^6d+840\beta_{17}\beta_{21}^4\beta_{23}\beta_{25}RR_2^6d+$
$1\,680\beta_{17}\beta_{21}^2\beta_{23}^2RR_2^6d+280\beta_{17}\beta_{23}^3RR_2^6d+1\,120\beta_{17}\beta_{21}^2\beta_{25}RR_2^6d+$
$1\,680\beta_{17}\beta_{21}\beta_{23}\beta_{25}RR_2^6d+168\beta_{17}\beta_{25}^2RR_2^6d+840\beta_{17}\beta_{21}^2RR_2^6d+$

$$336\beta_{17}\beta_{23}\beta_{27}RR_2^6d+4\beta_{13}Rd(\beta_{25}d^2+3\beta_{23}\beta_{21}^2R_2^2+3\beta_{23}^2R_2^2+6\beta_{21}\beta_{23}\beta_{25}R_2^2+3\beta_{27}R_2^2)-\beta_{25}\sigma_1]$$

$$d_{16}=RR_2^2[(\beta_{23}^2+2\beta_{21}\beta_{25}+2\beta_{27})(\beta_{11}+6\beta_{13}d^2+15\beta_{15}d^4+28\beta_{17}d^6)+4R_2^2(\beta_{21}^3\beta_{23}+3\beta_{21}^2\beta_{25}+3\beta_{23}\beta_{25}+3\beta_{21}\beta_{23}^2+3\beta_{21}\beta_{27})(\beta_{13}+15\beta_{15}d^2+70\beta_{17}d^4)+(\beta_{21}^6+30\beta_{21}^4\beta_{23}+60\beta_{21}^3\beta_{25}+120\beta_{21}\beta_{23}\beta_{25}+90\beta_{21}^2\beta_{23}^2+60\beta_{21}^2\beta_{27}+20\beta_{23}^3+15\beta_{25}^2+30\beta_{23}\beta_{27})(\beta_{15}+28\beta_{17}d^2)R_2^2+8\beta_{17}R_2^6(\beta_{21}^7+21\beta_{21}^5\beta_{23}+35\beta_{21}^4\beta_{25}+105\beta_{21}^2\beta_{23}\beta_{25}+70\beta_{21}^3\beta_{23}^2+35\beta_{21}^3\beta_{27}+21\beta_{23}^2\beta_{25}+7\beta_{25}\beta_{27}+35\beta_{21}\beta_{23}^3+21\beta_{21}\beta_{25}^2+42\beta_{21}\beta_{23}\beta_{27})]$$

$$d_{17}=R_2[2\beta_{11}\beta_{27}dR+6\beta_{15}\beta_{27}d^5R+8\beta_{17}\beta_{27}d^7R+60\beta_{15}\beta_{21}\beta_{23}^2d^3RR_2^2+60\beta_{15}\beta_{21}^2\beta_{25}d^3RR_2^2+120\beta_{15}\beta_{23}\beta_{25}d^3RR_2^2+120\beta_{15}\beta_{21}\beta_{27}d^3RR_2^2+168\beta_{17}\beta_{21}\beta_{23}^2d^5RR_2^2+168\beta_{17}\beta_{21}^2\beta_{25}d^5RR_2^2+336\beta_{17}\beta_{23}\beta_{25}d^5RR_2^2+336\beta_{17}\beta_{21}\beta_{27}d^5RR_2^2+30\beta_{15}\beta_{21}^4\beta_{23}dRR_2^4+180\beta_{15}\beta_{21}^2\beta_{23}^2dRR_2^4+60\beta_{15}\beta_{23}^3dRR_2^4+120\beta_{15}\beta_{21}^3\beta_{25}dRR_2^4+360\beta_{15}\beta_{21}\beta_{23}\beta_{25}dRR_2^4+60\beta_{15}\beta_{25}^2dRR_2^4+180\beta_{15}\beta_{21}^2\beta_{27}dRR_2^4+120\beta_{15}\beta_{23}\beta_{27}dRR_2^4+280\beta_{17}\beta_{21}^4\beta_{23}d^3RR_2^4+1\ 680\beta_{17}\beta_{21}^2\beta_{23}^2d^3RR_2^4+560\beta_{17}\beta_{23}^3d^3RR_2^4+1\ 120\beta_{17}\beta_{21}^3\beta_{25}d^3RR_2^4+3\ 360\beta_{17}\beta_{21}\beta_{23}\beta_{25}d^3RR_2^4+560\beta_{17}\beta_{25}^2d^3RR_2^4+1\ 680\beta_{17}\beta_{21}^2\beta_{27}d^3RR_2^4+1\ 120\beta_{17}\beta_{23}\beta_{27}d^3RR_2^4+8\beta_{17}\beta_{21}^7dRR_2^6+336\beta_{17}\beta_{21}^5\beta_{23}dRR_2^6+1\ 680\beta_{17}\beta_{21}^3\beta_{23}^2dRR_2^6+1\ 120\beta_{17}\beta_{21}\beta_{23}^3dRR_2^6+840\beta_{17}\beta_{21}^4\beta_{25}dRR_2^6+3\ 360\beta_{17}\beta_{21}^2\beta_{23}\beta_{25}dRR_2^6+840\beta_{17}\beta_{23}^2\beta_{25}dRR_2^6+840\beta_{17}\beta_{21}\beta_{25}^2dRR_2^6+1\ 120\beta_{17}\beta_{21}^3\beta_{27}dRR_2^6+1\ 680\beta_{17}\beta_{21}\beta_{23}\beta_{27}dRR_2^6+336\beta_{17}\beta_{25}\beta_{27}dRR_2^6+4\beta_{13}dR(\beta_{27}d^2+3(\beta_{21}\beta_{23}^2+\beta_{21}^2\beta_{25}+2\beta_{23}\beta_{25}+2\beta_{21}\beta_{27})R_2^2)-\beta_{27}R_1]$$

$$d_{18}=RR_2^2\{2(\beta_{23}\beta_{25}+\beta_{21}\beta_{27})(\beta_{11}+6\beta_{13}d^2+15\beta_{15}d^4+28\beta_{17}d^6)2R_2^2(2\beta_{23}^3+2\beta_{21}^3\beta_{25}+12\beta_{21}\beta_{23}\beta_{25}+3\beta_{25}^2+6\beta_{23}\beta_{27}+3\beta_{21}^2\beta_{23}^2+6\beta_{21}^2\beta_{27})(\beta_{13}+15\beta_{15}d^2+70\beta_{17}d^4)+[6\beta_{21}^5\beta_{23}+30\beta_{21}^4\beta_{23}+180\beta_{21}^2\beta_{23}\beta_{25}+60\beta_{21}^3(\beta_{23}^2+\beta_{27})+30\beta_{25}(2\beta_{23}^2+\beta_{27})+60\beta_{21}(\beta_{23}^3+\beta_{25}^2+2\beta_{23}\beta_{27})](\beta_{15}+28\beta_{17})R_2^4+\beta_{17}R_2^6[\beta_{21}^8+56\beta_{21}^6\beta_{23}+168\beta_{21}^5\beta_{25}+1\ 120\beta_{21}^3\beta_{23}\beta_{25}+420\beta_{21}^4\beta_{23}^2+280\beta_{21}^4\beta_{27}+840\beta_{21}\beta_{25}\beta_{23}^2+336\beta_{21}\beta_{25}\beta_{27}+140\beta_{21}^2(4\beta_{23}^3+3\beta_{25}^2+6\beta_{23}\beta_{27})+14(5\beta_{23}^4+12\beta_{23}\beta_{25}^2+12\beta_{23}^2\beta_{27}+2\beta_{27}^2)]\}$$

$$
\begin{aligned}
d_{19}=&2dRR_2^3\{2(\beta_{13}+5\beta_{15}+14\beta_{17}d^4)[\beta_{23}^3+6\beta_{23}(\beta\,21\beta_{25}+\beta_{27})+\\
&3(\beta_{25}^2+\beta_{25}^2\beta_{27})]+5R_2^2(3\beta_{15}+28\beta_{17}d^2)[2\beta_{21}^3\beta_{23}^2+4\beta_{21}\beta_{23}^3+\\
&\beta_{21}^4\beta_{25}+12\beta_{21}^2\beta_{23}\beta_{25}+6\beta_{23}^2\beta_{25}+6\beta_{21}\beta_{25}^2+4\beta_{27}(\beta_{21}^3+3\beta_{21}\beta_{23}+\beta_{25})]+\\
&28\beta_{17}R_2^4[\beta_{21}^6\beta_{23}+5\beta_{23}^4+6\beta_{21}^5\beta_{25}+60\beta_{21}^3\beta_{23}\beta_{25}+15\beta_{23}\beta_{25}^2+\\
&15\beta_{23}^2\beta_{27}+15\beta_{21}^4(\beta_{23}^2+\beta_{27})+30\beta_{21}\beta_{25}(2\beta_{23}^2+\beta_{27})+\\
&30\beta_{21}^2(\beta_{23}^3+\beta_{25}^2+2\beta_{23}\beta_{27})]\}
\end{aligned}
$$

$$e_1=2(d_1d_{10}+d_5d_6+d_4d_7+d_3d_8+d_2d_9)$$

$$e_2=2(d_1d_{11}+d_{10}d_2+d_6^2+d_5d_7+d_4d_8+d_3d_9)$$

$$e_3=2(d_1d_{12}+d_1d_{18}+d_{11}d_2+d_{10}d_3+d_6d_7+d_5d_8+d_4d_9)$$

$$e_4=2(d_1d_{13}+d_2d_{12}+d_2d_{18}+d_3d_{11}+d_4d_{10}+d_5d_9+d_6d_8+d_7^2)$$

$$e_5=2(d_1d_{14}+d_2d_{13}+d_3d_{12}+d_3d_{18}+d_4d_{11}+d_5d_{10}+d_6d_9+d_7d_8)$$

$$
\begin{aligned}
e_6=&2(d_1d_{15}+d_2d_{14}+d_3d_{13}+d_4d_{12}+d_4d_{18}+d_5d_{11}+d_6d_{10}+\\
&d_7d_9)+2d_{10}d_6
\end{aligned}
$$

$$
\begin{aligned}
e_7=&2(d_1d_{16}+d_2d_{15}+d_3d_{15}+d_4d_{13}+d_5d_{12}+d_5d_{18}+d_6d_{11}+\\
&d_7d_{10}+d_8d_9)
\end{aligned}
$$

$$
\begin{aligned}
e_8=&2(d_1d_{17}+d_2d_{16}+d_3d_{15}+d_4d_{14}+d_5d_{13}+d_6d_{12}+d_6d_{13}+\\
&d_7d_{11}+d_8d_{10})+d_9^2
\end{aligned}
$$

$$
\begin{aligned}
d_9=&2(d_2d_{17}+d_3d_{16}+d_4d_{15}+d_5d_{14}+d_6d_{13}+d_7d_{12}+d_7d_{18}+\\
&d_8d_{11}+d_9d_{10})
\end{aligned}
$$

$$
\begin{aligned}
e_{10}=&2(d_1d_{19}+d_3d_{17}+d_4d_{16}+d_5d_{15}+d_6d_{14}+d_7d_{13}+d_8d_{12}+\\
&d_8d_{18}+d_{11}d_9)+d_{10}^2
\end{aligned}
$$

$$
\begin{aligned}
e_{11}=&2(d_2d_{19}+d_4d_{17}+d_5d_{16}+d_6d_{15}+d_7d_{14}+d_8d_{13}+d_9d_{12}+\\
&d_9d_{18}+d_{10}d_{11})
\end{aligned}
$$

$$
\begin{aligned}
e_{12}=&2(d_3d_{19}+d_5d_{17}+d_6d_{16}+d_7d_{15}+d_8d_{14}+d_9d_{13}+d_{10}d_{12}+\\
&d_{10}d_{18})+d_{11}^2
\end{aligned}
$$

$$e_{13}=2(d_4d_{19}+d_6d_{17}+d_7d_{16}+d_8d_{15}+d_9d_{14}+d_{10}d_{13}+d_{11}d_{12}+d_{11}d_{18})$$

$$e_{14}=2(d_5d_{19}+d_7d_{17}+d_8d_{16}+d_9d_{15}+d_{10}d_{14}+d_{11}d_{13})+(d_{12}+d_{18})^2$$

$$e_{15}=2(d_6d_{19}+d_8d_{17}+d_9d_{16}+d_{10}d_{15}+d_{11}d_{14}+d_{12}d_{13}+d_{13}d_{18})$$

$$e_{16}=2(d_{10}d_{16}+d_{11}d_{15}+d_{12}d_{14}+d_{14}d_{12}+d_{15}d_{11}+d_{16}d_{10}+d_{17}d_9)+d_{13}^2$$

$e_{17}=2(d_8d_{19}+d_{10}d_{17}+d_{11}d_{16}+d_{12}d_{15}+d_{13}d_{14}+d_{15}d_{18})$

$e_{18}=2(d_{11}d_{17}+d_{12}d_{16}+d_{13}d_{15}+d_{18}d_{16}+d_{19}d_9)+d_{14}^2$

$e_{19}=2(d_{12}d_{17}+d_{13}d_{16}+d_{14}d_{15}+d_{18}d_{17}+d_{19}d_{10})$

$g_1=e_1d_{10}+e_2d_9+e_3d_8+e_4d_7+e_5d_6+e_6d_5+e_7d_4+e_8d_3+e_9d_2+e_{10}d_1$

$g_2=e_1d_{11}+e_2d_{10}+e_3d_9+e_4d_8+e_5d_7+e_6d_6+e_7d_5+e_8d_4+e_9d_3+e_{10}d_2+e_{11}d_1$

$g_3=e_1d_{12}+e_1d_{18}+e_2d_{11}+e_3d_{10}+e_4d_9+e_5d_8+e_6d_7+e_7d_6+e_8d_5+e_9d_4+e_{10}d_3+e_{11}d_2+e_{12}d_1+e_{18}d_1$

$g_4=e_1d_{13}+e_2d_{12}+e_2d_{18}+e_3d_{11}+e_4d_{10}+e_5d_9+e_6d_8+e_7d_7+e_8d_6+e_9d_5+e_{10}d_4+e_{11}d_3+e_{12}d_2+e_{13}d_1+e_{18}d_2$

$g_5=e_1d_{14}+e_2d_{13}+e_3d_{12}+e_3d_{18}+e_4d_{11}+e_5d_{10}+e_6d_9+e_7d_8+e_8d_7+e_9d_6+e_{10}d_5+e_{11}d_4+e_{12}d_3+e_{13}d_2+e_{14}d_1+e_{18}d_3$

$g_6=e_1d_{15}+e_2d_{14}+e_3d_{13}+e_4d_{12}+e_4d_{18}+e_5d_{11}+e_6d_{10}+e_7d_9+e_8d_8+e_9d_7+e_{10}d_6+e_{11}d_5+e_{12}d_4+e_{13}d_3+e_{14}d_2+e_{15}d_1$

$g_7=e_1d_{16}+e_2d_{15}+e_3d_{14}+e_4d_{13}+e_5d_{12}+e_5d_{18}+e_6d_{11}+e_7d_{10}+e_8d_9+e_9d_8+e_{10}d_7+e_{11}d_6+e_{12}d_5+e_{13}d_4+e_{14}d_3+e_{15}d_2+e_{16}d_1+e_{18}d_5$

$g_8=e_1d_{17}+e_2d_{16}+e_3d_{15}+e_4d_{14}+e_5d_{13}+e_6d_{12}+e_6d_{18}+e_7d_{11}+e_8d_{10}+e_9d_9+e_{10}d_8+e_{11}d_7+e_{12}d_6+e_{13}d_5+e_{14}d_4+e_{15}d_3+e_{16}d_2+e_{17}d_1+e_{18}d_6$

$g_9=e_2d_{17}+e_3d_{16}+e_4d_{15}+e_5d_{14}+e_6d_{13}+e_7d_{12}+e_7d_{18}+e_8d_{11}+e_9d_{10}+e_{10}d_9+e_{11}d_8+e_{12}d_7+e_{13}d_6+e_{14}d_5+e_{15}d_4+e_{16}d_3+e_{17}d_2+e_{18}d_7$

$g_{10}=e_1d_{19}+e_3d_{17}+e_4d_{16}+e_5d_{15}+e_6d_{14}+e_7d_{13}+e_8d_{12}+e_8d_{18}+e_9d_{11}+e_{10}d_{10}+e_{11}d_9+e_{12}d_8+e_{13}d_9+e_{14}d_6+e_{15}d_5+e_{16}d_4+e_{17}d_3+e_{18}d_8+e_{19}d_1$

$g_{11}=e_2d_{19}+e_4d_{17}+e_5d_{16}+e_6d_{15}+e_7d_{14}+e_8d_{13}+e_9d_{12}+e_9d_{18}+e_{10}d_{11}+e_{11}d_{10}+e_{12}d_9+e_{13}d_8+e_{14}d_7+e_{15}d_6+e_{16}d_5+e_{17}d_4+e_{18}d_9$

$g_{12}=e_3d_{19}+e_5d_{17}+e_6d_{16}+e_7d_{15}+e_8d_{14}+e_9d_{13}+e_{10}d_{12}+e_{10}d_{18}+e_{11}d_{11}+e_{12}d_{10}+e_{13}d_9+e_{14}d_8+e_{15}d_7+e_{16}d_6+e_{17}d_5+e_{18}d_{10}+e_{19}d_3$

$g_{13}=e_4d_{19}+e_6d_{17}+e_6d_{17}+e_7d_{16}+e_8d_{15}+e_9d_{14}+e_{10}d_{13}+e_{11}d_{12}+$

$e_{11}d_{18}+e_{12}d_{11}+e_{13}d_{10}+e_{14}d_9+e_{15}d_8+e_{16}d_7+e_{17}d_6+e_{18}d_{11}+e_{19}d_4$

$g_{14}=e_5d_{19}+e_7d_{17}+e_8d_{16}+e_9d_{15}+e_{10}d_{14}+e_{11}d_{13}+e_{13}d_{11}+e_{14}d_{10}+$

$e_{15}d_9+e_{16}d_8+e_{17}d_7+e_{19}d_5+(d_{12}+d_{18})(e_{12}+e_{18})$

$g_{15}=e_6d_{19}+e_8d_{17}+e_9d_{16}+e_{10}d_{15}+e_{11}d_{14}+e_{12}d_{13}+e_{13}d_{12}+e_{13}d_{18}+$

$e_{14}d_{11}+e_{15}d_{10}+e_{16}d_9+e_{17}d_8+e_{19}d_6$

$g_{16}=e_7d_{19}+e_9d_{17}+e_{10}d_{16}+e_{11}d_{15}+e_{12}d_{14}+e_{13}d_{13}+e_{14}d_{12}+e_{14}d_{18}+$

$e_{15}d_{11}+e_{16}d_{10}+e_{17}d_9+e_{18}d_{14}+e_{19}d_7$

$g_{17}=e_8d_{19}+e_{10}d_{17}+e_{11}d_{16}+e_{12}d_{15}+e_{13}d_{14}+e_{14}d_{13}+e_{15}d_{12}+e_{15}d_{18}+$

$e_{16}d_{11}+e_{17}d_{10}+e_{18}d_{15}+e_{19}d_8$

$g_{18}=e_9d_{19}+e_{11}d_{17}+e_{12}d_{16}+e_{13}d_{15}+e_{14}d_{14}+e_{15}d_{13}+e_{16}d_{12}+e_{16}d_{18}+$

$e_{17}d_{11}+e_{18}d_{16}+e_{19}d_9$

$g_{19}=e_{10}d_{19}+e_{12}d_{17}+e_{13}d_{16}+e_{14}d_{15}+e_{15}d_{14}+e_{16}d_{13}+e_{17}d_{12}+e_{17}d_{19}+$

$e_{18}d_{17}+e_{19}d_{10}$

$h_1=g_1d_{10}+g_2d_9+g_3d_8+g_4d_7+g_5d_6+g_6d_5+g_7d_4+g_8d_3+$

$g_9d_2+g_{10}d_1$

$h_2=g_1d_{11}+g_2d_{10}+g_3d_9+g_4d_8+g_5d_7+g_6d_6+g_7d_5+g_8d_4+g_9d_3+$

$g_{10}d_2+g_{11}d_1$

$h_3=g_1d_{12}+g_1d_{18}+g_2d_{11}+g_3d_{10}+g_4d_9+g_5d_8+g_6d_7+g_7d_6+g_8d_5+$

$g_9d_4+g_{10}d_3+g_{11}d_2+g_{12}d_1+g_{18}d_1$

$h_4=g_1d_{13}+g_2d_{12}+g_2d_{18}+g_3d_{11}+g_4d_{10}+g_5d_9+g_6d_8+g_7d_7+g_8d_6+$

$g_9d_5+g_{10}d_4+g_{11}d_3+g_{12}d_2+g_{13}d_1+g_{18}d_2$

$h_5=g_1d_{14}+g_2d_{13}+g_3d_{12}+g_3d_{18}+g_4d_{11}+g_5d_{10}+g_6d_9+g_7d_8+g_8d_7+$

$g_9d_6+g_{10}d_5+g_{11}d_4+g_{12}d_3+g_{13}d_2+g_{14}d_1+g_{18}d_3$

$h_6=g_1d_{15}+g_2d_{14}+g_3d_{13}+g_4d_{12}+g_4d_{18}+g_5d_{11}+g_6d_{10}+g_7d_9+$

$g_8d_8+g_9d_7+g_{10}d_6+g_{11}d_5+g_{12}d_4+g_{13}d_3+g_{14}d_2+g_{15}d_1$

$h_7=g_1d_{16}+g_2d_{15}+g_3d_{14}+g_4d_{13}+g_5d_{12}+g_5d_{18}+g_6d_{11}+g_7d_{10}+$

$g_8d_9+g_9d_8+g_{10}d_7+g_{11}d_6+g_{12}d_5+g_{13}d_4+g_{14}d_3+g_{15}d_2+$

$g_{16}d_1+g_{18}d_5$

$h_8=g_1d_{17}+g_2d_{16}+g_3d_{15}+g_4d_{14}+g_5d_{13}+g_6d_{12}+g_6d_{18}+g_7d_{11}+$

$$g_8 d_{10} + g_9 d_9 + g_{10} d_8 + g_{11} d_7 + g_{12} d_6 + g_{13} d_5 + g_{14} d_4 + g_{15} d_3 + g_{16} d_2 + g_{17} d_1 + g_{18} d_6$$

$$h_9 = g_2 d_{17} + g_3 d_{16} + g_4 d_{15} + g_5 d_{14} + g_6 d_{13} + g_7 d_{12} + g_7 d_{18} + g_8 d_{11} + g_9 d_{10} + g_{10} d_9 + g_{11} d_8 + g_{12} d_7 + g_{13} d_6 + g_{14} d_5 + g_{15} d_4 + g_{16} d_3 + g_{17} d_2 + g_{18} d_7$$

$$h_{10} = g_1 d_{19} + g_3 d_{17} + g_4 d_{16} + g_5 d_{15} + g_6 d_{14} + g_7 d_{13} + g_8 d_{12} + g_8 d_{18} + g_9 d_{11} + g_{10} d_{10} + g_{11} d_9 + g_{12} d_8 + g_{13} d_9 + g_{14} d_6 + g_{15} d_5 + g_{16} d_4 + g_{17} d_3 + g_{18} d_8 + g_{19} d_1$$

$$h_{11} = g_2 d_{19} + g_4 d_{17} + g_5 d_{16} + g_6 d_{15} + g_7 d_{14} + g_8 d_{13} + g_9 d_{12} + g_9 d_{18} + g_{10} d_{11} + g_{11} d_{10} + g_{12} d_9 + g_{13} d_8 + g_{14} d_7 + g_{15} d_6 + g_{16} d_5 + g_{17} d_4 + g_{18} d_9$$

$$h_{12} = g_3 d_{19} + g_5 d_{17} + g_6 d_{16} + g_7 d_{15} + g_8 d_{14} + g_9 d_{13} + g_{10} d_{12} + g_{10} d_{18} + g_{11} d_{11} + g_{12} d_{10} + g_{13} d_9 + g_{14} d_8 + g_{15} d_7 + g_{16} d_6 + g_{17} d_5 + g_{18} d_{10} + g_{19} d_3$$

$$h_{13} = g_4 d_{19} + g_6 d_{17} + g_6 d_{17} + g_7 d_{16} + g_8 d_{15} + g_9 d_{14} + g_{10} d_{13} + g_{11} d_{12} + g_{11} d_{18} + g_{12} d_{11} + g_{13} d_{10} + g_{14} d_9 + g_{15} d_8 + g_{16} d_7 + g_{17} d_6 + g_{18} d_{11} + g_{19} d_4$$

$$h_{14} = g_5 d_{19} + g_7 d_{17} + g_8 d_{16} + g_9 d_{15} + g_{10} d_{14} + g_{11} d_{13} + g_{13} d_{11} + g_{14} d_{10} + g_{15} d_9 + g_{16} d_8 + g_{17} d_7 + g_{19} d_5 + (d_{12} + d_{18})(g_{12} + g_{18})$$

$$h_{15} = g_6 d_{19} + g_8 d_{17} + g_9 d_{16} + g_{10} d_{15} + g_{11} d_{14} + g_{12} d_{13} + g_{13} d_{12} + g_{13} d_{18} + g_{14} d_{11} + g_{15} d_{10} + g_{16} d_9 + g_{17} d_8 + g_{19} d_6$$

$$h_{16} = g_7 d_{19} + g_9 d_{17} + g_{10} d_{16} + g_{11} d_{15} + g_{12} d_{14} + g_{13} d_{13} + g_{14} d_{12} + g_{14} d_{18} + g_{15} d_{11} + g_{16} d_{10} + g_{17} d_9 + g_{18} d_{14} + g_{19} d_7$$

$$h_{17} = g_8 d_{19} + g_{10} d_{17} + g_{11} d_{16} + g_{12} d_{15} + g_{13} d_{14} + g_{14} d_{13} + g_{15} d_{12} + g_{15} d_{18} + g_{16} d_{11} + g_{17} d_{10} + g_{18} d_{15} + g_{19} d_8$$

$$h_{18} = g_9 d_{19} + g_{11} d_{17} + g_{12} d_{16} + g_{13} d_{15} + g_{14} d_{14} + g_{15} d_{13} + g_{16} d_{12} + g_{16} d_{18} + g_{17} d_{11} + g_{18} d_{16} + g_{19} d_9$$

$$h_{19} = g_{10} d_{19} + g_{12} d_{17} + g_{13} d_{16} + g_{14} d_{15} + g_{15} d_{14} + g_{16} d_{13} + g_{17} d_{12} + g_{17} d_{19} + g_{18} d_{17} + g_{19} d_{10}$$

$I_1 = h_1 d_{10} + h_2 d_9 + h_3 d_8 + h_4 d_7 + h_5 d_6 + h_6 d_5 + h_7 d_4 + h_8 d_3 + h_9 d_2 + h_{10} d_1$

$I_2 = h_1 d_{11} + h_2 d_{10} + h_3 d_9 + h_4 d_8 + h_5 d_7 + h_6 d_6 + h_7 d_5 + h_8 d_4 + h_9 d_3 + h_{10} d_2 + h_{11} d_1$

$I_3 = h_1 d_{12} + h_1 d_{18} + h_2 d_{11} + h_3 d_{10} + h_4 d_9 + h_5 d_8 + h_6 d_7 + h_7 d_6 + h_8 d_5 + h_9 d_4 + h_{10} d_3 + h_{11} d_2 + h_{12} d_1 + h_{18} d_1$

$I_4 = h_1 d_{13} + h_2 d_{12} + h_2 d_{18} + h_3 d_{11} + h_4 d_{10} + h_5 d_9 + h_6 d_8 + h_7 d_7 + h_8 d_6 + h_9 d_5 + h_{10} d_4 + h_{11} d_3 + h_{12} d_2 + h_{13} d_1 + h_{18} d_2$

$I_5 = h_1 d_{14} + h_2 d_{13} + h_3 d_{12} + h_3 d_{18} + h_4 d_{11} + h_5 d_{10} + h_6 d_9 + h_7 d_8 + h_8 d_7 + h_9 d_6 + h_{10} d_5 + h_{11} d_4 + h_{12} d_3 + h_{13} d_2 + h_{14} d_1 + h_{18} d_3$

$I_6 = h_1 d_{15} + h_2 d_{14} + h_3 d_{13} + h_4 d_{12} + h_4 d_{18} + h_5 d_{11} + h_6 d_{10} + h_7 d_9 + h_8 d_8 + h_9 d_7 + h_{10} d_6 + h_{11} d_5 + h_{12} d_4 + h_{13} d_3 + h_{14} d_2 + h_{15} d_1$

$I_7 = h_1 d_{16} + h_2 d_{15} + h_3 d_{14} + h_4 d_{13} + h_5 d_{12} + h_5 d_{18} + h_6 d_{11} + h_7 d_{10} + h_8 d_9 + h_9 d_8 + h_{10} d_7 + h_{11} d_6 + h_{12} d_5 + h_{13} d_4 + h_{14} d_3 + h_{15} d_2 + h_{16} d_1 + h_{18} d_5$

$I_8 = h_1 d_{17} + h_2 d_{16} + h_3 d_{15} + h_4 d_{14} + h_5 d_{13} + h_6 d_{12} + h_6 d_{18} + h_7 d_{11} + h_8 d_{10} + h_9 d_9 + h_{10} d_8 + h_{11} d_7 + h_{12} d_6 + h_{13} d_5 + h_{14} d_4 + h_{15} d_3 + h_{16} d_2 + h_{17} d_1 + h_{18} d_6$

$I_9 = h_2 d_{17} + h_3 d_{16} + h_4 d_{15} + h_5 d_{14} + h_6 d_{13} + h_7 d_{12} + h_7 d_{18} + h_8 d_{11} + h_9 d_{10} + h_{10} d_9 + h_{11} d_8 + h_{12} d_7 + h_{13} d_6 + h_{14} d_5 + h_{15} d_4 + h_{16} d_3 + h_{17} d_2 + h_{18} d_7$

$I_{10} = h_1 d_{19} + h_3 d_{17} + h_4 d_{16} + h_5 d_{15} + h_6 d_{14} + h_7 d_{13} + h_8 d_{12} + h_8 d_{18} + h_9 d_{11} + h_{10} d_{10} + h_{11} d_9 + h_{12} d_8 + h_{13} d_9 + h_{14} d_6 + h_{15} d_5 + h_{16} d_4 + h_{17} d_3 + h_{18} d_8 + h_{19} d_1$

$I_{11} = h_2 d_{19} + h_4 d_{17} + h_5 d_{16} + h_6 d_{15} + h_7 d_{14} + h_8 d_{13} + h_9 d_{12} + h_9 d_{18} + h_{10} d_{11} + h_{11} d_{10} + h_{12} d_9 + h_{13} d_8 + h_{14} d_7 + h_{15} d_6 + h_{16} d_5 + h_{17} d_4 + h_{18} d_9$

$I_{12} = h_3 d_{19} + h_5 d_{17} + h_6 d_{16} + h_7 d_{15} + h_8 d_{14} + h_9 d_{13} + h_{10} d_{12} + h_{10} d_{18} + h_{11} d_{11} + h_{12} d_{10} + h_{13} d_9 + h_{14} d_8 + h_{15} d_7 + h_{16} d_6 + h_{17} d_5 + h_{18} d_{10} + h_{19} d_3$

$I_{13} = h_4 d_{19} + h_6 d_{17} + h_6 d_{17} + h_7 d_{16} + h_8 d_{15} + h_9 d_{14} + h_{10} d_{13} + h_{11} d_{12} +$

$$h_{11}d_{18}+h_{12}d_{11}+h_{13}d_{10}+h_{14}d_{9}+h_{15}d_{8}+h_{16}d_{7}+h_{17}d_{6}+h_{18}d_{11}+h_{19}d_{4}$$

$$I_{14}=h_{5}d_{19}+h_{7}d_{17}+h_{8}d_{16}+h_{9}d_{15}+h_{10}d_{14}+h_{11}d_{13}+h_{13}d_{11}+h_{14}d_{10}+h_{15}d_{9}+h_{16}d_{8}+h_{17}d_{7}+h_{19}d_{5}+(d_{12}+d_{18})(h_{12}+h_{18})$$

$$I_{15}=h_{6}d_{19}+h_{8}d_{17}+h_{9}d_{16}+h_{10}d_{15}+h_{11}d_{14}+h_{12}d_{13}+h_{13}d_{12}+h_{13}d_{18}+h_{14}d_{11}+h_{15}d_{10}+h_{16}d_{9}+h_{17}d_{8}+h_{19}d_{6}$$

$$I_{16}=h_{7}d_{19}+h_{9}d_{17}+h_{10}d_{16}+h_{11}d_{15}+h_{12}d_{14}+h_{13}d_{13}+h_{14}d_{12}+h_{14}d_{18}+h_{15}d_{11}+h_{16}d_{10}+h_{17}d_{9}+h_{18}d_{14}+h_{19}d_{7}$$

$$I_{17}=h_{8}d_{19}+h_{10}d_{17}+h_{11}d_{16}+h_{12}d_{15}+h_{13}d_{14}+h_{14}d_{13}+h_{15}d_{12}+h_{15}d_{18}+h_{16}d_{11}+h_{17}d_{10}+h_{18}d_{15}+h_{19}d_{8}$$

$$I_{18}=h_{9}d_{19}+h_{11}d_{17}+h_{12}d_{16}+h_{13}d_{15}+h_{14}d_{14}+h_{15}d_{13}+h_{16}d_{12}+h_{16}d_{18}+h_{17}d_{11}+h_{18}d_{16}+h_{19}d_{9}$$

$$I_{19}=h_{10}d_{19}+h_{12}d_{17}+h_{13}d_{16}+h_{14}d_{15}+h_{15}d_{14}+h_{16}d_{13}+h_{17}d_{12}+h_{17}d_{19}+h_{18}d_{17}+h_{19}d_{10}$$

$$J_{1}=I_{1}d_{10}+I_{2}d_{9}+I_{3}d_{8}+I_{4}d_{7}+I_{5}d_{6}+I_{6}d_{5}+I_{7}d_{4}+I_{8}d_{3}+I_{9}d_{2}+I_{10}d_{1}$$

$$J_{2}=I_{1}d_{11}+I_{2}d_{10}+I_{3}d_{9}+I_{4}d_{8}+I_{5}d_{7}+I_{6}d_{6}+I_{7}d_{5}+I_{8}d_{4}+I_{9}d_{3}+I_{10}d_{2}+I_{11}d_{1}$$

$$J_{3}=I_{1}d_{12}+I_{1}d_{18}+I_{2}d_{11}+I_{3}d_{10}+I_{4}d_{9}+I_{5}d_{8}+I_{6}d_{7}+I_{7}d_{6}+I_{8}d_{5}+I_{9}d_{4}+I_{10}d_{3}+I_{11}d_{2}+I_{12}d_{1}+I_{18}d_{1}$$

$$J_{4}=I_{1}d_{13}+I_{2}d_{12}+I_{2}d_{18}+I_{3}d_{11}+I_{4}d_{10}+I_{5}d_{9}+I_{6}d_{8}+I_{7}d_{7}+I_{8}d_{6}+I_{9}d_{5}+I_{10}d_{4}+I_{11}d_{3}+I_{12}d_{2}+I_{13}d_{1}+I_{18}d_{2}$$

$$J_{5}=I_{1}d_{14}+I_{2}d_{13}+I_{3}d_{12}+I_{3}d_{18}+I_{4}d_{11}+I_{5}d_{10}+I_{6}d_{9}+I_{7}d_{8}+I_{8}d_{7}+I_{9}d_{6}+I_{10}d_{5}+I_{11}d_{4}+I_{12}d_{3}+I_{13}d_{2}+I_{14}d_{1}+I_{18}d_{3}$$

$$J_{6}=I_{1}d_{15}+I_{2}d_{14}+I_{3}d_{13}+I_{4}d_{12}+I_{4}d_{18}+I_{5}d_{11}+I_{6}d_{10}+I_{7}d_{9}+I_{8}d_{8}+I_{9}d_{7}+I_{10}d_{6}+I_{11}d_{5}+I_{12}d_{4}+I_{13}d_{3}+I_{14}d_{2}+I_{15}d_{1}$$

$$J_{7}=I_{1}d_{16}+I_{2}d_{15}+I_{3}d_{14}+I_{4}d_{13}+I_{5}d_{12}+I_{5}d_{18}+I_{6}d_{11}+I_{7}d_{10}+I_{8}d_{9}+I_{9}d_{8}+I_{10}d_{7}+I_{11}d_{6}+I_{12}d_{5}+I_{13}d_{4}+I_{14}d_{3}+I_{15}d_{2}+I_{16}d_{1}+I_{18}d_{5}$$

$$J_{8}=I_{1}d_{17}+I_{2}d_{16}+I_{3}d_{15}+I_{4}d_{14}+I_{5}d_{13}+I_{6}d_{12}+I_{6}d_{18}+I_{7}d_{11}+I_{8}d_{10}+I_{9}d_{9}+I_{10}d_{8}+I_{11}d_{7}+I_{12}d_{6}+I_{13}d_{5}+I_{14}d_{4}+I_{15}d_{3}+I_{16}d_{2}+$$

$I_{17}d_1+I_{18}d_6$

$J_9=I_2d_{17}+I_3d_{16}+I_4d_{15}+I_5d_{14}+I_6d_{13}+I_7d_{12}+I_7d_{18}+I_8d_{11}+I_9d_{10}+$
$I_{10}d_9+I_{11}d_8+I_{12}d_7+I_{13}d_6+I_{14}d_5+I_{15}d_4+I_{16}d_3+I_{17}d_2+I_{18}d_7$

$J_{10}=I_1d_{19}+I_3d_{17}+I_4d_{16}+I_5d_{15}+I_6d_{14}+I_7d_{13}+I_8d_{12}+I_8d_{18}+I_9d_{11}+$
$I_{10}d_{10}+I_{11}d_9+I_{12}d_8+I_{13}d_9+I_{14}d_6+I_{15}d_5+I_{16}d_4+I_{17}d_3+$
$I_{18}d_8+I_{19}d_1$

$J_{11}=I_2d_{19}+I_4d_{17}+I_5d_{16}+I_6d_{15}+I_7d_{14}+I_8d_{13}+I_9d_{12}+I_9d_{18}+$
$I_{10}d_{11}+I_{11}d_{10}+I_{12}d_9+I_{13}d_8+I_{14}d_7+I_{15}d_6+I_{16}d_5+I_{17}d_4+I_{18}d_9$

$J_{12}=I_3d_{19}+I_5d_{17}+I_6d_{16}+I_7d_{15}+I_8d_{14}+I_9d_{13}+I_{10}d_{12}+I_{10}d_{18}+$
$I_{11}d_{11}+I_{12}d_{10}+I_{13}d_9+I_{14}d_8+I_{15}d_7+I_{16}d_6+I_{17}d_5+I_{18}d_{10}+I_{19}d_3$

$J_{13}=I_4d_{19}+I_6d_{17}+I_6d_{17}+I_7d_{16}+I_8d_{15}+I_9d_{14}+I_{10}d_{13}+I_{11}d_{12}+$
$I_{11}d_{18}+I_{12}d_{11}+I_{13}d_{10}+I_{14}d_9+I_{15}d_8+I_{16}d_7+I_{17}d_6+$
$I_{18}d_{11}+I_{19}d_4$

$J_{14}=I_5d_{19}+I_7d_{17}+I_8d_{16}+I_9d_{15}+I_{10}d_{14}+I_{11}d_{13}+I_{13}d_{11}+I_{14}d_{10}+$
$I_{15}d_9+I_{16}d_8+I_{17}d_7+I_{19}d_5+(d_{12}+d_{18})(I_{12}+I_{18})$

$J_{15}=I_6d_{19}+I_8d_{17}+I_9d_{16}+I_{10}d_{15}+I_{11}d_{14}+I_{12}d_{13}+I_{13}d_{12}+I_{13}d_{18}+$
$I_{14}d_{11}+I_{15}d_{10}+I_{16}d_9+I_{17}d_8+I_{19}d_6$

$J_{16}=I_7d_{19}+I_9d_{17}+I_{10}d_{16}+I_{11}d_{15}+I_{12}d_{14}+I_{13}d_{13}+I_{14}d_{12}+I_{14}d_{18}+$
$I_{15}d_{11}+I_{16}d_{10}+I_{17}d_9+I_{18}d_{14}+I_{19}d_7$

$J_{17}=I_8d_{19}+I_{10}d_{17}+I_{11}d_{16}+I_{12}d_{15}+I_{13}d_{14}+I_{14}d_{13}+I_{15}d_{12}+I_{15}d_{18}+$
$I_{16}d_{11}+I_{17}d_{10}+I_{18}d_{15}+I_{19}d_8$

$J_{18}=I_9d_{19}+I_{11}d_{17}+I_{12}d_{16}+I_{13}d_{15}+I_{14}d_{14}+I_{15}d_{13}+I_{16}d_{12}+I_{16}d_{18}+$
$I_{17}d_{11}+I_{18}d_{16}+I_{19}d_9$

$J_{19}=I_{10}d_{19}+I_{12}d_{17}+I_{13}d_{16}+I_{14}d_{15}+I_{15}d_{14}+I_{16}d_{13}+I_{17}d_{12}+I_{17}d_{19}+$
$I_{18}d_{17}+I_{19}d_{10}$

$K_1=J_1d_{10}+J_2d_9+J_3d_8+J_4d_7+J_5d_6+J_6d_5+J_7d_4+J_8d_3+$
$J_9d_2+J_{10}d_1$

$K_2=J_1d_{11}+J_2d_{10}+J_3d_9+J_4d_8+J_5d_7+J_6d_6+J_7d_5+J_8d_4+J_9d_3+$
$J_{10}d_2+J_{11}d_1$

$$K_3=J_1d_{12}+J_1d_{18}+J_2d_{11}+J_3d_{10}+J_4d_9+J_5d_8+J_6d_7+J_7d_6+J_8d_5+J_9d_4+J_{10}d_3+J_{11}d_2+J_{12}d_1+J_{18}d_1$$

$$K_4=J_1d_{13}+J_2d_{12}+J_2d_{18}+J_3d_{11}+J_4d_{10}+J_5d_9+J_6d_8+J_7d_7+J_8d_6+J_9d_5+J_{10}d_4+J_{11}d_3+J_{12}d_2+J_{13}d_1+J_{18}d_2$$

$$K_5=J_1d_{14}+J_2d_{13}+J_3d_{12}+J_3d_{18}+J_4d_{11}+J_5d_{10}+J_6d_9+J_7d_8+J_8d_7+J_9d_6+J_{10}d_5+J_{11}d_4+J_{12}d_3+J_{13}d_2+J_{14}d_1+J_{18}d_3$$

$$K_6=J_1d_{15}+J_2d_{14}+J_3d_{13}+J_4d_{12}+J_4d_{18}+J_5d_{11}+J_6d_{10}+J_7d_9+J_8d_8+J_9d_7+J_{10}d_6+J_{11}d_5+J_{12}d_4+J_{13}d_3+J_{14}d_2+J_{15}d_1$$

$$K_7=J_1d_{16}+J_2d_{15}+J_3d_{14}+J_4d_{13}+J_5d_{12}+J_5d_{18}+J_6d_{11}+J_7d_{10}+J_8d_9+J_9d_8+J_{10}d_7+J_{11}d_6+J_{12}d_5+J_{13}d_4+J_{14}d_3+J_{15}d_2+J_{16}d_1+J_{18}d_5$$

$$K_8=J_1d_{17}+J_2d_{16}+J_3d_{15}+J_4d_{14}+J_5d_{13}+J_6d_{12}+J_6d_{18}+J_7d_{11}+J_8d_{10}+J_9d_9+J_{10}d_8+J_{11}d_7+J_{12}d_6+J_{13}d_5+J_{14}d_4+J_{15}d_3+J_{16}d_2+J_{17}d_1+J_{18}d_6$$

$$K_9=J_2d_{17}+J_3d_{16}+J_4d_{15}+J_5d_{14}+J_6d_{13}+J_7d_{12}+J_7d_{18}+J_8d_{11}+J_9d_{10}+J_{10}d_9+J_{11}d_8+J_{12}d_7+J_{13}d_6+J_{14}d_5+J_{15}d_4+J_{16}d_3+J_{17}d_2+J_{18}d_7$$

$$K_{10}=J_1d_{19}+J_3d_{17}+J_4d_{16}+J_5d_{15}+J_6d_{14}+J_7d_{13}+J_8d_{12}+J_8d_{18}+J_9d_{11}+J_{10}d_{10}+J_{11}d_9+J_{12}d_8+J_{13}d_9+J_{14}d_6+J_{15}d_5+J_{16}d_4+J_{17}d_3+J_{18}d_8+J_{19}d_1$$

$$K_{11}=J_2d_{19}+J_4d_{17}+J_5d_{16}+J_6d_{15}+J_7d_{14}+J_8d_{13}+J_9d_{12}+J_9d_{18}+J_{10}d_{11}+J_{11}d_{10}+J_{12}d_9+J_{13}d_8+J_{14}d_7+J_{15}d_6+J_{16}d_5+J_{17}d_4+J_{18}d_9$$

$$K_{12}=J_3d_{19}+J_5d_{17}+J_6d_{16}+J_7d_{15}+J_8d_{14}+J_9d_{13}+J_{10}d_{12}+J_{10}d_{18}+J_{11}d_{11}+J_{12}d_{10}+J_{13}d_9+J_{14}d_8+J_{15}d_7+J_{16}d_6+J_{17}d_5+J_{18}d_{10}+J_{19}d_3$$

$$K_{13}=J_4d_{19}+J_6d_{17}+J_6d_{17}+J_7d_{16}+J_8d_{15}+J_9d_{14}+J_{10}d_{13}+J_{11}d_{12}+J_{11}d_{18}+J_{12}d_{11}+J_{13}d_{10}+J_{14}d_9+J_{15}d_8+J_{16}d_7+J_{17}d_6+J_{18}d_{11}+J_{19}d_4$$

$$K_{14}=J_5d_{19}+J_7d_{17}+J_8d_{16}+J_9d_{15}+J_{10}d_{14}+J_{11}d_{13}+J_{13}d_{11}+J_{14}d_{10}+$$

$J_{15}d_9+J_{16}d_8+J_{17}d_7+J_{19}d_5+(d_{12}+d_{18})(J_{12}+J_{18})$

$K_{15}=J_6d_{19}+J_8d_{17}+J_9d_{16}+J_{10}d_{15}+J_{11}d_{14}+J_{12}d_{13}+J_{13}d_{12}+J_{13}d_{18}+J_{14}d_{11}+J_{15}d_{10}+J_{16}d_9+J_{17}d_8+J_{19}d_6$

$K_{16}=J_7d_{19}+J_9d_{17}+J_{10}d_{16}+J_{11}d_{15}+J_{12}d_{14}+J_{13}d_{13}+J_{14}d_{12}+J_{14}d_{18}+J_{15}d_{11}+J_{16}d_{10}+J_{17}d_9+J_{18}d_{14}+J_{19}d_7$

$K_{17}=J_8d_{19}+J_{10}d_{17}+J_{11}d_{16}+J_{12}d_{15}+J_{13}d_{14}+J_{14}d_{13}+J_{15}d_{12}+J_{15}d_{18}+J_{16}d_{11}+J_{17}d_{10}+J_{18}d_{15}+J_{19}d_8$

$K_{18}=J_9d_{19}+J_{11}d_{17}+J_{12}d_{16}+J_{13}d_{15}+J_{14}d_{14}+J_{15}d_{13}+J_{16}d_{12}+J_{16}d_{18}+J_{17}d_{11}+J_{18}d_{16}+J_{19}d_9$

$K_{19}=J_{10}d_{19}+J_{12}d_{17}+J_{13}d_{16}+J_{14}d_{15}+J_{15}d_{14}+J_{16}d_{13}+J_{17}d_{12}+J_{17}d_{19}+J_{18}d_{17}+J_{19}d_{10}$

$N_1=K_1d_{10}+K_2d_9+K_3d_8+K_4d_7+K_5d_6+K_6d_5+K_7d_4+K_8d_3+K_9d_2+K_{10}d_1$

$N_2=K_1d_{11}+K_2d_{10}+K_3d_9+K_4d_8+K_5d_7+K_6d_6+K_7d_5+K_8d_4+K_9d_3+K_{10}d_2+K_{11}d_1$

$N_3=K_1d_{12}+K_1d_{18}+K_2d_{11}+K_3d_{10}+K_4d_9+K_5d_8+K_6d_7+K_7d_6+K_8d_5+K_9d_4+K_{10}d_3+K_{11}d_2+K_{12}d_1+K_{18}d_1$

$N_4=K_1d_{13}+K_2d_{12}+K_2d_{18}+K_3d_{11}+K_4d_{10}+K_5d_9+K_6d_8+K_7d_7+K_8d_6+K_9d_5+K_{10}d_4+K_{11}d_3+K_{12}d_2+K_{13}d_1+K_{18}d_2$

$N_5=K_1d_{14}+K_2d_{13}+K_3d_{12}+K_3d_{18}+K_4d_{11}+K_5d_{10}+K_6d_9+K_7d_8+K_8d_7+K_9d_6+K_{10}d_5+K_{11}d_4+K_{12}d_3+K_{13}d_2+K_{14}d_1+K_{18}d_3$

$N_6=K_1d_{15}+K_2d_{14}+K_3d_{13}+K_4d_{12}+K_4d_{18}+K_5d_{11}+K_6d_{10}+K_7d_9+K_8d_8+K_9d_7+K_{10}d_6+K_{11}d_5+K_{12}d_4+K_{13}d_3+K_{14}d_2+K_{15}d_1$

$N_7=K_1d_{16}+K_2d_{15}+K_3d_{14}+K_4d_{13}+K_5d_{12}+K_5d_{18}+K_6d_{11}+K_7d_{10}+K_8d_9+K_9d_8+K_{10}d_7+K_{11}d_6+K_{12}d_5+K_{13}d_4+K_{14}d_3+K_{15}d_2+K_{16}d_1+K_{18}d_5$

$N_8=K_1d_{17}+K_2d_{16}+K_3d_{15}+K_4d_{14}+K_5d_{13}+K_6d_{12}+K_6d_{18}+K_7d_{11}+K_8d_{10}+K_9d_9+K_{10}d_8+K_{11}d_7+K_{12}d_6+K_{13}d_5+K_{14}d_4+K_{15}d_3+K_{16}d_2+K_{17}d_1+K_{18}d_6$

$$N_9=K_2d_{17}+K_3d_{16}+K_4d_{15}+K_5d_{14}+K_6d_{13}+K_7d_{12}+K_7d_{18}+K_8d_{11}+K_9d_{10}+K_{10}d_9+K_{11}d_8+K_{12}d_7+K_{13}d_6+K_{14}d_5+K_{15}d_4+K_{16}d_3+K_{17}d_2+K_{18}d_7$$

$$N_{10}=K_1d_{19}+K_3d_{17}+K_4d_{16}+K_5d_{15}+K_6d_{14}+K_7d_{13}+K_8d_{12}+K_8d_{18}+K_9d_{11}+K_{10}d_{10}+K_{11}d_9+K_{12}d_8+K_{13}d_9+K_{14}d_6+K_{15}d_5+K_{16}d_4+K_{17}d_3+K_{18}d_8+K_{19}d_1$$

$$N_{11}=K_2d_{19}+K_4d_{17}+K_5d_{16}+K_6d_{15}+K_7d_{14}+K_8d_{13}+K_9d_{12}+K_9d_{18}+K_{10}d_{11}+K_{11}d_{10}+K_{12}d_9+K_{13}d_8+K_{14}d_7+K_{15}d_6+K_{16}d_5+K_{17}d_4+K_{18}d_9$$

$$N_{12}=K_3d_{19}+K_5d_{17}+K_6d_{16}+K_7d_{15}+K_8d_{14}+K_9d_{13}+K_{10}d_{12}+K_{10}d_{18}+K_{11}d_{11}+K_{12}d_{10}+K_{13}d_9+K_{14}d_8+K_{15}d_7+K_{16}d_6+K_{17}d_5+K_{18}d_{10}+K_{19}d_3$$

$$N_{13}=K_4d_{19}+K_6d_{17}+K_6d_{17}+K_7d_{16}+K_8d_{15}+K_9d_{14}+K_{10}d_{13}+K_{11}d_{12}+K_{11}d_{18}+K_{12}d_{11}+K_{13}d_{10}+K_{14}d_9+K_{15}d_8+K_{16}d_7+K_{17}d_6+K_{18}d_{11}+K_{19}d_4$$

$$N_{14}=K_5d_{19}+K_7d_{17}+K_8d_{16}+K_9d_{15}+K_{10}d_{14}+K_{11}d_{13}+K_{13}d_{11}+K_{14}d_{10}+K_{15}d_9+K_{16}d_8+K_{17}d_7+K_{19}d_5+(d_{12}+d_{18})(K_{12}+K_{18})$$

$$N_{15}=K_6d_{19}+K_8d_{17}+K_9d_{16}+K_{10}d_{15}+K_{11}d_{14}+K_{12}d_{13}+K_{13}d_{12}+K_{13}d_{18}+K_{14}d_{11}+K_{15}d_{10}+K_{16}d_9+K_{17}d_8+K_{19}d_6$$

$$N_{16}=K_7d_{19}+K_9d_{17}+K_{10}d_{16}+K_{11}d_{15}+K_{12}d_{14}+K_{13}d_{13}+K_{14}d_{12}+K_{14}d_{18}+K_{15}d_{11}+K_{16}d_{10}+K_{17}d_9+K_{18}d_{14}+K_{19}d_7$$

$$N_{17}=K_8d_{19}+K_{10}d_{17}+K_{11}d_{16}+K_{12}d_{15}+K_{13}d_{14}+K_{14}d_{13}+K_{15}d_{12}+K_{15}d_{18}+K_{16}d_{11}+K_{17}d_{10}+K_{18}d_{15}+K_{19}d_8$$

$$N_{18}=K_9d_{19}+K_{11}d_{17}+K_{12}d_{16}+K_{13}d_{15}+K_{14}d_{14}+K_{15}d_{13}+K_{16}d_{12}+K_{16}d_{18}+K_{17}d_{11}+K_{18}d_{16}+K_{19}d_9$$

$$N_{19}=K_{10}d_{19}+K_{12}d_{17}+K_{13}d_{16}+K_{14}d_{15}+K_{15}d_{14}+K_{16}d_{13}+K_{17}d_{12}+K_{17}d_{19}+K_{18}d_{17}+K_{19}d_{10}$$

$$O_1=N_1d_{10}+N_2d_9+N_3d_8+N_4d_7+N_5d_6+N_6d_5+N_7d_4+N_8d_3+N_9d_2+N_{10}d_1$$

$$O_2 = N_1 d_{11} + N_2 d_{10} + N_3 d_9 + N_4 d_8 + N_5 d_7 + N_6 d_6 + N_7 d_5 + N_8 d_4 + N_9 d_3 + N_{10} d_2 + N_{11} d_1$$

$$O_3 = N_1 d_{12} + N_1 d_{18} + N_2 d_{11} + N_3 d_{10} + N_4 d_9 + N_5 d_8 + N_6 d_7 + N_7 d_6 + N_8 d_5 + N_9 d_4 + N_{10} d_3 + N_{11} d_2 + N_{12} d_1 + N_{18} d_1$$

$$O_4 = N_1 d_{13} + N_2 d_{12} + N_2 d_{18} + N_3 d_{11} + N_4 d_{10} + N_5 d_9 + N_6 d_8 + N_7 d_7 + N_8 d_6 + N_9 d_5 + N_{10} d_4 + N_{11} d_3 + N_{12} d_2 + N_{13} d_1 + N_{18} d_2$$

$$O_5 = N_1 d_{14} + N_2 d_{13} + N_3 d_{12} + N_3 d_{18} + N_4 d_{11} + N_5 d_{10} + N_6 d_9 + N_7 d_8 + N_8 d_7 + N_9 d_6 + N_{10} d_5 + N_{11} d_4 + N_{12} d_3 + N_{13} d_2 + N_{14} d_1 + N_{18} d_3$$

$$O_6 = N_1 d_{15} + N_2 d_{14} + N_3 d_{13} + N_4 d_{12} + N_4 d_{18} + N_5 d_{11} + N_6 d_{10} + N_7 d_9 + N_8 d_8 + N_9 d_7 + N_{10} d_6 + N_{11} d_5 + N_{12} d_4 + N_{13} d_3 + N_{14} d_2 + N_{15} d_1$$

$$O_7 = N_1 d_{16} + N_2 d_{15} + N_3 d_{14} + N_4 d_{13} + N_5 d_{12} + N_5 d_{18} + N_6 d_{11} + N_7 d_{10} + N_8 d_9 + N_9 d_8 + N_{10} d_7 + N_{11} d_6 + N_{12} d_5 + N_{13} d_4 + N_{14} d_3 + N_{15} d_2 + N_{16} d_1 + N_{18} d_5$$

$$O_8 = N_1 d_{17} + N_2 d_{16} + N_3 d_{15} + N_4 d_{14} + N_5 d_{13} + N_6 d_{12} + N_6 d_{18} + N_7 d_{11} + N_8 d_{10} + N_9 d_9 + N_{10} d_8 + N_{11} d_7 + N_{12} d_6 + N_{13} d_5 + N_{14} d_4 + N_{15} d_3 + N_{16} d_2 + N_{17} d_1 + N_{18} d_6$$

$$O_9 = N_2 d_{17} + N_3 d_{16} + N_4 d_{15} + N_5 d_{14} + N_6 d_{13} + N_7 d_{12} + N_7 d_{18} + N_8 d_{11} + N_9 d_{10} + N_{10} d_9 + N_{11} d_8 + N_{12} d_7 + N_{13} d_6 + N_{14} d_5 + N_{15} d_4 + N_{16} d_3 + N_{17} d_2 + N_{18} d_7$$

$$O_{10} = N_1 d_{19} + N_3 d_{17} + N_4 d_{16} + N_5 d_{15} + N_6 d_{14} + N_7 d_{13} + N_8 d_{12} + N_8 d_{18} + N_9 d_{11} + N_{10} d_{10} + N_{11} d_9 + N_{12} d_8 + N_{13} d_9 + N_{14} d_6 + N_{15} d_5 + N_{16} d_4 + N_{17} d_3 + N_{18} d_8 + N_{19} d_1$$

$$O_{11} = N_2 d_{19} + N_4 d_{17} + N_5 d_{16} + N_6 d_{15} + N_7 d_{14} + N_8 d_{13} + N_9 d_{12} + N_9 d_{18} + N_{10} d_{11} + N_{11} d_{10} + N_{12} d_9 + N_{13} d_8 + N_{14} d_7 + N_{15} d_6 + N_{16} d_5 + N_{17} d_4 + N_{18} d_9$$

$$O_{12} = N_3 d_{19} + N_5 d_{17} + N_6 d_{16} + N_7 d_{15} + N_8 d_{14} + N_9 d_{13} + N_{10} d_{12} + N_{10} d_{18} + N_{11} d_{11} + N_{12} d_{10} + N_{13} d_9 + N_{14} d_8 + N_{15} d_7 + N_{16} d_6 + N_{17} d_5 + N_{18} d_{10} + N_{19} d_3$$

$$O_{13} = N_4 d_{19} + N_6 d_{17} + N_6 d_{17} + N_7 d_{16} + N_8 d_{15} + N_9 d_{14} + N_{10} d_{13} + N_{11} d_{12} + N_{11} d_{18} + N_{12} d_{11} + N_{13} d_{10} + N_{14} d_9 + N_{15} d_8 + N_{16} d_7 +$$

$$N_{17}d_6+N_{18}d_{11}+N_{19}d_4$$

$$O_{14}=N_5d_{19}+N_7d_{17}+N_8d_{16}+N_9d_{15}+N_{10}d_{14}+N_{11}d_{13}+N_{13}d_{11}+N_{14}d_{10}+N_{15}d_9+N_{16}d_8+N_{17}d_7+N_{19}d_5+(d_{12}+d_{18})(N_{12}+N_{18})$$

$$O_{15}=N_6d_{19}+N_8d_{17}+N_9d_{16}+N_{10}d_{15}+N_{11}d_{14}+N_{12}d_{13}+N_{13}d_{12}+N_{13}d_{18}+N_{14}d_{11}+N_{15}d_{10}+N_{16}d_9+N_{17}d_8+N_{19}d_6$$

$$O_{16}=N_7d_{19}+N_9d_{17}+N_{10}d_{16}+N_{11}d_{15}+N_{12}d_{14}+N_{13}d_{13}+N_{14}d_{12}+N_{14}d_{18}+N_{15}d_{11}+N_{16}d_{10}+N_{17}d_9+N_{18}d_{14}+N_{19}d_7$$

$$O_{17}=N_8d_{19}+N_{10}d_{17}+N_{11}d_{16}+N_{12}d_{15}+N_{13}d_{14}+N_{14}d_{13}+N_{15}d_{12}+N_{15}d_{18}+N_{16}d_{11}+N_{17}d_{10}+N_{18}d_{15}+N_{19}d_8$$

$$O_{18}=N_9d_{19}+N_{11}d_{17}+N_{12}d_{16}+N_{13}d_{15}+N_{14}d_{14}+N_{15}d_{13}+N_{16}d_{12}+N_{16}d_{18}+N_{17}d_{11}+N_{18}d_{16}+N_{19}d_9$$

$$O_{19}=N_{10}d_{19}+N_{12}d_{17}+N_{13}d_{16}+N_{14}d_{15}+N_{15}d_{14}+N_{16}d_{13}+N_{17}d_{12}+N_{17}d_{19}+N_{18}d_{17}+N_{19}d_{10}$$